软件技术系列丛书

普通高等教育“十三五”应用型人才培养规划教材

网站安全管理与维护

WANGZHAN ANQUAN GUANLI YU WEIHU

主　编／曹小平　周经龙
副主编／宋来健　龙　熠　程　静

西南交通大学出版社
·成　都·

图书在版编目（CIP）数据

网站安全管理与维护 / 曹小平，周经龙主编. —成都：西南交通大学出版社，2017.7

（软件技术系列丛书）

普通高等教育“十三五”应用型人才培养规划教材

ISBN 978-7-5643-5491-6

Ⅰ. ①网… Ⅱ. ①曹… ②周… Ⅲ. ①网站－安全技术－高等学校－教材 Ⅳ. ①TP393.092.1

中国版本图书馆 CIP 数据核字（2017）第 134452 号

软件技术系列丛书

普通高等教育“十三五”应用型人才培养规划教材

网站安全管理与维护

主　编 / 曹小平　周经龙

责任编辑 / 黄庆斌

封面设计 / 墨创文化

西南交通大学出版社出版发行

（四川省成都市二环路北一段 111 号西南交通大学创新大厦 21 楼　610031）

发行部电话：028-87600564

网址：http://www.xnjdcbs.com

印刷：四川煤田地质制图印刷厂

成品尺寸　185 mm × 260 mm

印张　14.75　　字数　341 千

版次　2017 年 7 月第 1 版　　印次　2017 年 7 月第 1 次

书号　ISBN 978-7-5643-5491-6

定价　36.00 元

课件咨询电话：028-87600533

前　言

高等职业教育近些年来发展迅速，国家非常重视，《教育部关于全面提高高等职业教育教学质量的若干意见》中规定：高职教育的目标为培养高技能专门人才、提高学生的实践能力、创造能力等，并采用“工学结合”的人才培养模式。

随着网络技术和网络经济的快速发展，网上购物、网上娱乐、网上求职、网上交流逐渐被越来越多的人所认可，越来越多的企业也陆续加入电子商务的阵营。中国电子商务研究中心发布的《2015 年（上）中国电子商务市场数据监测报告》显示，2015 年上半年，中国电子商务交易额达到 7.64 万亿元，同比增长 30.4%。电子商务的快捷性、方便性、安全性和低成本需求促使 Web 技术迅猛发展，同时对网站管理人员的技术要求也在不断看涨。

本书在编写过程中，遵循项目化课程设计的思想，确定了具体课程的职业技能培养和核心技能目标。为了帮助 Web 开发人员迅速掌握各类网站搭建和网站安全配置，本书所涉及的知识点均附有实例，读者能迅速地通过实例来掌握各种技术，并对此技术在实际项目中如何应用有个直接认识。

本书在编写过程中得到了很多企业专家的指导，很多高校专业教师、专业技术人员也提出了许多宝贵意见，在此一并表示感谢。由于编者知识水平有限，疏漏的地方不可避免，恳请广大读者批评指正。

编　者

2017 年 4 月 20 日

目　录

项目一　网站安全与维护基础知识

【项目简介】

在 Internet 飞速发展的今天，互联网成为人们快速获取、发布和传递信息的重要渠道，它在人们政治、经济、生活等各个方面发挥着重要的作用。因此网站建设在 Internet 应用上的地位显而易见，它已成为政府、企事业单位信息化建设中的重要组成部分，从而备受人们的重视。

因特网起源于美国国防部高级研究计划管理局建立的阿帕网。网站（Website）开始是指在因特网上根据一定的规则，使用 HTML（标准通用标记语言下的一个应用）等工具制作的用于展示特定内容的相关网页的集合。简单地说，网站是一种沟通工具，人们可以通过网站来发布自己想要公开的资讯，或者利用网站来提供相关的网络服务。人们可以通过网页浏览器来访问网站，获取自己需要的资讯或者享受网络服务。衡量一个网站的性能通常从网站空间大小、网站位置、网站连接速度（俗称“网速”）、网站软件配置、网站提供服务等几方面考虑，最直接的衡量标准是网站的真实流量。

【知识目标】

（1）了解 WWW 服务、网页与网站。

（2）了解静态网页与动态网页。

（3）理解服务器的相关概念。

（4）理解服务组件的相关概念。

（5）熟悉 Web 服务器搭建方法。

【能力目标】

（1）能够掌握网站服务器硬件设计方法。

（2）能够掌握网站服务器操作系统的选择。

（3）能够掌握网站服务器服务组件的选择。

（4）能够掌握 Web 服务器的构建。

（5）能够掌握服务器安全管理的方法。

（6）能够掌握服务器数据库管理的方法。

任务 1　网站的基本结构

1.1　WWW 简介

因特网（Internet）把世界上无数台计算机连接成一个巨大的计算机网络，其主要目的就是要实现信息资源的共享。因特网实现信息资源共享的主要途径，便是 WWW 服务。

WWW 亦作“Web”“WWW”“W3”，英文全称为“World Wide Web”，中文名字为“万维网”“环球网”等，常简称为 Web。WWW 服务采用一种客户机浏览器/服务器体系结构。在这种体系结构中，WWW 客户机通常比较简单，它仅仅是已接入 Internet 并具有网页浏览器的计算机。而 WWW 服务器相对复杂得多，它除了负责接收所有来自客户机的访问请求并进行相应的处理之外，还需要对自身的资源进行合理的配置、管理和优化。

WWW 服务的信息资源是以 Web 网页的形式组织起来的。Web 网页存放在资源提供者的 WWW 服务器里。因特网上每一台 WWW 服务器都有不同的地址，普通的因特网用户只要在计算机的浏览器中输入不同的 WWW 服务器地址就能“浏览”不同 WWW 服务器里的 Web 网页。在 Web 网页中通过一种“链接”技术，可以实现 Web 网页之间的连接与跳转，用户只要点击 Web 网页里的某个“链接”就可以跳转并打开另一个 Web 网页。

Web 网页在 WWW 服务器与客户机浏览器之间按照 http 协议进行传输。http（hypertext transfer protocol），即超文本传输协议，它是实现 Web 网页在因特网（Internet）上传输的应用层协议。WWW 服务的体系结构示意如图 1.1.1 所示。

图 1.1.1　WWW 服务体系结构图

从上面的图中可以看出，客户机和 WWW 服务器之间的通信通常分为四个步骤：

（1）首先客户机浏览器通过网络向服务器发送 http 请求，请求一个特定的 Web 网页；

（2）这个请求通过 Internet 传送到服务器端；

（3）服务器接收这个请求，找到所请求的网页，然后用 http 协议再将这个 Web 网页通过网络发送给客户机；

（4）客户机接收这个 Web 网页，显示在浏览器中。

1.2　网页与网站的关系

Web 网页，简称为网页，一般是用 HTML 语言和其他嵌入式语言编写而成的程序文件。HTML（HyperText Markup Language），即超文本标签语言；嵌入式语言有 JavaScript、VBScript、JSP、PHP 等。文字可以直接输入在网页里，设置适当的格式即可，其他媒体素材（图像、声音、动画和影像等），需要在网站中保存为单独的一个个的文件，然后才能在网页中链接或嵌入该媒体素材。

一个 WWW 服务器里常常有许多网页和相关文件，将这些网页及相关文件存放到一个主目录（也叫根目录）下，在主目录下创建一些子目录，将相关文件按类别存放到各个子目录里去。在所有网页中确定一个主网页（放在根目录下），建立从主网页与各级子网页的相互链接关系，就形成了一个网站。每个服务器有一个固定的 IP 地址，每个网站有一个单独的域名（如 www.sina.com 等）。当因特网用户通过域名或 IP 地址访问到某网站时，首先打开的就是该网站的主网页（简称为主页），通过网页之间的链接，用户可以方便地访问网站内所有的网页。网站内多个网页之间的链接关系示意如图 1.1.2 所示。

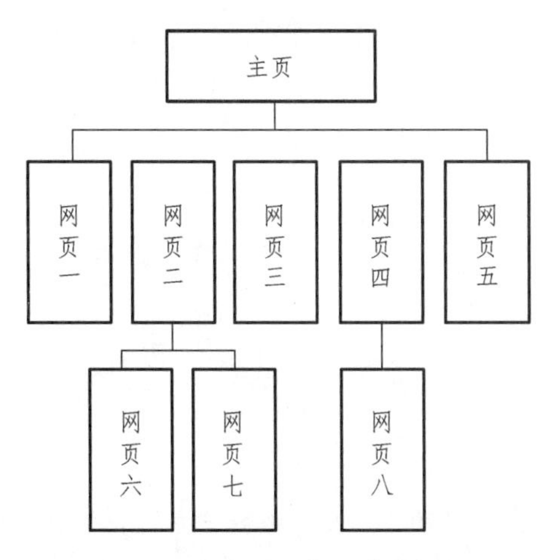

图 1.1.2　网站内多个网页之间的链接

从用户的角度来看，网站的主要特征有：

（1）拥有众多的网页。从某种意义上讲，建设网站就是制作网页，网站主页是网站默认的第一个网页，也是最重要的网页。

（2）拥有一个主题与统一的风格。网站虽然有许多网页，但作为一个整体来讲，它必须有一个主题和统一的风格。所有的内容都要围绕这个主题展开，不切合主题的内容不应出现的网站上。网站内所有网页要有统一的风格，主页是网站的首页，主页的风格往往就决定了整个网站的风格。

（3）有便捷的导航系统。导航是网站非常重要的组成部分，也是衡量网站是否优秀的一个重要标准。便捷的导航能够帮助用户以最快的速度找到自己所需的网页。导航系统常用的实现方法是导航条、导航菜单、路径导航等，导航是通过链接来实现的。

（4）分层的栏目组织。将网站的内容分成若干个大栏目，每个大栏目的内容都放置在网站内的一个子目录下，还可将大栏目分成若干小栏目，也可将小栏目分成若干个更小的栏目。这就是网站所采用的最简单、最清晰的层次型组织方法。

（5）有用户指南和网站动态信息。除了能完成相应的功能之外，还应有相应的网站说明，指导用户如何快捷地搜索、查看网站里的内容。网站还应具有动态发布最新信息的功能。

（6）与用户双向交流的栏目。网站还有一个重要的功能，就是收集用户的反馈信息，与用户进行双向交流。双向交流栏目常采用 E-mail、留言板或 BBS 的方式。

（7）有一个域名。任何发布在因特网上的网站都有不同于其他网站的域名，因特网上每一台主机（客户机和服务器）都有一个不同于别的主机的 IP 地址。网站域名要与该网站所在 WWW 服务器的 IP 地址相对应，如百度网站的域名是 www.baidu.com，它的 WWW 服务器 IP 地址为 119.75.217.56。从域名到 IP 地址的解析，是由域名服务器（DNS）完成的。

网站不是网页的简单堆叠，不是一朝一夕，一蹴而就可以完成的事情。网站主要包括两个方面，一个是“前台”，另一个是“后台”。所以这种技术也通常分成“前台”技术和“后台”技术两部分。前台指的是用户通过浏览器所看到的内容，以及表现这些内容的方法；而后台指的是对用户通过浏览器所看到的内容的管理，以及其他一些相关数据的管理，这里通常采用网络数据库管理。我们重点阐述使用“后台”技术。设计和开发网络数据库管理系统示意如图 1.1.3 所示。

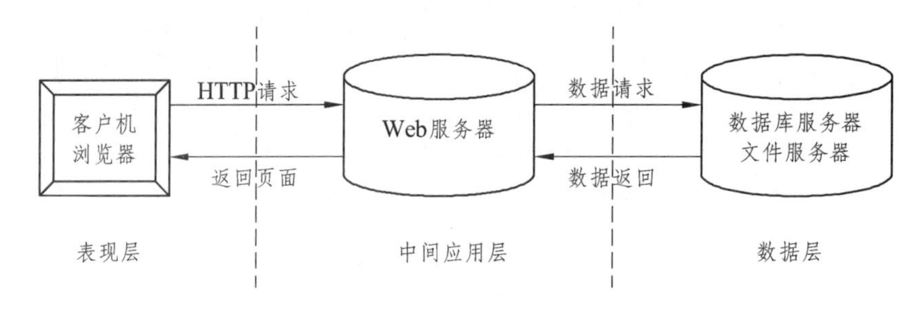

图 1.1.3 设计和开发网络数据库管理系统示意图

网站从逻辑上可分为 3 层模型，客户、Web 服务器和其他服务器（数据库服务器、安全服务器、结算服务器等）。

从广义地结构上讲，网站是由一系列网页和具有管理功能的软件系统、数据库等构成。

1.3 静态网页与动态网页

Web 网页有很多种，例如 HTML 网页、XHTML 网页、ASP 网页、JSP 网页、PHP 网页等，可以将其分为两大类：静态网页和动态网页。

静态网页指的是 HTML 网页，即用 HTML 语言编写的网页，它是所有其他网页技术的基础。其中所有的网页对象，包括文字、图片、超链接、Flash 动画、表格、列表等都需要通过 HTML 才能展现出来。当客户机通过 Internet 向 WWW 服务器发出 http 请求时，WWW 服务器响应请求，如果发现这是一个 HTML 网页，WWW 服务器找到这个 HTML 网页文件后，就用 http 协议通过 Internet 将这个网页发送到客户机，网页在客户机浏览器里按照 HTML 的规则呈现出来，如图 1.1.4（a）所示。静态网页中可以插入动画、使用 CSS 样式，也可以插入 JavaScript 代码，使网页具有一定的动感，当鼠标移上后弹出快捷菜单，随滚动条移动的广告图片等。

动态网页是在 WWW 服务器端动态生成网页的技术，ASP、JSP、PHP 等技术都属于动态网页技术。本书将学习目前非常流行的 ASP 技术。动态网页一般都需要通过访问数据库或文本类文件来实现网页的生成，系统中可有一台单独的数据库服务器（存放数据库系统），也可以将 WWW 服务与数据库系统放置在同一台服务器上。当 WWW 客户机通过因特网向 WWW 服务器发出 http 请求时，WWW 服务器响应客户机的 http 请求，如果发现请求的是一个动态网页（如 ASP、JSP 或 PHP 等），WWW 服务器就需要将这个请求转交给一个应用程序（如 ASP、JSP、PHP 程序等），应用程序根据需要，从数据库（或其他文本型文件）中取出相应的数据并对其进行相应的处理，然后动态生成一个新的 HTML 网页，通过 http 协议将这个 HTML 网页传递给客户机。最后，在客户机浏览器里按照 HTML 和一些脚本规则呈现出网页效果，如图 1.1.4（b）所示。

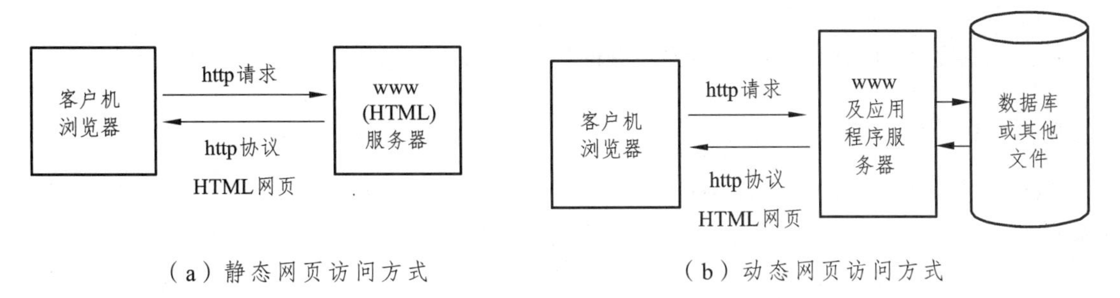

（a）静态网页访问方式　　（b）动态网页访问方式

图 1.1.4　静态网页及动态网页的访问方式

任务 2　网站服务器的构成

2.1　Web 服务器简介

Web 服务器一般指网站服务器，是指驻留于因特网上某种类型计算机的程序，可以向浏览器等 Web 客户端提供文档，也可以放置网站文件，让全世界浏览；可以放置数据文件，让全世界下载。目前最主流的三个 Web 服务器是 Apache、Nginx、IIS。

一般来说，Web 服务器通常由以下几个部分组成：

（1）服务器初始化部分。这部分主要完成 Web 服务器的初始化工作，如建立守护进程，创建 TCP 套接字，绑定端口，将 TCP 套接字转换成侦听套接字，进入循环结构，等待接收用户浏览器的连接。

（2）接收客服端请求。由于客户端请求以文本行的方法实现，所以服务器一般也以文本行为单位接收。

（3）解析客户端请求。这部分工作比较复杂，需要解析出请求的方法、URL 目标、可选的查询信息及表单信息。如果请求方法为 HEAD，则简单的返回响应首部即可；如果方法是 GET，则首先返回响应首部，然后将客户端请求的 URL 目标文件从服务器磁盘上读取，再发送给客户端；如果是 POST，则比较麻烦，首先要调用相应的 CGI 程序，然后将用户表单信息传给 CGI 程序，CGI 程序根据表单内容完成相应的工作，并将结果数据返回。

（4）发送相应信息之后，关闭与客户机的连接。

2.2　Web 的发展和特点

长期以来，人们只是通过传统的媒体（如电视、报纸、杂志和广播等）获得信息。但随着计算机网络的发展，人们想要获取信息，已不再满足于传统媒体那种单方面传输和获取的方式，而希望有一种主观的选择性。网络上提供各种类别的数据库系统，如文献期刊、产业信息、气象信息、论文检索等。由于计算机网络的发展，信息的获取变得非常及时、迅速和便捷。

WWW 采用的是浏览器/服务器结构，其作用是整理和储存各种 WWW 资源，并响应客户端软件的请求，把客户所需的资源传送到 Windows 95（或 Windows98）、Windows NT、UNIX或 Linux 等平台上。

使用最多的 Web Server 服务器软件有两个：微软的信息服务器 IIS 和 Apache。

2.3 Web 服务器工作原理

Web 服务器的工作原理并不复杂，一般可分成如下 4 个步骤：连接过程、请求过程、应答过程以及关闭连接，下面对这 4 个步骤作一简单介绍。

连接过程就是 Web 服务器和浏览器之间所建立起来的一种连接。查看连接过程是否实现，用户可以找到和打开 socket 这个虚拟文件，这个文件的建立意味着连接过程这一步骤已经成功建立。请求过程就是 Web 的浏览器运用 socket 这个文件向其服务器提出各种请求。应答过程就是运用 http 协议把在请求过程中所提出来的请求传输到 Web 的服务器，进而实施任务处理，然后运用 http 协议把任务处理的结果传输到 Web 的浏览器，同时在 Web 的浏览器上面展示上述所请求之界面。关闭连接就是当上一个步骤，即应答过程完成以后，Web 服务器和其浏览器之间断开连接的过程。Web 服务器上述 4 个步骤环环相扣、紧密相连，逻辑性比较强，可以支持多个进程、多个线程以及多个进程与多个线程相混合的技术。

2.4 IIS 简介

Microsoft 的 Web 服务器产品为 IIS（Internet Information Services）。IIS 是允许在公共 Intranet 或 Internet 上发布信息的 Web 服务器。IIS 是目前最流行的 Web 服务器产品之一，很多著名的网站都是建立在 IIS 的平台上。IIS 提供了一个图形界面的管理工具，称为 Internet 服务管理器，可用于监视配置和控制 Internet 服务。

IIS 中的 Web 服务组件，其中包括 Web 服务器、FTP 服务器、NNTP 服务器和 SMTP 服务器，分别用于网页浏览、文件传输、新闻服务和邮件发送等方面，它使得在网络（包括互联网和局域网）上发布信息成了一件很容易的事。它提供 ISAPI（Intranet Server API）作为扩展 Web 服务器功能的编程接口。同时，它还提供一个 Internet 数据库连接器，可以实现对数据库的查询和更新。

2.5 Web 服务器安全策略

盗用账号、缓冲区溢出以及执行任意命令是 Web 服务器比较常见的安全漏洞。黑客攻击、蠕虫病毒以及木马是因特网比较常见的安全漏洞。口令攻击、拒绝服务攻击以及 IP 欺骗是黑客攻击比较常见的类型。随着网络技术的不断发展，Web 服务器面临着许多安全威胁，直接影响到 Web 服务器的安全。因此，加强 Web 服务器的安全防护是一项迫切需要的解决的时代课题。笔者结合多年的工作实践，认为可从以下方面来加强 Web 服务器的安全防护。

（1）加强 Web 服务器的安全设置。

以 Linux 为操作平台的 Web 服务器的安全设置策略，能够有效降低服务器的安全隐患，以确保 Web 服务器的安全性，主要包括：登录用户名与密码的安全设置、系统口令的安全设置、BIOS 的安全设置、SSL 通信协议的使用、命令存储的修改设置、系统信息隐藏、日志记录启用功能以及 Web 服务器有关目录的权限等设置。

（2）加强互联网的安全防范。

Web 服务器需要对外提供服务，它既有域名又有公网的网址，显然存在一些安全隐患。所以，可给予 Web 服务器分配私有的地址，并且运用防火墙来做 NAT 可将其进行隐藏；同时因为一些攻击来源于内网的攻击，比如把内网计算机和 Web 服务器存放在相同的局域网之内，则在一定程度上会增加很多安全隐患，所以必须把它划分为不同的虚拟局域网，运用防火墙的地址转换来提供相互间的访问，这样就大大提高了 Web 服务器的安全性和可靠性；把 Web 服务器连接至防火墙的 DMZ 端口，将不适宜对外公布的重要信息的服务器放于内部网络，进而在提供对外的服务的同时，可以最大限度地保护好内部网络。

（3）网络管理员要不断加强网络日常安全的维护与管理。

要对管理员用户名与密码定期修改；要对 Web 服务器系统的新增用户情况进行定时核对，并且需要认真仔细了解网络用户的各种功能；要及时更新 Web 服务器系统的杀毒软件以及病毒库，必要时可针对比较特殊的病毒给予安装专门杀毒的程序，同时要定期查杀 Web 服务器的系统病毒，定期查看 CPU 的正常工作使用状态、后台工作进程以及应用程序，假若发现异常情况用户需要及时给予妥当处理；因为很多木马与病毒均是运用系统漏洞来进行攻击的，所以需要不断自动更新 Web 服务器系统，以及定期扫描 Web 服务器系统的漏洞。

Web 服务器已经成为了病毒、木马的重灾区。不但企业的门户网站被篡改、资料被窃取，而且还成为了病毒与木马的传播者。有些 Web 管理员采取了一些措施，虽然可以保证门户网站的主页不被篡改，但是却很难避免自己的网站被当做肉鸡，来传播病毒、恶意插件、木马等等。这很大一部分原因是管理员在 Web 安全防护上太被动，他们只是被动的防御。为了彻底提高 Web 服务器的安全，Web 安全要主动出击。

任务 3　新建 Web 服务器的基本工作

3.1　Web 服务器配置

Web 服务器配置，就是在服务器上建立网站，并设置好相关的参数。至于网站中的网页应该由网站的维护人员制作并上传到服务器中，这个工作不属于 Web 服务器配置的工作。

3.2 Web 服务器概述

Web 服务器又称为 WWW 服务器，它是放置一般网站的服务器。一台 Web 服务器上可以建立多个网站。各网站的拥有者只需要把做好的网页和相关文件放置在 Web 服务器的网站中，其他用户就可以用浏览器访问网站中的网页了。

3.3 IIS 的安装

一般在安装操作系统时不默认安装 IIS，所以在第一次 Web 服务器配置时需要安装 IIS。安装方法如下：

（1）打开“控制面板”，打开“添加/删除程序”，弹出“添加/删除程序”窗口。

（2）单击窗口中的“添加/删除 Windows 组件”图标，弹出“Windows 组件向导”对话框，如图 1.3.1 所示。

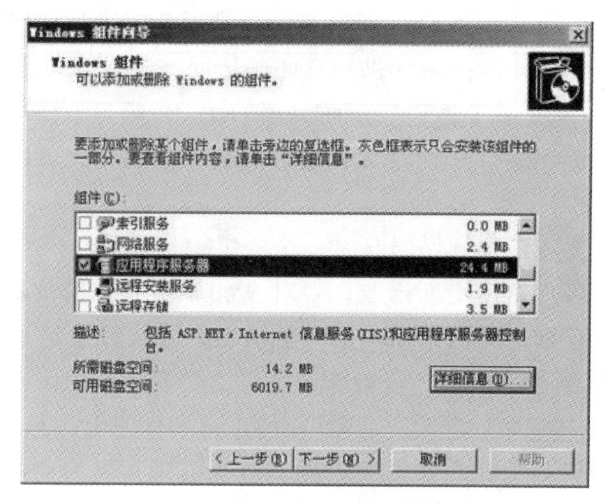

图 1.3.1　添加应用程序服务器

（3）选中“向导”中的“应用程序服务器”复选框。单击“详细信息”按钮，弹出“应用程序服务器”对话框，如图 1.3.2 所示。

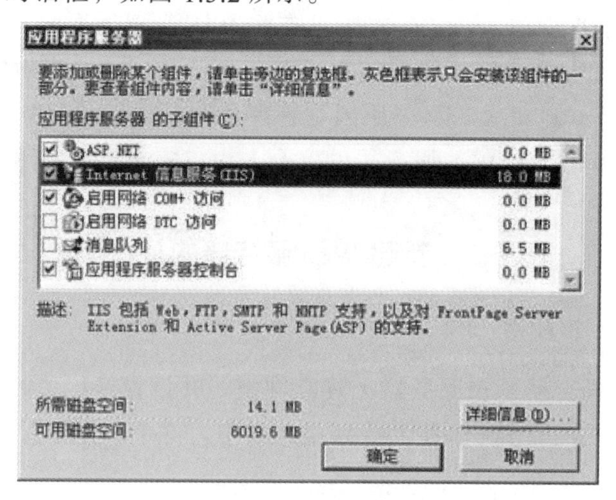

图 1.3.2　添加 Internet 信息服务 IIS

（4）选择需要的组件，其中“Internet 信息服务（IIS）”和“应用程序服务器控制台”是必须选中的。选中“Internet 信息服务（IIS）”后，再单击“详细信息”按钮，弹出“Internet 信息服务（IIS）”对话框，如图 1.3.3 所示。

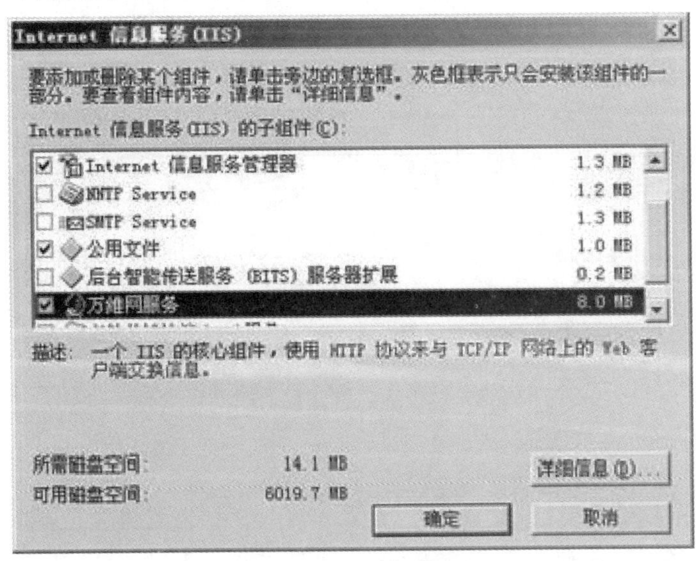

图 1.3.3　添加子组件

（5）选中“Internet 信息服务管理器”和“万维网服务”，并且选中“万维网服务”后，再单击“详细信息”按钮，弹出“万维网服务”对话框，如图 1.3.4 所示。

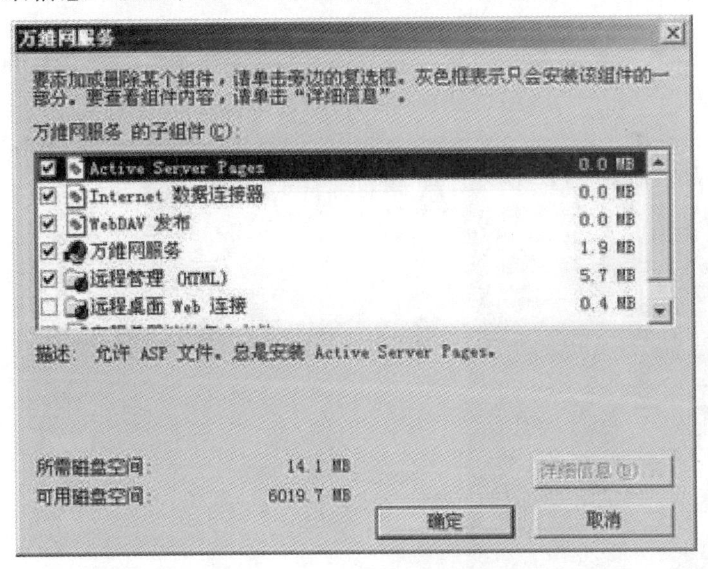

图 1.3.4　勾选万维网服务子组件

（6）其中的“万维网服务”必须选中。如果想要服务器支持 ASP，还应该选中“Active Server Pages”。逐个单击“确定”按钮，关闭各对话框，直到返回如图 1.3.1 所示的“Windows 组件向导”对话框。

（7）单击“下一步”按钮，系统开始 IIS 的安装，这期间可能要求插入 Windows Server

2003 安装盘，系统会自动进行安装工作。

（8）安装完成后，弹出提示安装成功的对话框，单击“确定”按钮就完成了 IIS 的安装。

友情提示：如果想要同时装入 FTP 服务器，在“Internet 信息服务（IIS）”对话框中应该把“文件传输协议（FTP）服务”的复选框也选中，如图 1.3.5 所示。

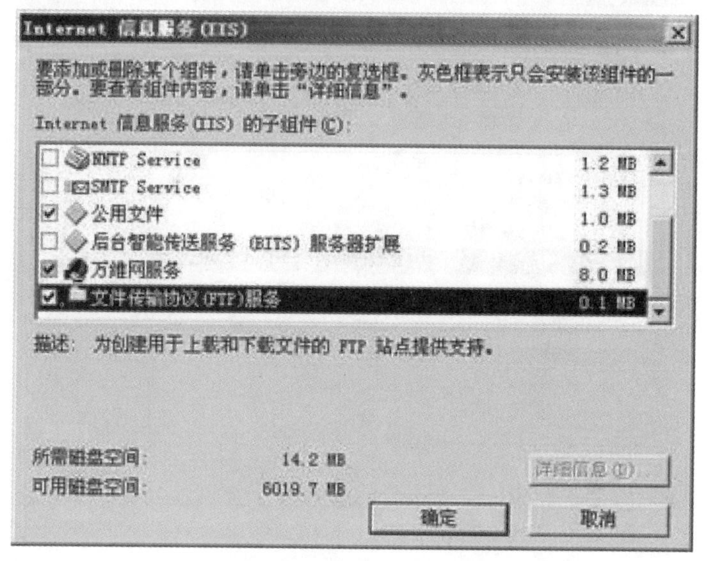

图 1.3.5　勾选传输协议（FTP）服务

3.4　在 IIS 中创建 Web 网站

打开“Internet 信息服务管理器”，在目录树的“网站”上单击右键，在右键菜单中选择“新建/网站”，弹出“网站创建向导”，如图 1.3.6 所示。

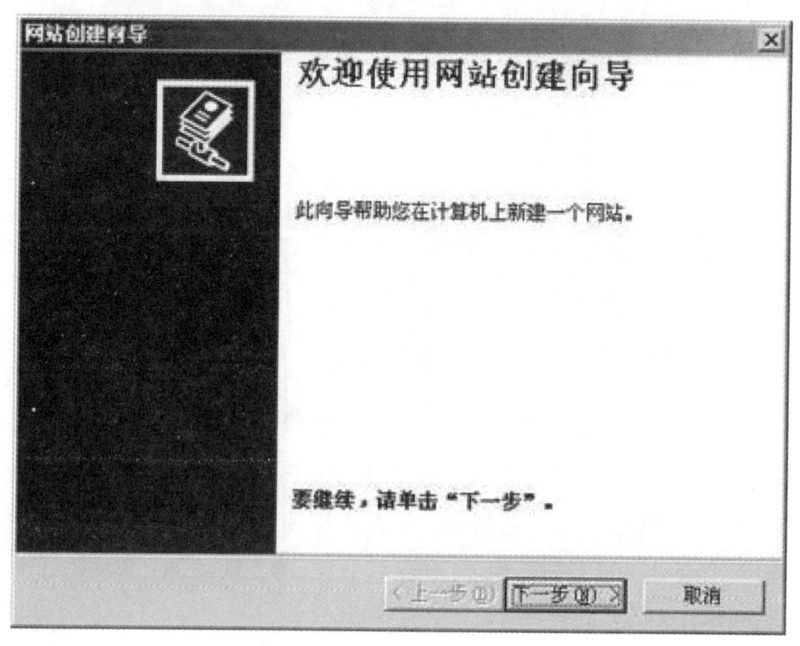

图 1.3.6　创建新网站

网站描述就是网站的名字，它会显示在IIS窗口的目录树中，方便管理员识别各个站点。本例中起名为“枝叶的网站”，如图1.3.7所示。

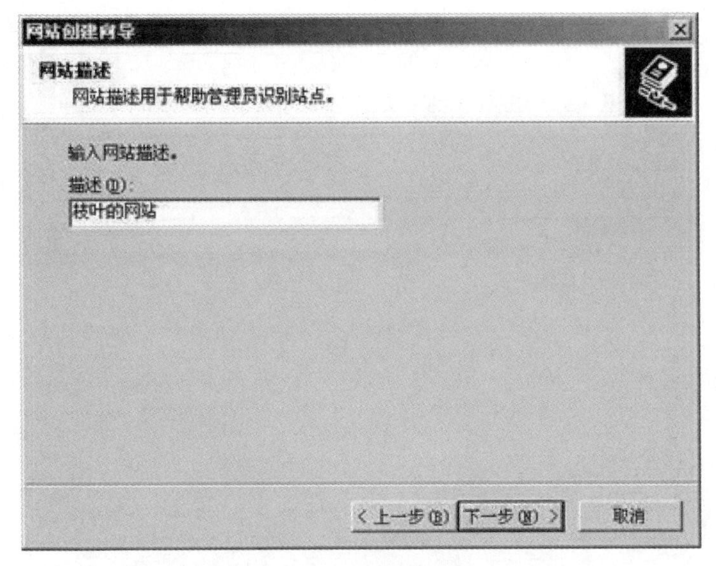

图1.3.7　网站描述

网站IP地址：如果选择“全部未分配”，则服务器会将本机所有IP地址绑定在该网站上，这个选项适合于服务器中只有这一个网站的情况。也可以从下拉式列表框中选择一个IP地址（下拉式列表框中列出的是本机已配置的IP地址，如果没有，应该先为本机配置IP地址，再选择）。

TCP端口：一般使用默认的端口号80。如果改为其他值，则用户在访问该站点时必须在地址中加入端口号。

主机头：如果该站点已经有域名，可以在主机头中输入域名，如图1.3.8所示。

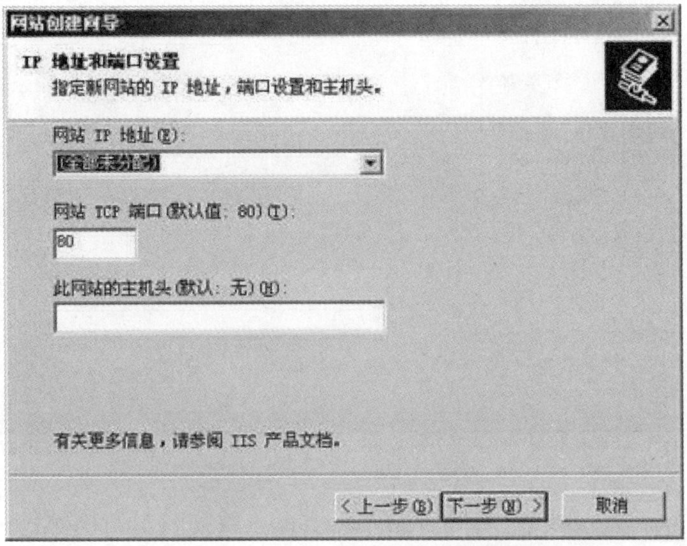

图1.3.8　指定网站IP地址和端口

主目录路径是网站根目录的位置，可以用“浏览”按钮选择一个文件夹作为网站的主目录。如图 1.3.9 所示。

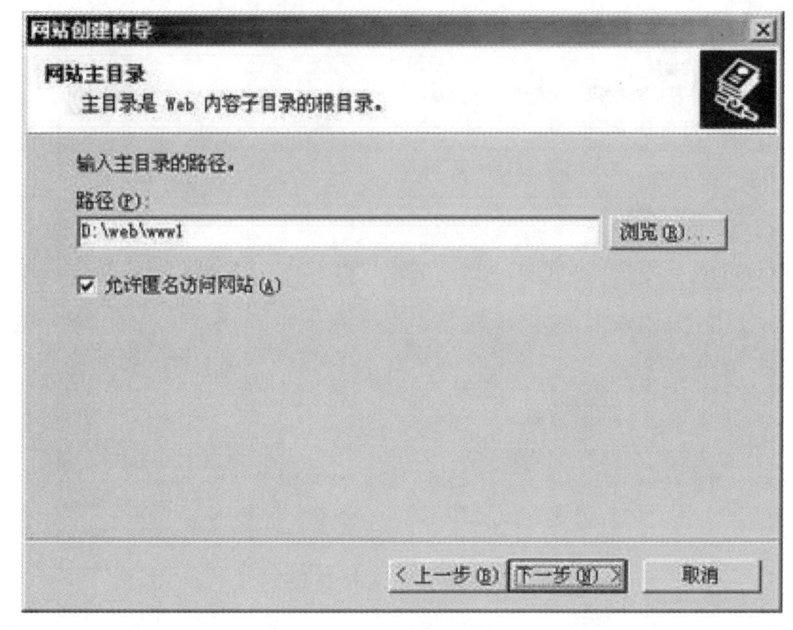

图 1.3.9　设置主目录

网站访问权限是限定用户访问网站时的权限，“读取”是必需的，“运行脚本”可以让站点支持 ASP，其他权限可根据需要设置，如图 1.3.10 所示。

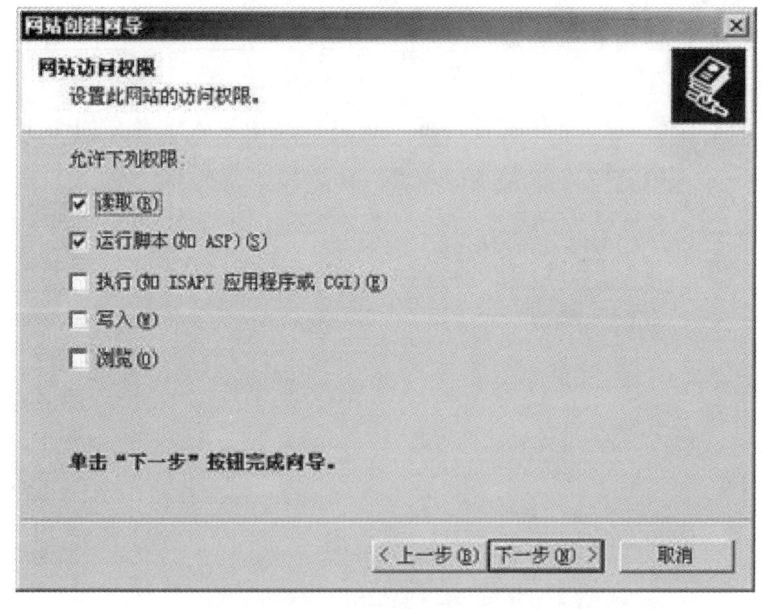

图 1.3.10　设置网站访问权限

单击“下一步”，弹出“完成向导”对话框，就完成了新网站的创建过程，则在 IIS 中可以看到新建的网站。把做好的网页和相关文件复制到主目录中，通常就可以访问这个网站了，如图 1.3.11 所示。

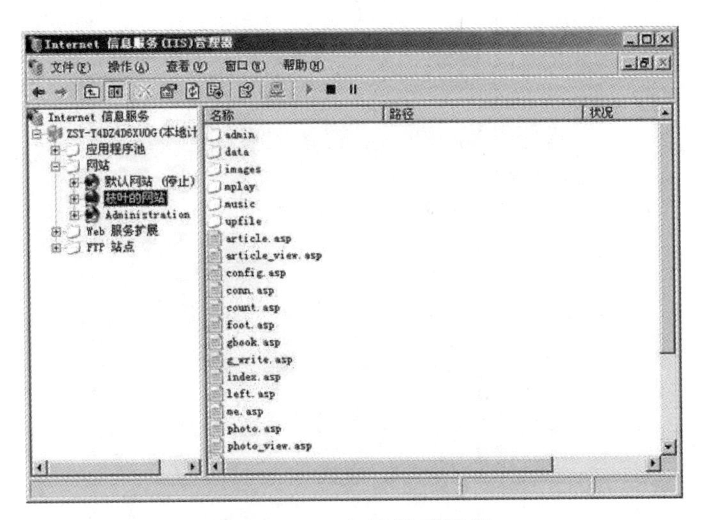

图 1.3.11 查看新建网站

访问网站的方法是：如果在本机上访问，可以在浏览器的地址栏中输入“http://localhost/”；如果在网络中其他计算机上访问，可以在浏览器的地址栏中输入“http://网站 IP 地址”。

说明：如果网站的 TCP 端口不是 80，在地址中还需加上端口号。假设 TCP 端口设置为 8080，则访问地址应写为“http://localhost:8080/”或“http://网站 IP 地址：8080”。

3.5 网站的基本配置

如果需要修改网站的参数，可以在“网站名字”上单击右键，在右键菜单中选择“属性”，可以打开“网站属性”对话框。

（1）“网站”标签。“网站标识”：可以设置网站名字、IP 地址、端口号。单击“高级”按钮可以设置主机头名，如图 1.3.12 所示。

（2）“主目录”标签。在本地路径中可以设置主目录的路径名和访问权限。

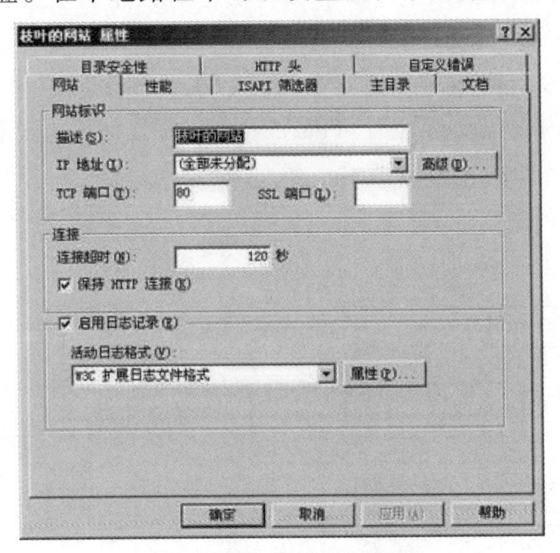

图 1.3.12 设置网站属性

（3）“文档”标签，如图 1.3.13 所示。

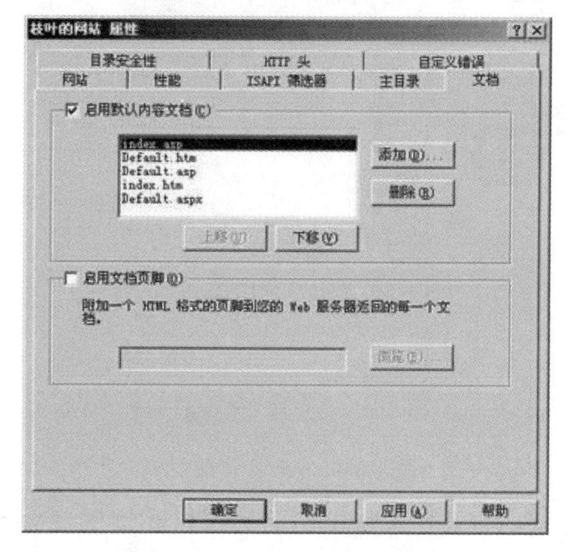

图 1.3.13　设置默认内容文档

默认文档是指访问一个网站时想要打开的默认网页，这个网页通常是该网站的主页。如果没有启用默认文档或网站的主页文件名不在默认文档列表中，则访问这个网站时需要在地址中指明文件名。

默认文档列表中最初只有 4 个文件名：Default.htm、Default.asp、index.htm 和 Default.aspx。我用“添加”按钮加入了一个 index.asp，并用“上移”按钮把它移到了顶部。这主要是因为我的网站的主页名为“index.asp”，所以应该把它加入列表，至于是否位于列表顶部倒是无关紧要的。

经过以上配置，一个 Web 网站就可以使用了。把制作好的网页复制到网站的主目录中，网站主页的文件名应该包含在默认文档中。打开浏览器，在地址栏中输入“http：//本机 IP 地址”，就可以打开网站的主页。其他页面可以用网页中的超链接打开。

（4）虚拟目录。

虚拟目录可以使一个网站不必把所有内容都放置在主目录内。虚拟目录从用户的角度来看仍在主目录之内，但实际位置可以在计算机的其他位置，而且虚拟目录的名字也可以与真实目录不同，如图 1.3.14 所示。

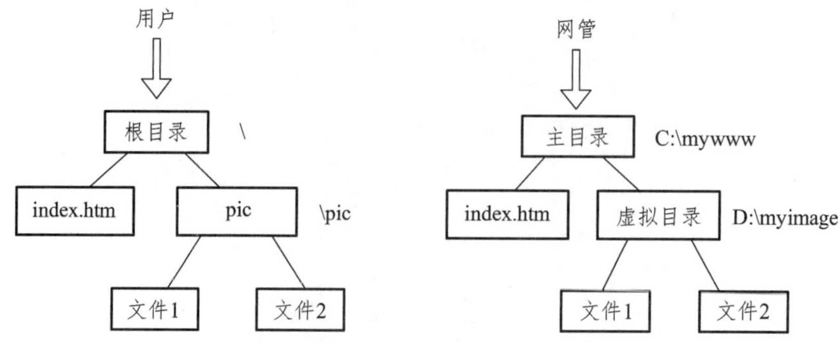

图 1.3.14　网站虚拟目录

图中用户看到的一个位于主目录下的文件夹“pic”，它的真实位置在服务器的“D:myimage”处，而主目录位于“C:mywww”处。假设该网站的域名是“www.abc.com”，则用户访问“http://www.abc.com/pic/文件 1”时，访问的实际位置是服务器的“D:myimage 文件 1”，所以虚拟目录的真实名字和位置对用户是不可知的。

创建虚拟目录的方法：

打开 Internet 信息服务窗口，在想要创建虚拟目录的 Web 站点上单击右键，选择“新建”→“虚拟目录”，弹出虚拟目录创建向导，如图 1.3.15 所示。

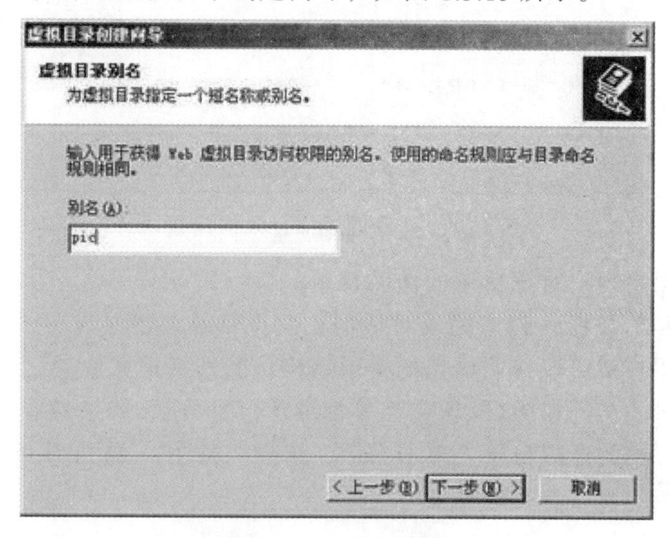

图 1.3.15　设置别名

别名是映射后的名字，即客户访问时的名字，点击“下一步”，弹出如图 1.3.16 所示界面。

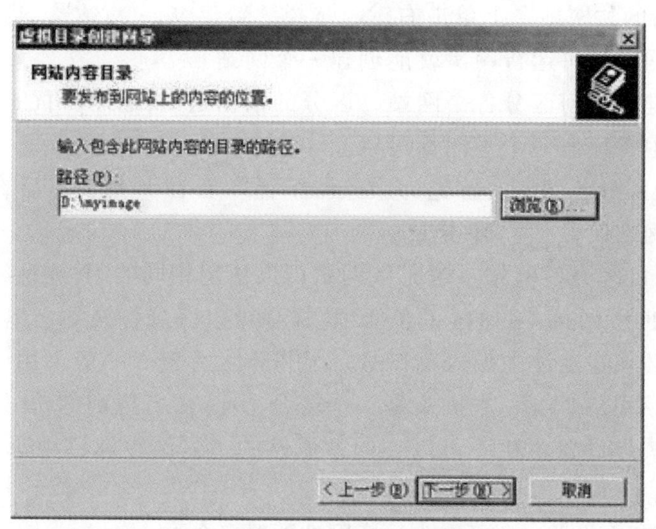

图 1.3.16　网站内容目录路径

其中路径指服务器上的真实路径名，即虚拟目录的实际位置，点击“下一步”，弹出如图 1.3.17 所示界面。

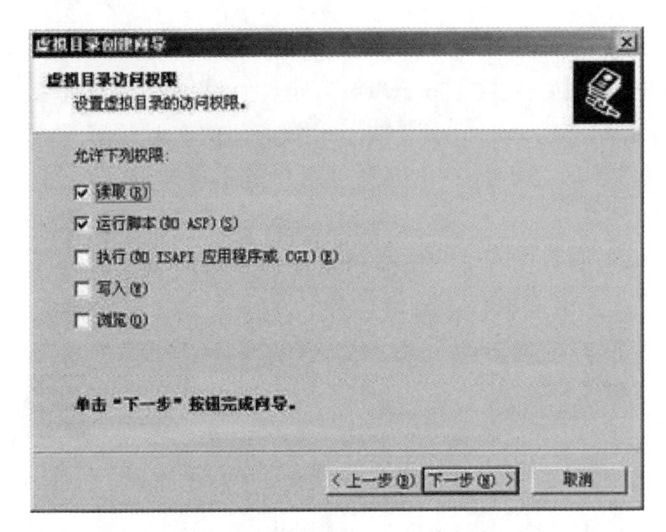

图 1.3.17 设置虚拟目录访问权限

其中访问权限指客户对该目录的访问权限。

单击“下一步”按钮，弹出完成对话框，虚拟目录就建立成功了。把相关文件复制到虚拟目录中，用户就可以按照虚拟的树形结构访问到指定文件了。

通常虚拟目录的访问权限、默认文档等都继承自主目录，如果需要修改，可在“Internet 信息服务管理器”中的虚拟目录上单击右键，选择“属性”，就可以修改虚拟目录的参数设置了。

3.6 常见问题

（1）如何在一台 Web 服务器上建立多个网站？

在 IIS 管理器的“网站”上单击右键，选择“新建 Web 网站”，然后用“网站创建向导”可以创建新网站，每运行一次就能创建一个网站。

多网站的关键是如何区分各个网站，区分的依据是 IP 地址、TCP 端口号、主机头，只要这三个参数中有任何一个不同都可以。

① 用 IP 地址区分各网站：首先为服务器配置多个 IP 地址，然后在网站属性的 IP 地址栏目中为每个网站设置一个 IP 地址。

② 用 TCP 端口区分各网站：这时各网站可以使用相同的 IP 地址，但把 TCP 端口设置为不同（应该使用 1024 ~ 65535 的值），这样也可以区分各网站。但这种方法要求用户在访问网站时，必须在地址中加入端口号，显得不太方便，一般不用。

③ 用主机头区分各网站：主机头是一个符合 DNS 命名规则的符号串，一般就用网站的域名作为主机头。设置主机头可以在网站属性的“网站”标签中单击“高级”按钮进行设置，如图 1.3.18 所示。

利用这个“高级”设置，还可以为一个网站配置多个 IP 地址，或使用不同的 TCP 端口。

（2）网站配置完成后，为何打不开？

最常见的情况是没有把网站主页的文件名添加到默认文档列表中，IIS6 中网站的默认文档只有 4 个：Default.htm、Default.asp、index.htm 和 Default.aspx。如果你的网站主页名字不是这 4 个中的一个，就应该把它添加进去。如果不添加，就应该用带文件名的地址访问这个页面。

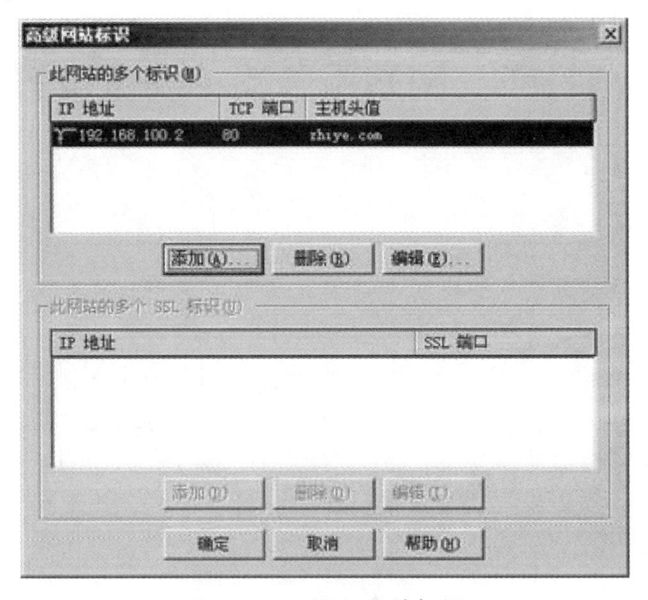

图 1.3.18　设置网站标识

（3）为什么我的 ASP 页面不能执行？

在 IIS6 中，ASP 文件必须在启用“Active Server Pages”时才能执行。如果安装 IIS 时，没有选中“Active Server Pages”，则服务器默认不启用“Active Server Pages”，也就不能执行 ASP 文件。

启用“Active Server Pages”的方法是：打开“Internet 信息服务管理器”，选中其中的“Web 服务扩展”，然后启用里面的“Active Server Pages”，如图 1.3.19 所示。

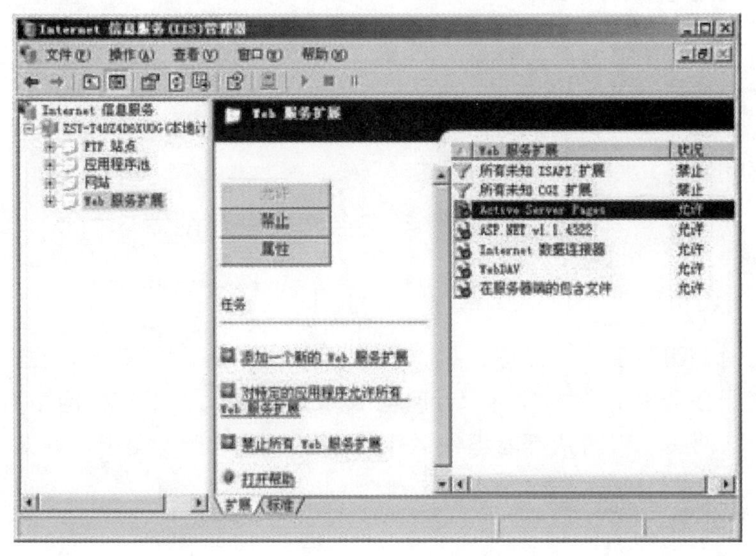

图 1.3.19　启用“Active Server Pages”

项目二　网站服务器的安全配置

【项目简介】

该项目利用软件工具来达到保护所建网站的目的。网站服务器若没做好安全配置工作，很容易从网络中遭受到拒绝服务攻击（DoS）、SQL 注入攻击（这两种攻击都是黑客常用的攻击手段）。拒绝服务攻击（DoS）是攻击者想办法让目标机器停止提供服务或资源（资源包括磁盘空间、内存、进程甚至网络宽带）访问，从而阻止正常用户的访问。SQL 注入攻击是通过扫描网站漏洞，将恶意的 SQL 命令注入后台的数据库，以达到窃取网站用户数据目的。这些攻击将会影响到网站的正常运行，严重的更会造成重大的经济损失。

【知识目标】

（1）了解服务器安全狗使用功能。
（2）熟悉服务器安全狗规则设置。
（3）掌握服务器安全狗主动防御功能。
（4）掌握网站安全狗配置。

【能力目标】

（1）能熟练掌握服务器安全狗安全设置。
（2）能掌握网站 SQL 注入防护。
（3）能掌握网站木马防护。

任务 1　服务器安全狗安装与配置

1.1　任务说明

某公司在网上购买了一个云虚拟机，安装了 Windows 版服务器，在此上面搭建了一个网站并挂在服务器上面，平时很少有时间去维护网站，也不知道网站有没有崩溃，有没有黑客攻击该网站。当网站不能正常运作的时候，想马上恢复正常并知道其中的原因。

1.2　任务分析

想要用少量时间去维护网站又不让自己的网站受到攻击，面对这种情况怎么去处理呢？其实答案很简单，现在非常流行的一款服务器安全狗，你不用二十四小时守在计算机面前，隔段时间去查看日志文件就可以了。下面就以版本 V4.2 为例进行相关的安装和配置。

1.3　任务实施

1. 软件安装及配置

（1）直接输入网址 http：//www.safedog.cn/server_safedog.html，进入“服务器安全狗”下载界面，或者自己搜索查找一下。

（2）选择“Windows/Linux 版免费下载”，并且点击“Windows 版 V4.2”进行下载，如图 2.1.1 所示。

图 2.1.1　下载 Windows 版 V4.2

（3）打开“服务器安全狗”安装程序，仔细阅读安装说明，点击“下一步”开始安装软件，如图 2.1.2 所示。

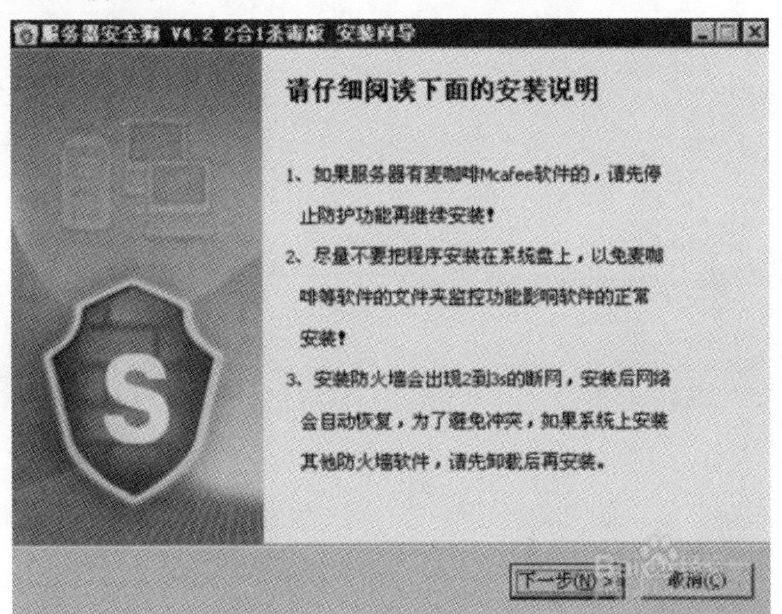

图 2.1.2　安装说明

（4）根据向导页面，点击“我接受”，然后点击“下一步”，如图 2.1.3 所示。

（5）选择安装安全狗软件的位置路径，点击“下一步”，如图 2.1.4 所示。进入设置创建开始菜单的所有程序向导，点击“安装”开始安装。

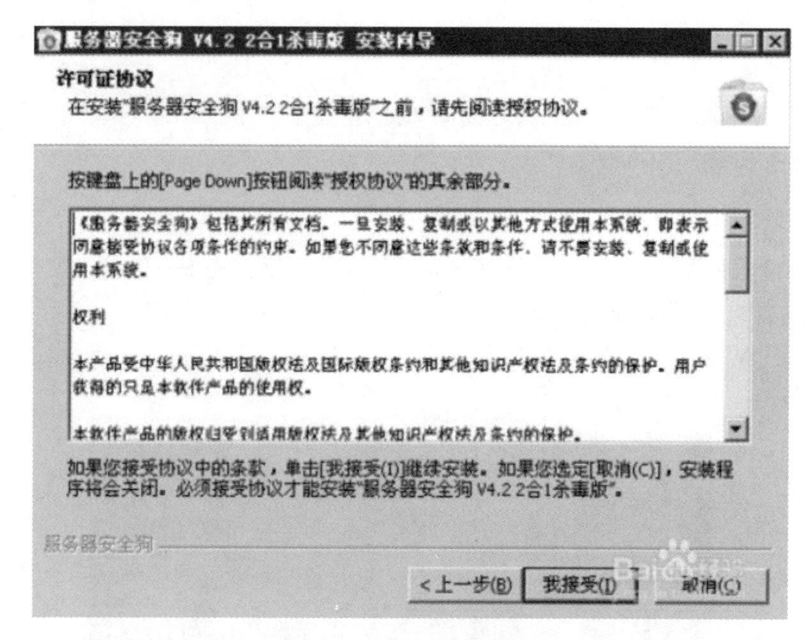

图 2.1.3　许可证协议

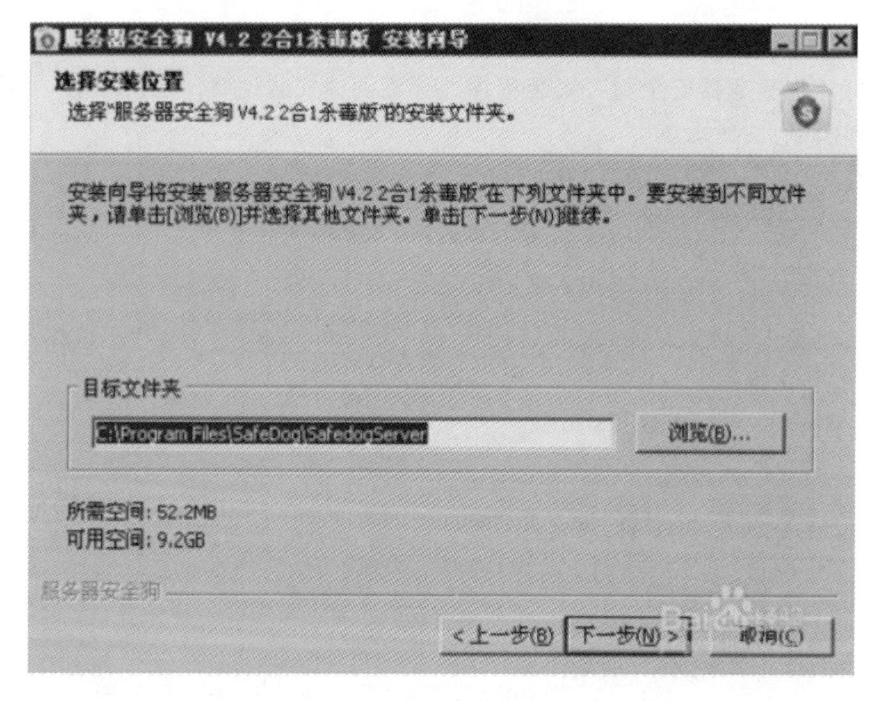

图 2.1.4　选择安装路径

（6）安全狗安装界面，如图 2.1.5 所示。

（7）勾选“运行服务器安全狗 V4.22 合 1 杀毒版”和“在线安装网站安全狗（IIS 版本）”，如图 2.1.6 所示。如果服务器在线下载不了，请到对应官网下载“网站安全狗（IIS 版）”进行安装。

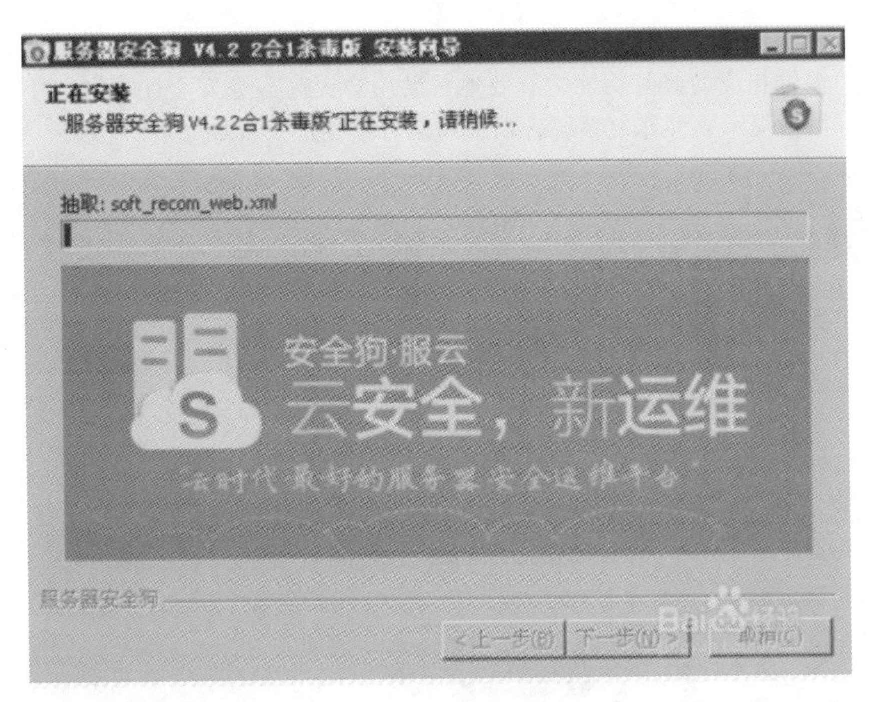

图 2.1.5 开如安装程序

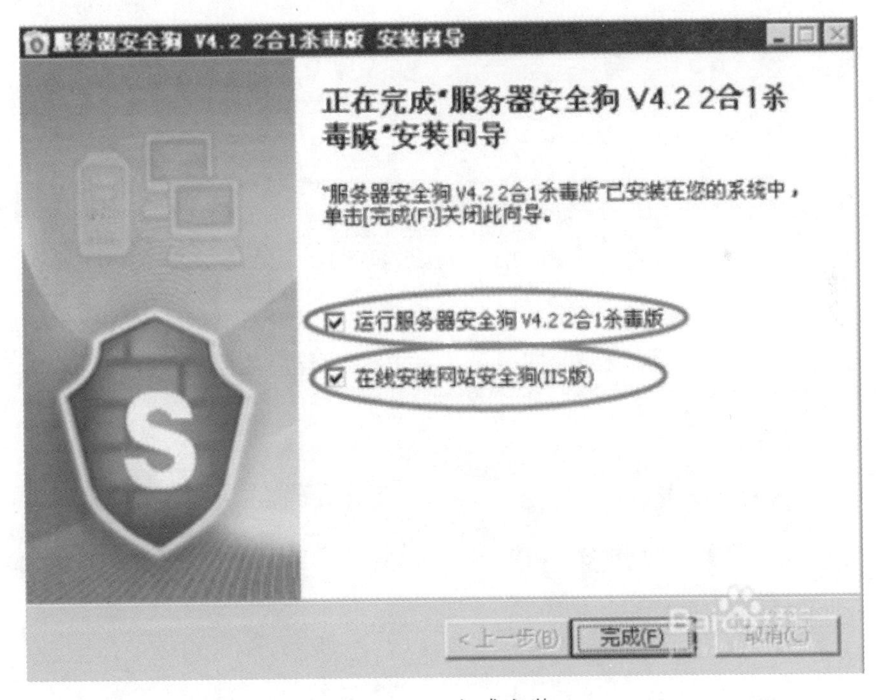

图 2.1.6 完成安装

2. 设置服务器安全狗

服务器安全狗功能涵盖了服务器系统优化、服务器程序守护、远程桌面监控、文件目录守护、系统账号监控、DDOS 防火墙、ARP 防火墙、Web 防火墙、安全策略设置以及邮件实时报警等多方面模块，以保障服务器运营过程中免受恶意的攻击和破坏。

（1）服务器体检功能通过对服务器进行全方位体检，检测各种可能出现的服务器安全漏洞，并提供相应的修复功能，有效地帮助用户提高服务安全性与稳定性。如发现问题，用户可根据提示立即修复系统，以提高服务器性能，如图 2.1.7 所示。

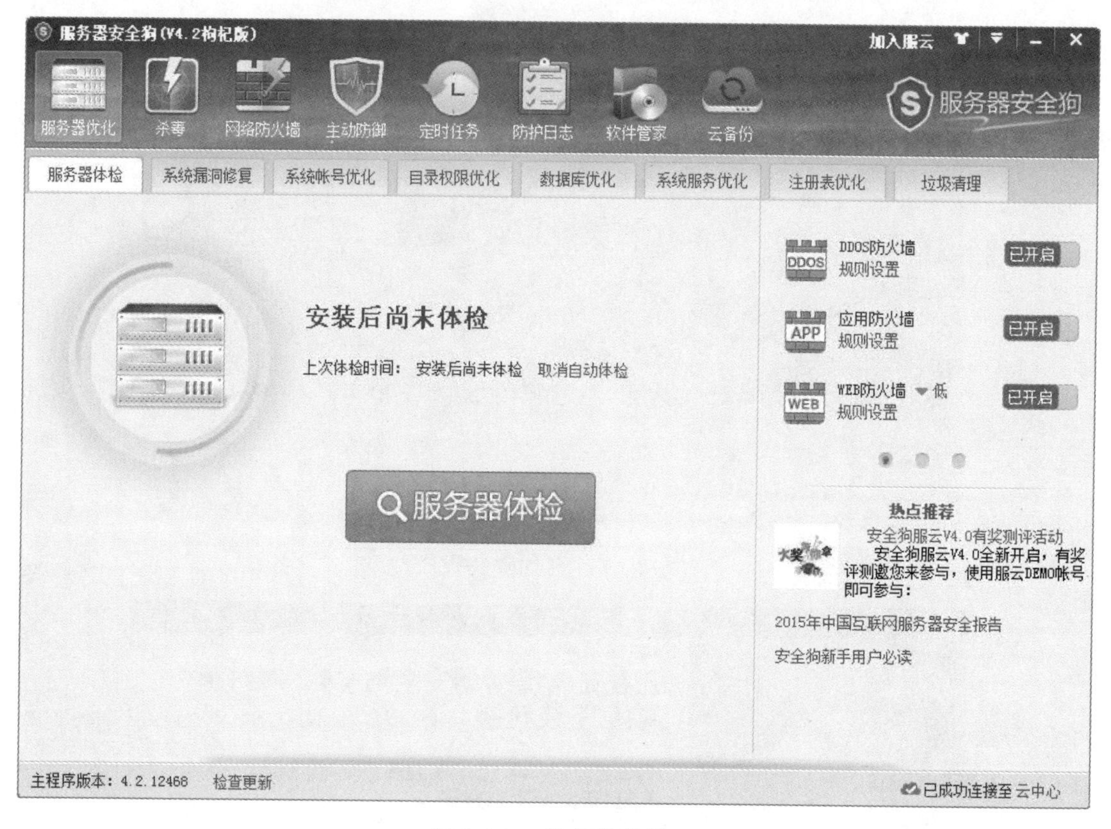

图 2.1.7 服务器体检

（2）提供自动体检的功能，服务器安全狗将在空闲时期（凌晨）进行体检。点击服务器体检首页的“开启自动体检”，即可开启此功能。若想关闭，可点击“取消自动体检”进行关闭此功能，如图 2.1.8 所示。

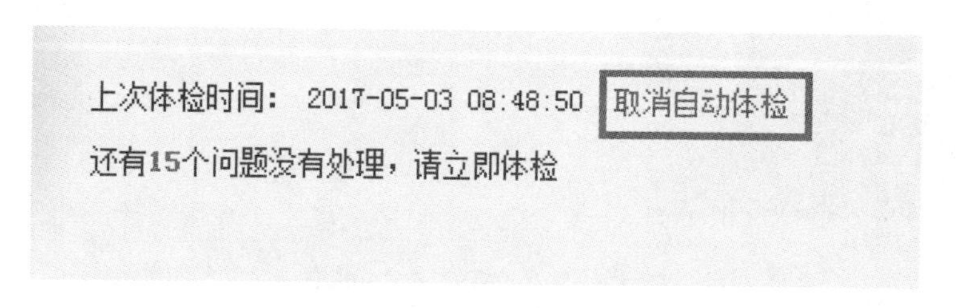

图 2.1.8 开启自动体检

（3）目录权限优化能通过对文件目录权限扫描，检测具有风险的系统文件目录，并提供优化建议。用户通过目录权限优化功能可以对系统目录权限进行管理，而无需对系统文件目录权限进行逐个配置。当发现危险路径时，用户可根据需要选择优化路径权限，如图 2.1.9 所示。

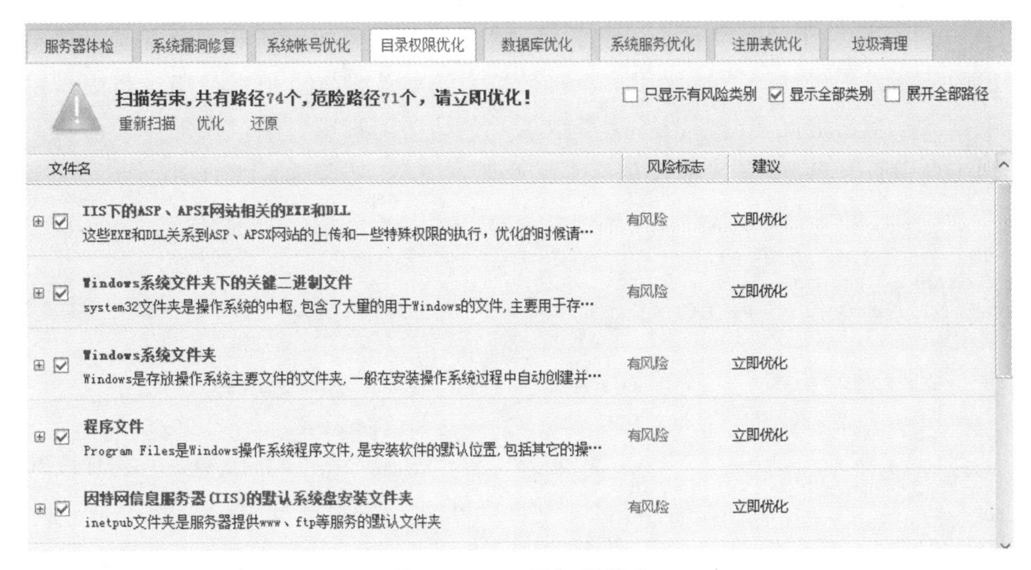

图 2.1.9　目录权限优化

（4）服务器安全狗中的 WEB 防火墙的功能主要针对 CC 攻击的防护，通过网络防火墙下的 WEB 防火墙可打开此功能。只有开启 WEB 防火墙，才能实现防御 CC 攻击的功能，建议安装完服务器安全狗之后，立即开启 WEB 防火墙。

通过单击操作界面右上方的“已开启”/“已关闭”按钮来开启/关闭 WEB 防火墙功能。随后，点击“规则设置”可进入具体的参数设置界面，如图 2.1.10 所示。

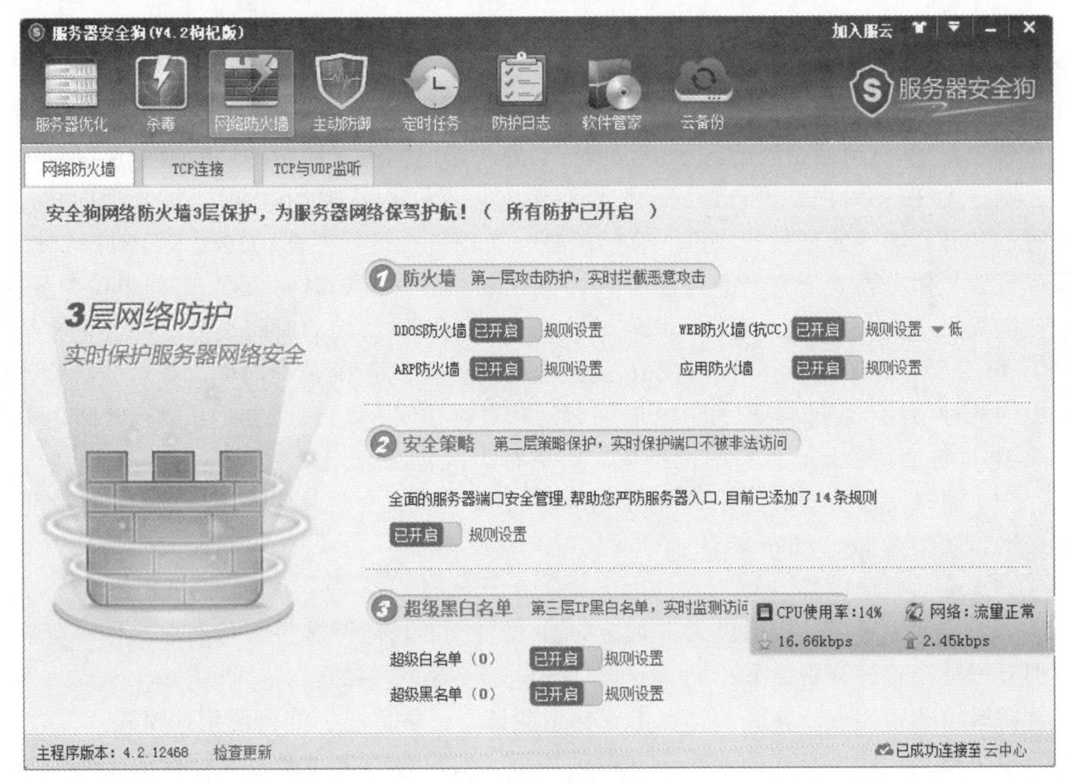

图 2.1.10　网络防火墙

（5）WEB 防火墙的各项参数主要针对 CC 攻击进行设置，所有参数都是根据实验测试得出的，所以一般情况下建议用户直接使用系统默认设置。但在使用过程中，用户也可以根据实际攻击情况随时修改各项参数值。包括访问规则、端口设置、会话验证、代理规则。点击打开 WEB 防火墙（抗 CC）“规则设置”，如图 2.1.11 所示。

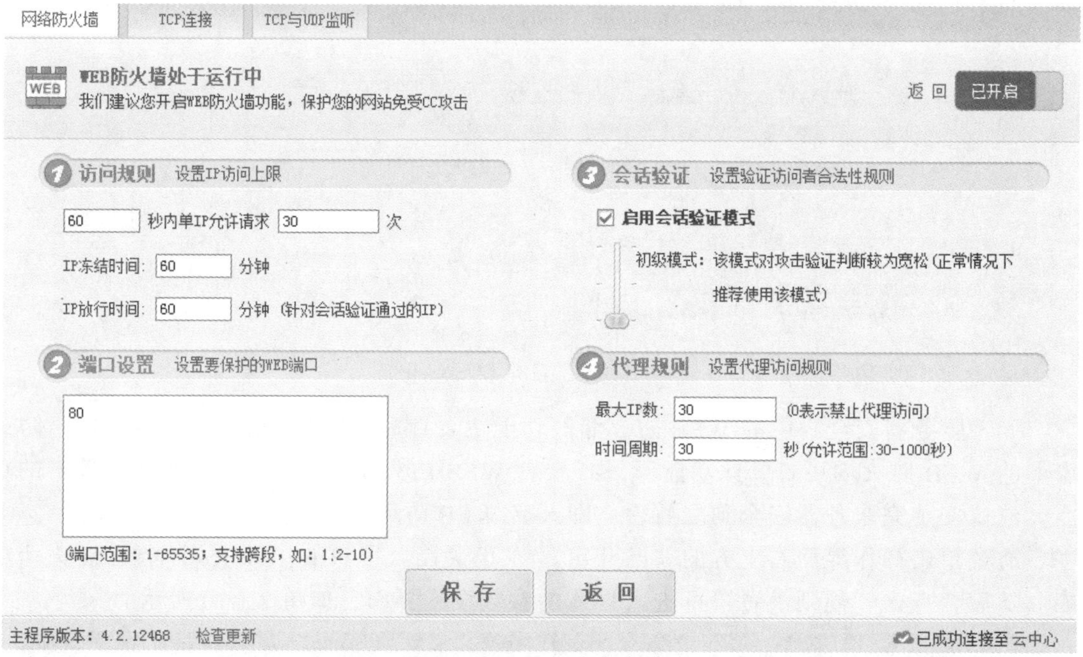

图 2.1.11　WEB 防火墙

（6）WEB 防火墙的访问规则主要由三个部分组成：

首先是 IP 对网站访问的次数进行验证，在一定时间内对网站的访问没有超过设定次数，则该 IP 能够对网站进行访问。假设当访问在 60 s 内达到 30 次时，如果访问超过该设置，若开启会话验证模式将进入会话验证，否则直接进行拦截；其次，“IP 冻结时间”用以设置被服务器安全狗判断为攻击的 IP 将会被禁止访问的时间长度,时间单位为分钟，取值需为大于 1 的整数，用户可以视攻击情况修改限制访问的时间长度。如设置冻结时间为 30 分钟，那么在 30 分钟内该 IP 就无法访问；最后是 IP 放行时间，针对会话验证模式中的几种情况，通过验证后的 IP 能够对网站进行访问，且在设定的 IP 放行时间内不会对该 IP 进行会话验证，放行时间结束后将进行再次验证。

（7）端口设置功能则是针对 WEB 访问的重要端口，主要起保护端口的目的，常见的 Web 端口映射有 80、8080 等。

（8）会话验证设置。

会话验证主要通过会话模式来对访问 IP 进行判断访问网站是否具有合法性。会话验证拥有三种模式，分别如下：

初级模式：代表非首次的非点击式会话验证，正常情况下推荐使用该模式。

中级模式：代表首次的非点击式会话验证，对所有的访问都会进行自动验证，如果网站处于间歇性被攻击状态，建议使用该模式。

高级模式：代表首次的点击式会话验证，即对所有的访问都会要求进行手动点击验证，如果网站长期处于被攻击状态，建议使用该模式。

注：首次代表第一次，非首次代表不是第一次。对于非首次会话验证，只有在触发了规则的情况下，才会进入会话验证或者拦截条件。比如 30 s 内单 IP 允许请求 50 次，如果达到或超过此条件就会触发规则，遭到拦截。

非点击式：透明式，Web 浏览器会自动根据回复的 http 的脚本自动跳转。

点击式：需要用户通过点击 Web 浏览器的点击按钮。

（9）WEB 防火墙中也加入了代理规则。通过设定最大 IP 数，设置代理规则对网站进行访问。分为以下两种情况：

代理数为 0 时：若开启会话验证，则每个代理访问网站的时候就会进行会话验证，若未开启会话验证，那么每个代理将直接被拦截。

代理数不为 0 时（如设定为 10 个代理 IP）：若开启会话验证（非首次会话验证，如初级模式），则 30 s 内超过第 10 个的代理 IP 访问将进入会话验证逻辑；开启会话验证（首次会话验证，如中级或高级模式），则每个代理 IP 访问将进入会话验证逻辑；若未开启会话验证，则 30 s 内超过第 10 个的代理 IP 访问将直接被拦截，即第 11 个代理 IP 访问就被拦截。

（10）服务器安全狗里面也有安全策略。安全策略主要通过执行具体的端口保护规则限制或者允许进程对端口的连接请求，来保护服务器安全。开启安全策略，如图 2.1.12 所示。

安全策略位于网络防火墙功能下，被认为是第二层策略保护（第一层是攻击保护，第三层是超级黑白名单）。三层网络防护，用以实时保护服务器网络安全。

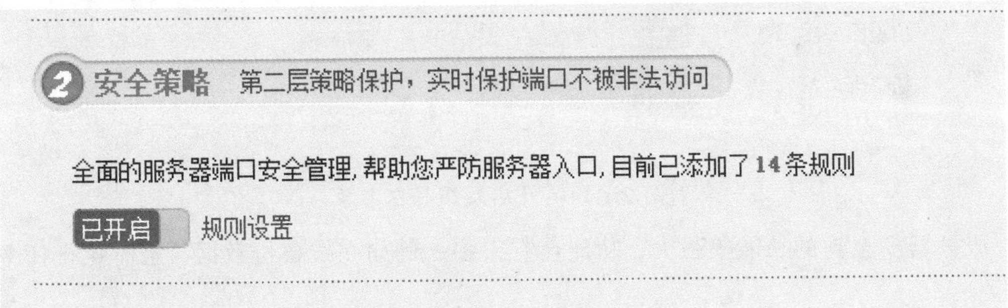

图 2.1.12　开启安全策略

（11）服务器安全狗安全策略功能主要通过执行具体的端口保护规则，限制或者允许进程对端口的连接请求，来保护服务器安全。

用户可以通过单击操作界面右上方的按钮“已开启”/“已关闭”按钮来开启/关闭安全策略功能。用户必须开启安全策略功能，所有端口保护规则才会生效，否则所有关于端口的设置都为无效，如图 2.1.13 所示。

用户开启安全策略功能后，系统会要求用户选择安全策略模式。需要提醒用户的是，安全策略模式的选择非常重要，如果误操作，可能会引起包括远程桌面登录在内的部分服务被禁止。建议用户在开启安全策略功能之前，确保远程桌面端口已经添加到安全策略列表，并使用“所有 IP 一律接受”。

网络防火墙　TCP连接　TCP与UDP监听

安全策略处于运行中：目前启用的是宽松模式　批量添加规则　修改模式
我们建议您开启安全策略功能，全面保护您的服务器的端口不被非法访问
返回　已开启

端口	协议	策略	例外	生效时间
123	UDP	所有IP一律接受		永久生效
135	全部	所有IP一律拒绝		永久生效
137	全部	所有IP一律拒绝		永久生效
138	全部	所有IP一律拒绝		永久生效
139	全部	所有IP一律拒绝		永久生效
161	全部	所有IP一律拒绝		永久生效
20	全部	所有IP一律接受		永久生效
21	TCP	所有IP一律接受		永久生效
23	全部	所有IP一律拒绝		永久生效
3389	TCP	所有IP一律接受		永久生效

全选　增加规则　修改规则　删除规则　清空列表　导入规则　导出规则

图 2.1.13　安全策略规则设置

（12）白名单里面可以添加上用户公司 IP 和用户家里的 IP，这样可以在第三步开启远程登录防护后防止他人登录你的服务器，如图 2.1.14 所示。

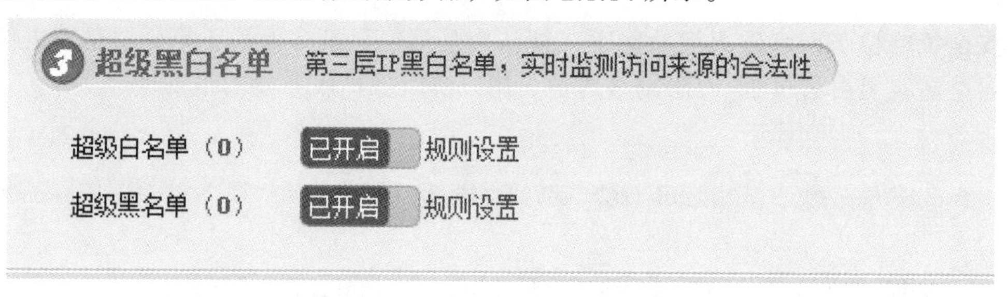

图 2.1.14　开启超级黑白名单

服务器安全狗的功能很强大，功能还有很多，例如在线备份数据、定时执行任务等。

任务 2　网站安全狗安装与配置

2.1　任务说明

某公司的服务器有多个网站。服务器上已安装服务器安全狗软件，可以对网站有一定的防护功能。只使用服务器安全狗来保护我们的网站还远远不够，怎么才能实现对网站数据有效的保护呢，可以主动防御网络攻击，对网站实时监控，解决流量防护等。

2.2　任务分析

服务器上已经安装有服务器安全狗，服务器安全狗主要功能是保护服务器安全。针

对网站防护，我们可以安装网站安全狗来保护我们的网站，对网马与 SQL 注入等攻击有较强的抵御能力。服务器安全狗和网站安全狗都有相应的 Windows、Linux 版本，能相互兼容，用户无需担心系统兼容性问题，下面就以版本 V2.4 为例进行相关的安装和配置。

2.3　任务实施

1. 主动防御功能

主动防御功能主要包括 SQL 注入防护与网马防护两部分功能模块，主要实现对 SQL 攻击注入及上传网站的文件是否存在木马情况的检查防护功能。

（1）SQL 注入防护。

所谓 SQL 注入，就是通过把 SQL 命令插入到 Web 表单递交或输入域名或页面请求的查询字符串，最终达到欺骗服务器执行恶意的 SQL 命令。SQL 防护功能主要包括检测 URL 长度功能和注入防护规则两部分。

① 检测 URL 长度功能。

很多人可能还不知道过长的 URL 到底有什么危害？在网络上有人测试 URL 过长确实是会影响流量的，URL 长度会影响谁的流量?普通情况下影响网站入口带宽的流量。如果网页代码里的超链接写的是长 URL，导致网页内容变大，那么就严重影响了网站出口带宽的流量。网站安全狗设置有 URL 长度上限值并且将这个上限值设为通用指标来检测 URL 长度，当然这个上限值用户是可以自己设定。访问一个超长的链接测试实例，具体设置和测试结果如图 2.2.1、2.2.2 所示。

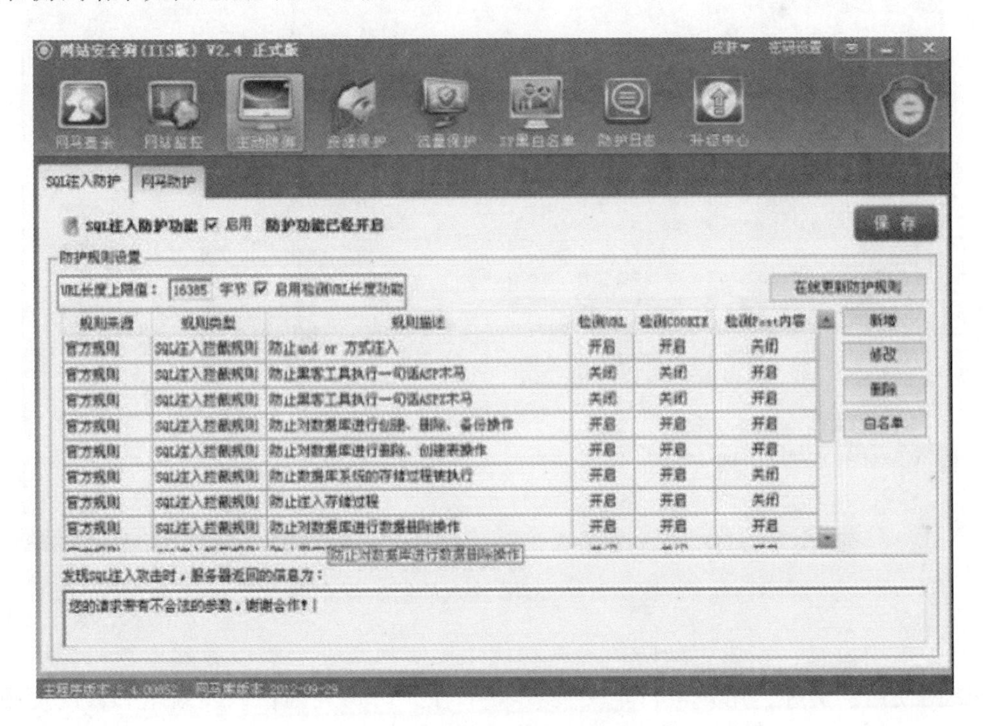

图 2.2.1　URL 防护规则

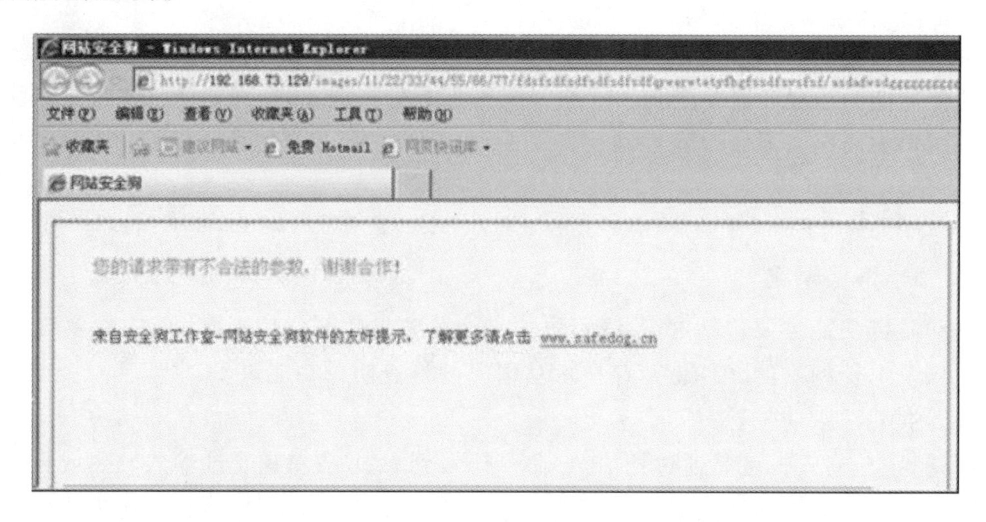

图 2.2.2　长链接测试实例

② 设置 SQL 注入防护规则。

网站安全狗的设计是根据攻击特征库，对用户输入进行过滤，从而达到防护 SQL 注入的目的。我们已经根据网络上一些常用的注入设定了防护规则，当然用户可以根据实际需要对过滤规则进行新增、修改、删除，如图 2.2.3 所示。

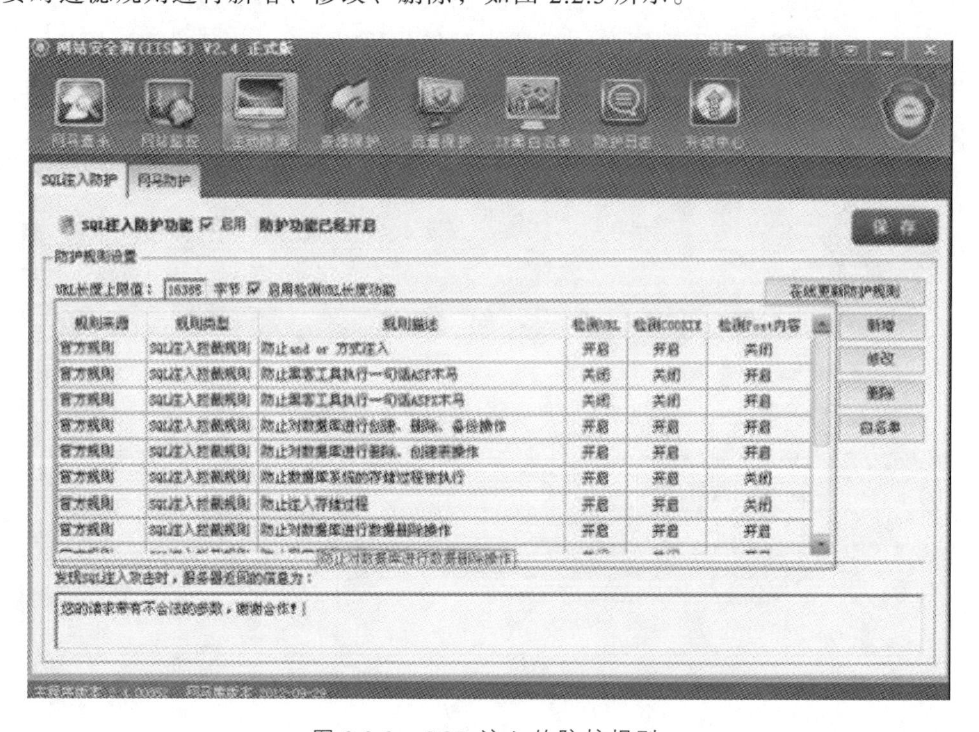

图 2.2.3　SQL 注入的防护规则

防护规则设置：在线更新防护规则功能主要实现与安全狗服务器中规则同步，此功能需联网使用；另外，用户可自定义设置 SQL 注入防护规则，以及新增和修改规则，如图 2.2.4 所示。

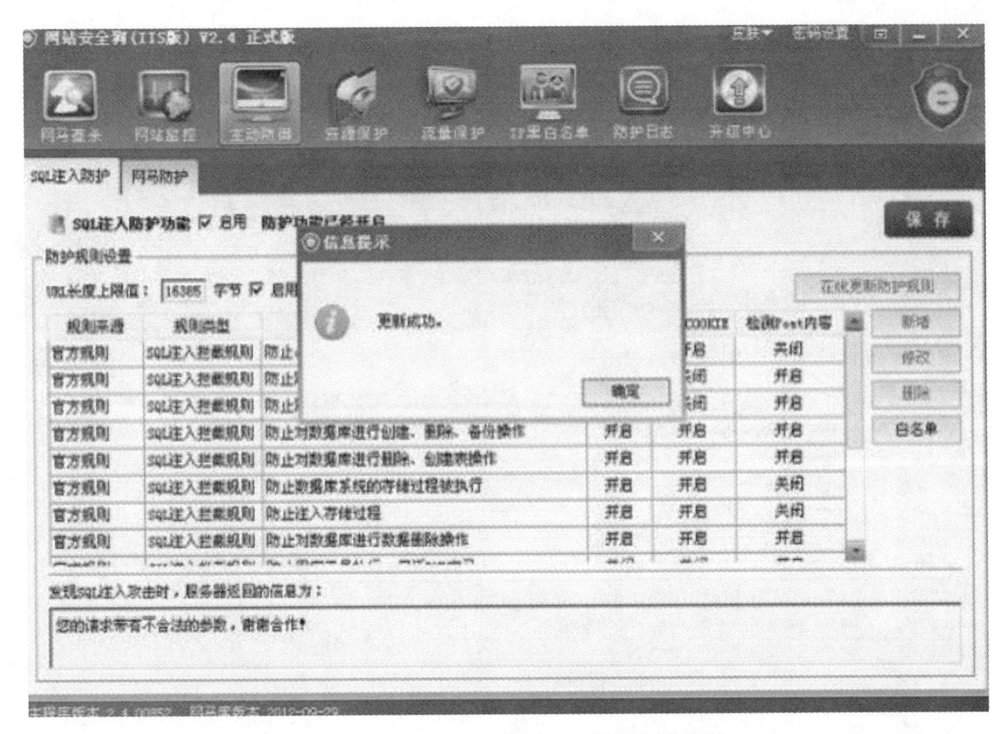

图表 2.2.4　增加、修改、删除防护规则

用户可以通过“新增”加入新的规则守护，并且可以在“新增”设置规则中设置需要检测的项目，如图 2.2.5 所示。

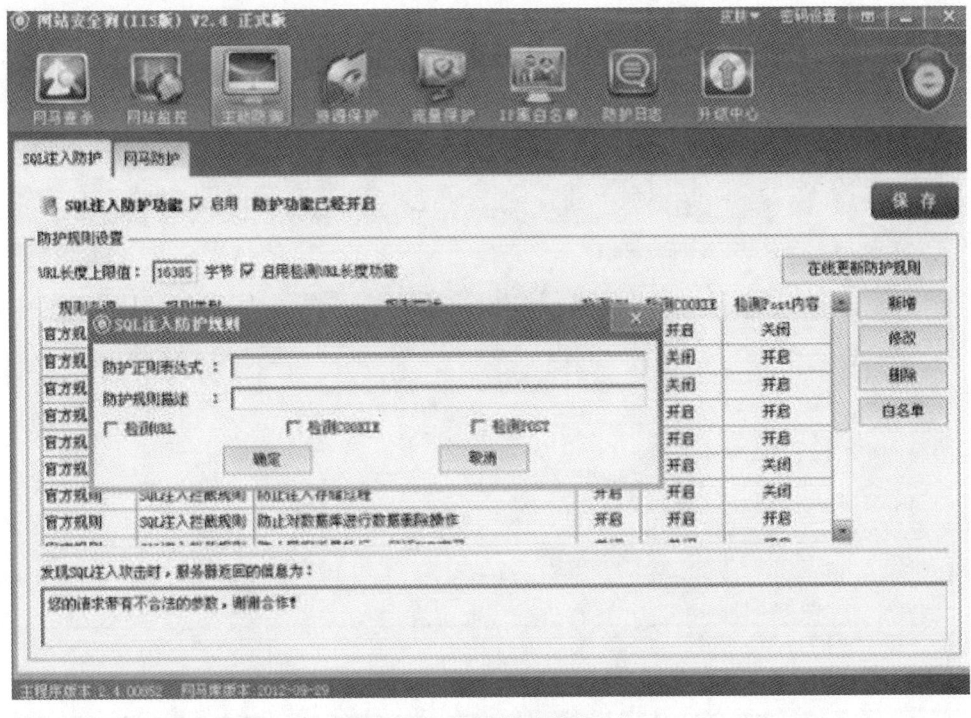

图 2.2.5　新增防护规则

同时当用户发现规则有误，或者无用的规则时也可以通过界面上的“修改”和“删除”进行设置。当需要设置例外情况可以在“白名单”中设置，分别如图 2.2.6、2.2.7 所示。

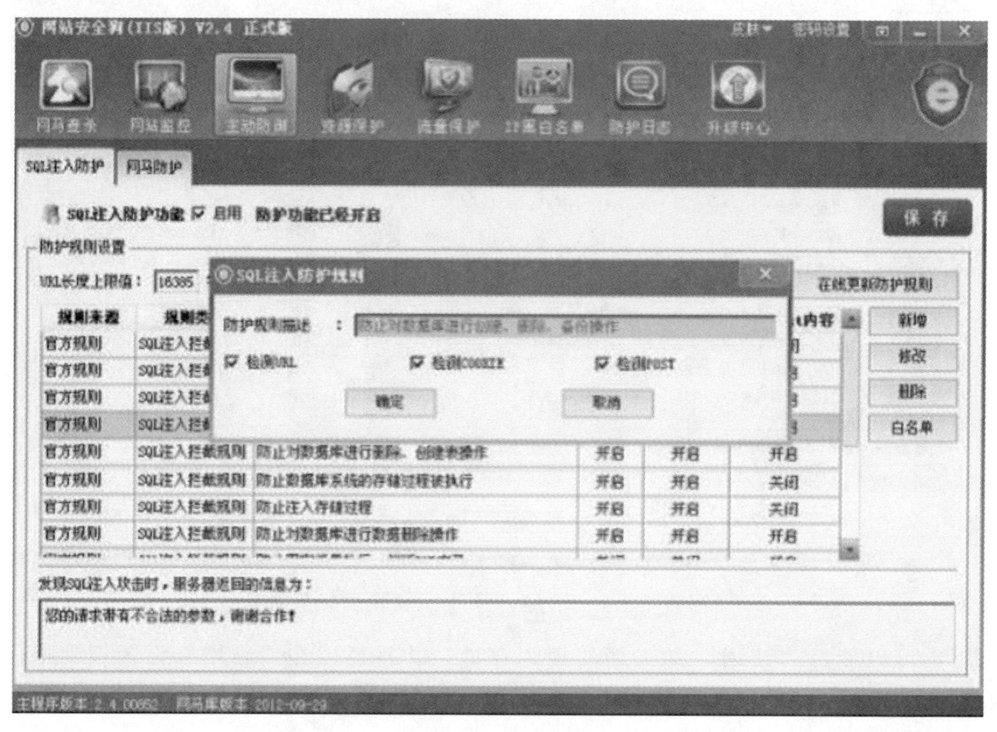

图 2.2.6 修改防护规则

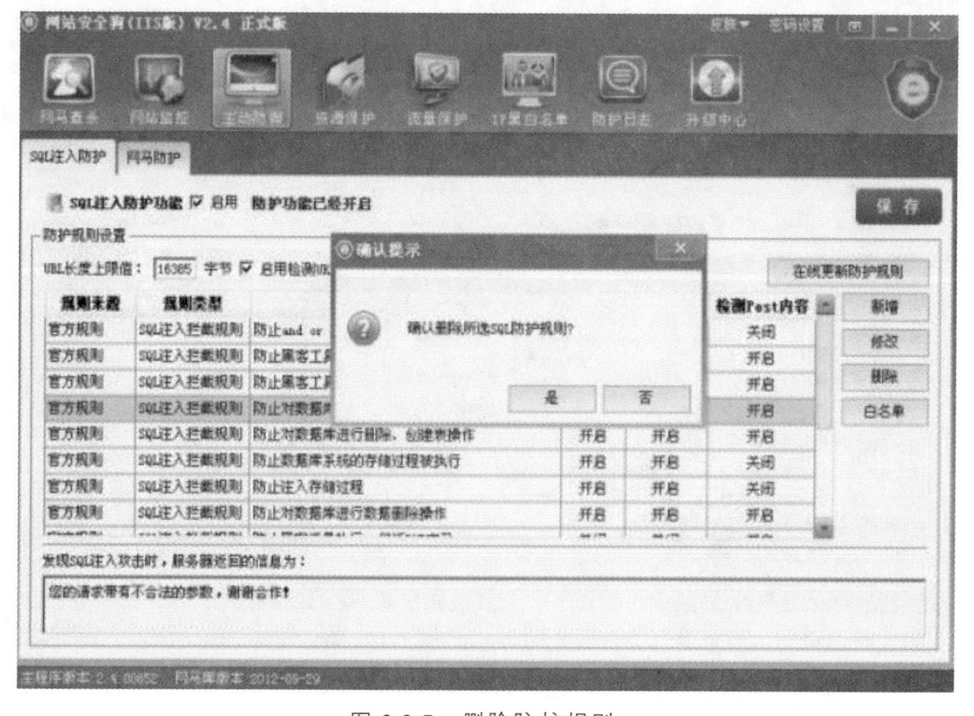

图 2.2.7 删除防护规则

当用户需要对服务器上多站点的某些网站排除在 SQL 注入防护当中，就可以在 SQL 注入防护白名单中增加、修改与删除白名单规则，如图 2.2.8 所示。

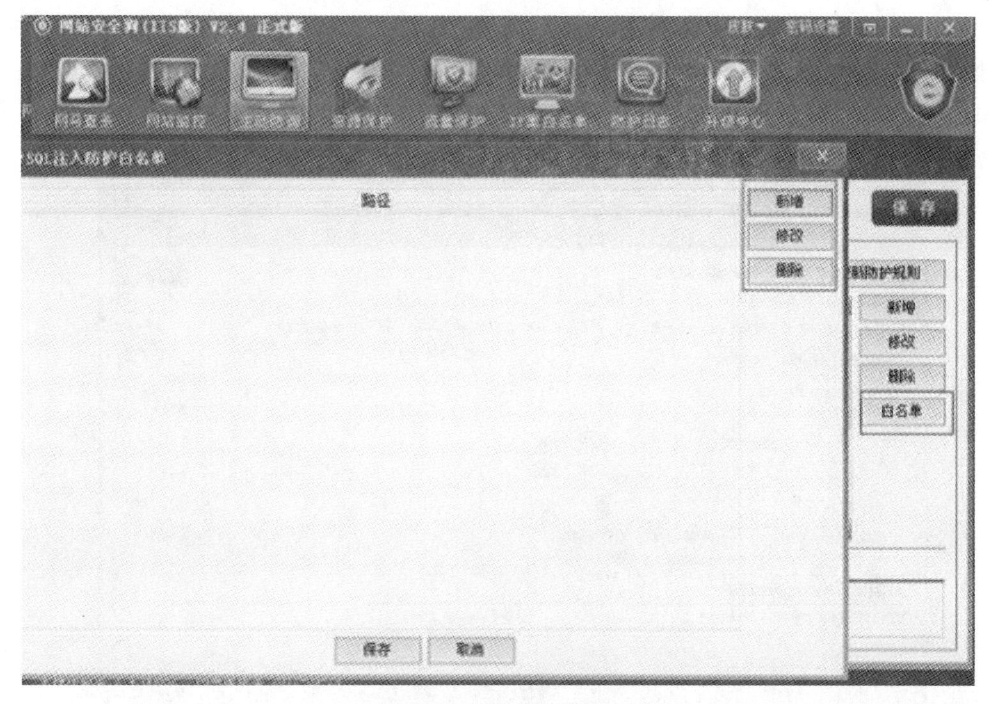

图 2.2.8　白名单规则

当网站安全狗发现 SQL 注入攻击时，服务器就会对这个操作返回一个文字说明，用户可以自己设置返回的文字说明内容，如图 2.2.9 所示。

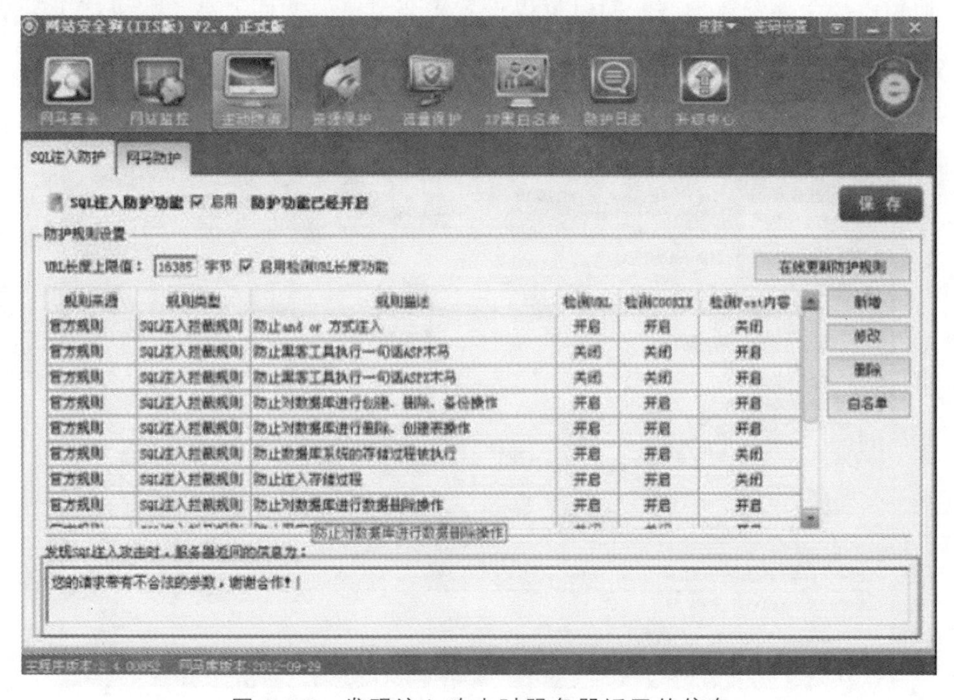

图 2.2.9　发现注入攻击时服务器返回的信息

（2）网马防护。

网马防护功能主要是能够实时拦截恶意上传的网页木马。

网马防护功能的浏览防御主要是针对需要防护的资源类型进行主动防御，同时也可以新增加相应的资源类型，如图 2.2.10 所示。

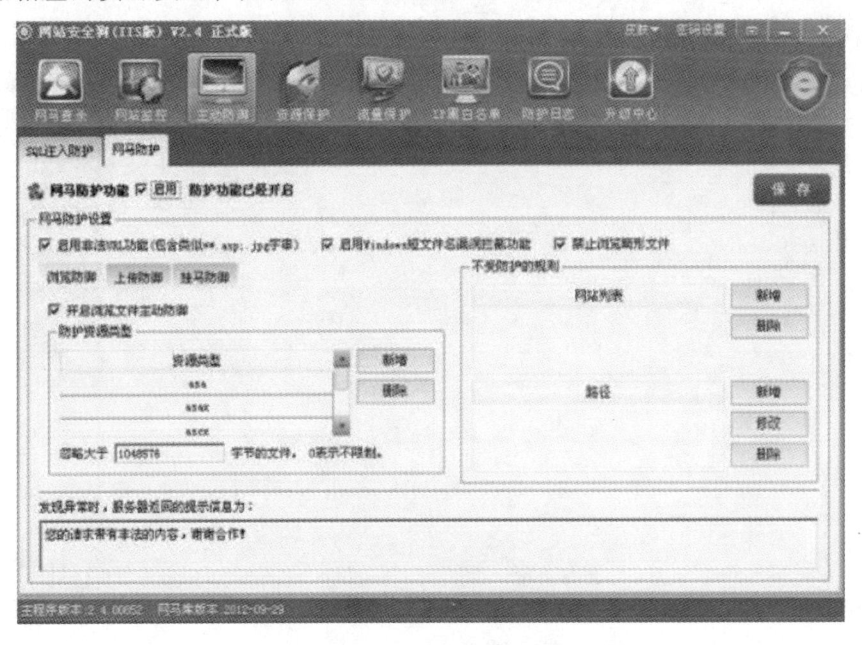

图 2.2.10　浏览防御的功能界面

上传防御主要是针对需要上传的文件或者程序在上传之前进行相应的网马扫描，也可以增加相应的文件资源类型，同时可以设置需要忽略的文件大小，如果高于某个设置的值，则忽略对其的扫描，如图 2.2.11 所示。

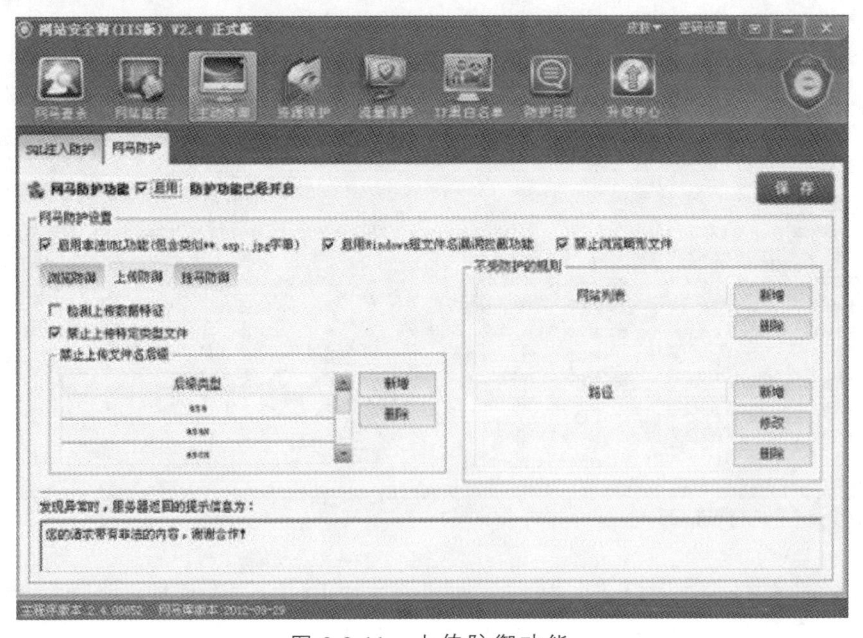

图 2.2.11　上传防御功能

挂马防御主要有三种方式：一种是可以检测上传的数据是否被挂马；第二种是可以检测 URL 是否被挂马；第三种是通过检测 COOKIE 来判断是否被挂马。通过以上三种方式来保护上传资源的安全及网马防护，如图 2.2.12 所示。

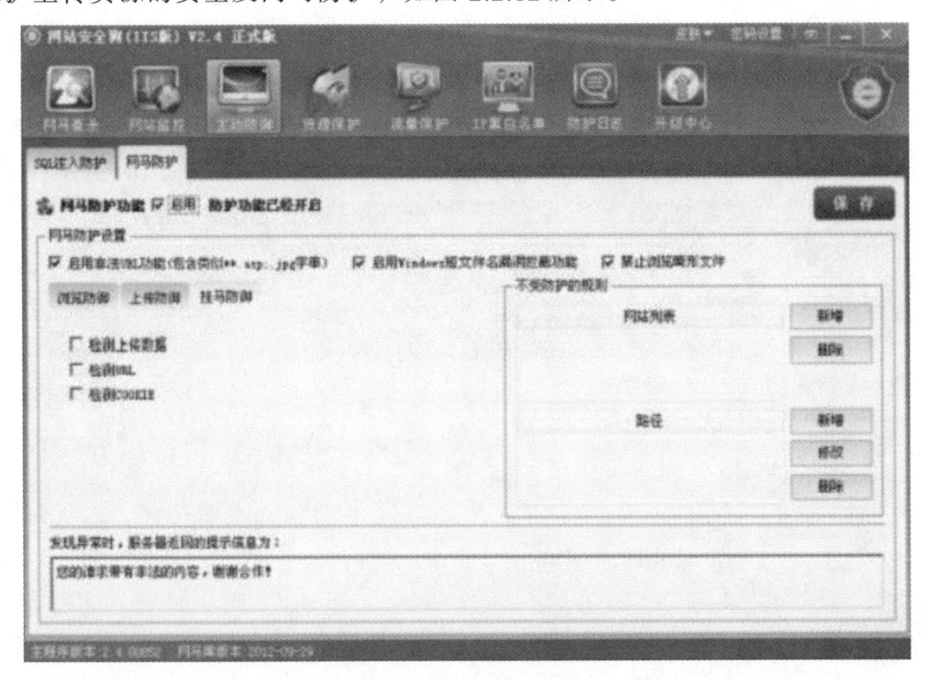

图 2.2.12　挂马防御功能

当然也可以设置不受防护的规则，可以添加例外的网站列表或者路径，禁止对这些例外的网站进行网马的扫描等，可以将其新增进去，如图 2.2.13 所示。

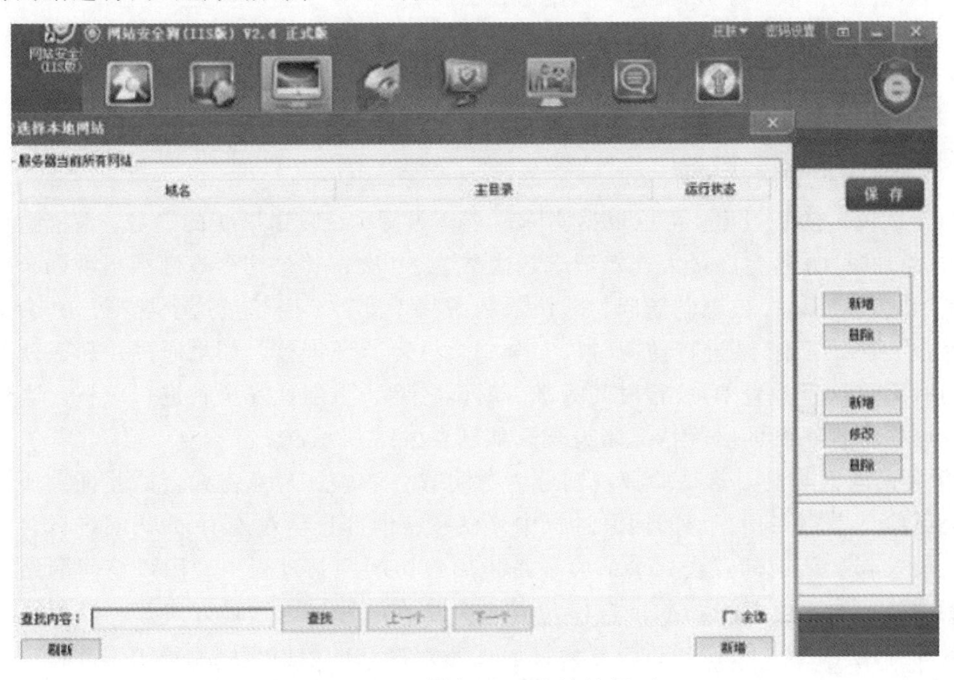

图 2.2.13　增加不受防护的规则

2. 流量保护功能

网站安全狗的流量保护功能可以有效地防止 CC 攻击，优化 CC 攻击防御规则，减低误判率，增强拦截效果。同时减少流量资源的损耗，减少带宽的占用等功能。

CC（Challenge Collapsar）攻击是借助代理服务器生成指向受害主机的合法请求，实现 DOS 和伪装。模拟多个用户不停地进行访问那些需要大量数据操作、大量 CPU 时间的页面，使得页面打开速度缓慢。CC 攻击防护基本原理是防止一个 IP 多次不断刷新而断开与该 IP 得连接，防止服务器瘫痪，达到了防攻击目的，如图 2.2.14 所示。

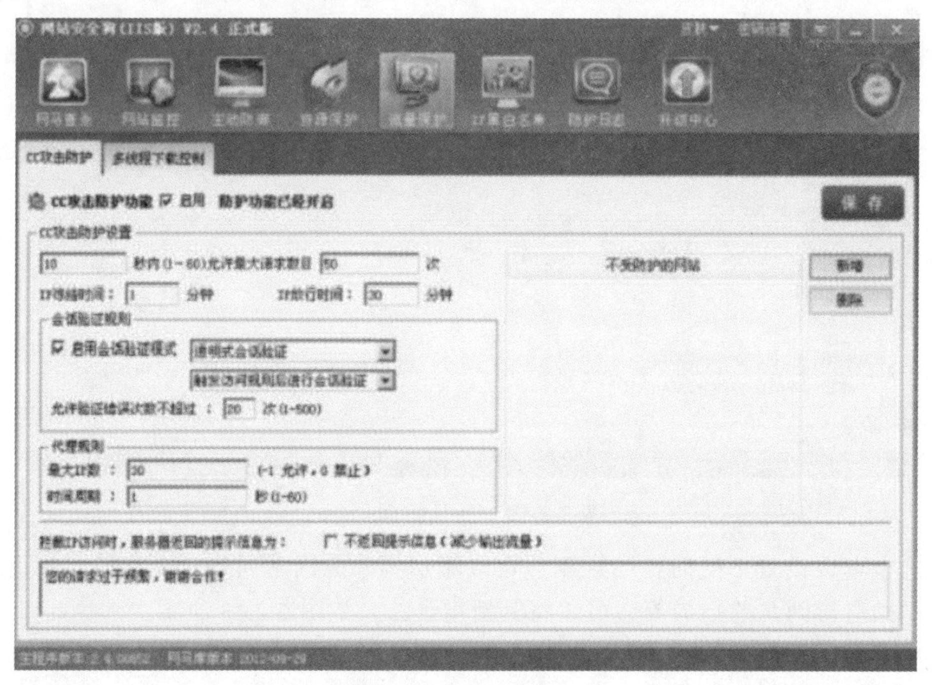

图 2.2.14　攻击防护功能

设置 CC 攻击防护规则。允许用户设置“CC 攻击防护设置”“会话验证规则”“代理规则”“不受防护的网站”等。

① CC 攻击防护设置。可以根据实际需求来设置 CC 攻击防护的参数，系统默认设置一个 IP 地址每 10 秒允许最大连接请求的次数为 50 次，超过这个规则即出现两种情况：

该 IP 会被冻结即被限制访问，默认限制访问 1 分钟。当超过这个规则，IP 会被默认放行 30 分钟。当 IP 来进行访问时，安全狗会进行验证审核，如果通过，那么就放行，放行的时间以这里设置 IP 放行时间为准，时间一到，重新让安全狗进行审核。当然以上的参数可以根据系统的实际情况来设置，如图 2.2.15 所示。

② 会话验证规则。会话验证规则分为透明式会话验证与点击式会话验证。所谓的透明式会话验证是指在用户访问网站过程中，在系统内部自动对该 IP 的访问进行合法性的身份验证操作。所谓的点击式会话验证是指用户访问网站过程中，用户访问网站系统需要其点击进行合法性的身份验证操作，需要交互式进行。这两种方式都可以选择，当触发任意一种规则之后，可以通过设置允许验证错误次数的数值来限制该 IP 对网站的访问，如图 2.2.16 所示。

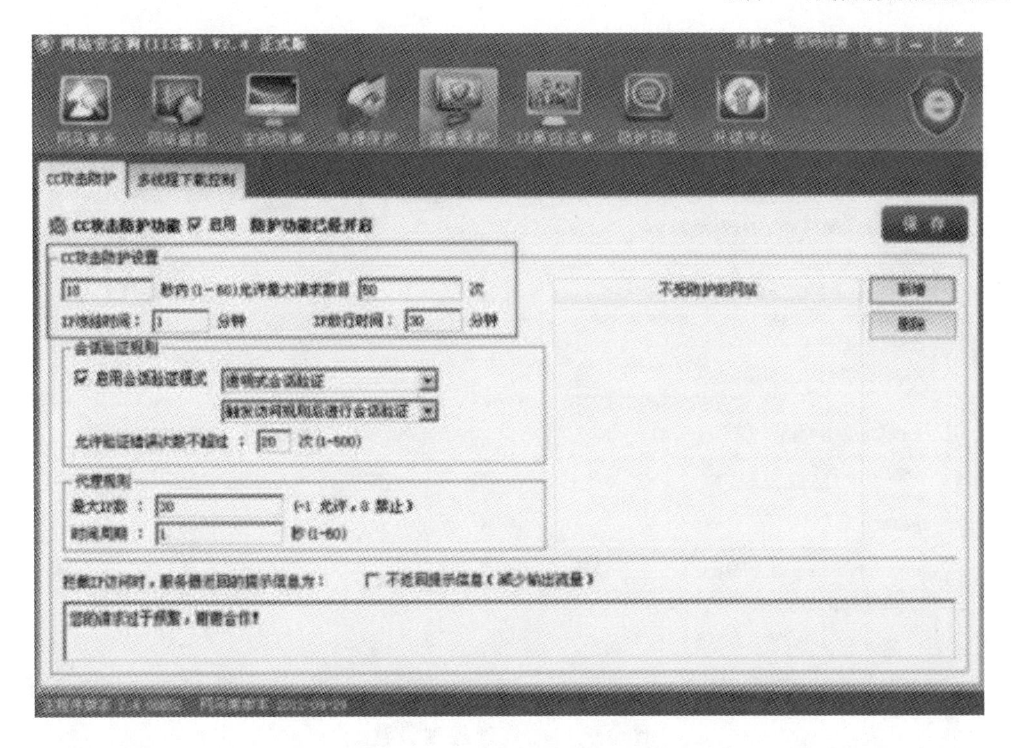

图 2.2.15　CC 攻击访问设置

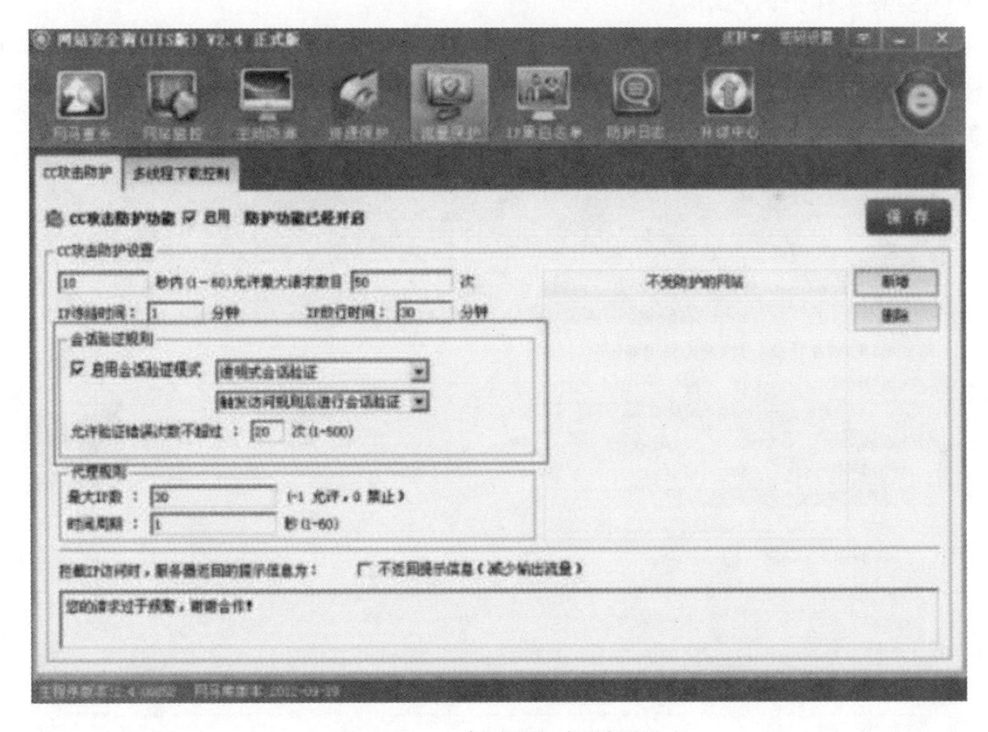

图 2.2.16　会话验证规则设置

③ 代理规则可以设置访问网站的最大的 IP 数及访问的时间周期。两个参数也都根据系统的实际情况进行相应设置，如图 2.2.17 所示。

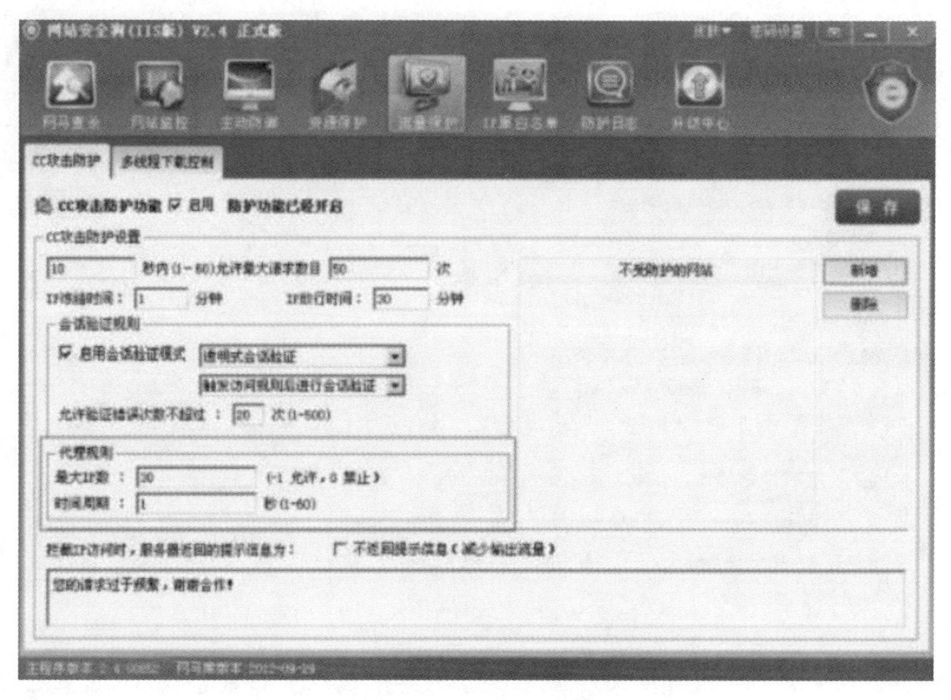

图 2.2.17　代理规则设置

④ 不受规则保护的网站。

允许用户设置不受规则保护的网站，此功能是针对个别站点特殊设置。不受规则保护的网站需在 CC 攻击防护模块中进行设置，设置参数后，建议进行测试，如有不适，及时调整参数。具体设置如图 2.2.18 所示。

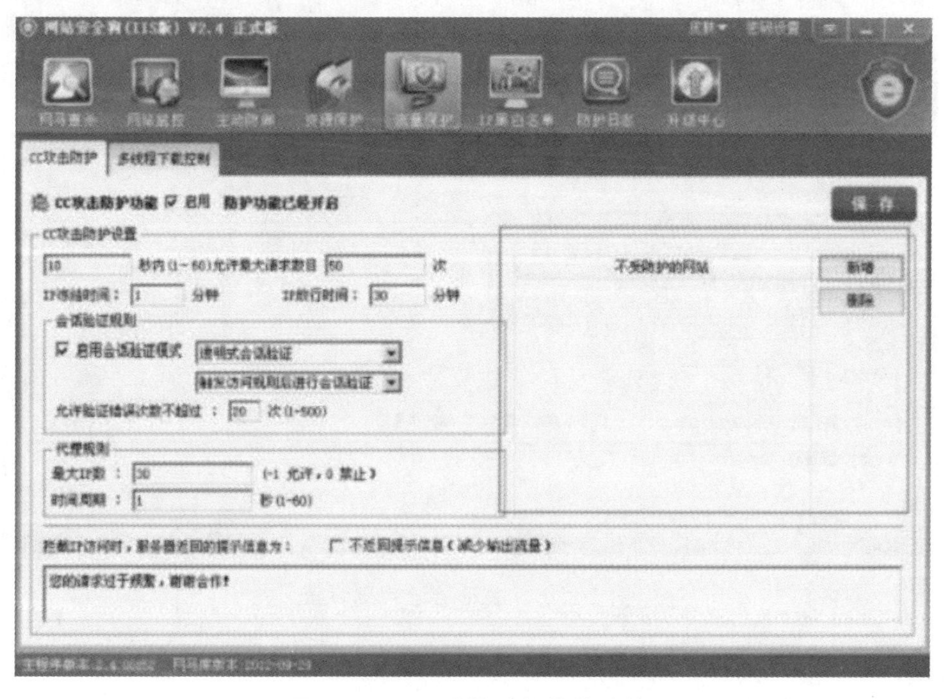

图 2.2.18　不受规则保护的网站

项目三　网站安装与安全配置

【项目简介】

本项目由浅入深讲解了搭建 ASP+ACCESS 和 ASP.NET+SQL Server 网站的步骤。ASP.NET 是当今使用最为频繁的 Web 开发技术之一，在开发领域占据重要的地位。本书以流行的 ACCESS 和 SQL Server 数据库为基础，深入浅出地阐述了动态网站设计的基础知识和操作方法，便于广大网站设计者从中选取相关的案例来建立自己的网站。本书通过现实中典型综合实例的实现过程，详细讲解了 ASP.NET 在实践项目中的综合运用。

【知识目标】

（1）了解站点的运行环境。

（2）了解数据库的安装。

（3）理解论坛网站的发布。

（4）熟悉 ACCEES 数据库的使用。

（5）熟悉 SQL Server 2000 数据库的使用。

【能力目标】

（1）能够掌握基于 ASP 的 Web 服务器的构建。

（2）能够掌握服务器数据库使用的方法。

（3）能够正确安装 ACCESS 和 SQL Server 2000。

（4）能够完成论坛网站的搭建。

任务 1　搭建 ASP+ACCESS 网站

1.1　任务说明

本任务主要解决 ASP+ACCESS 的搭建问题。Server 2003 自带的 IIS 功能，可以很方便地启用 ASP+Access 本地环境，为本地测试 ASP 程序带来了很好的环境。本文将图文演示安装 IIS7，启用 ASP+Access 环境。开启以后，发现和其他软件开启的 Apache+PHP+MySQL 环境可以共存，对于同时接触 ASP 和 PHP 的同学来说，再方便不过了。

1.2　任务分析

在安装 IIS 过程中如果有提示请插入光盘之类的，就需要安装一些组件，此时只需要在此虚拟机的设置中选择“CD/DVD（IDE）”选项，然后选择“使用 ISO 映像文件”，再将“浏览”Server 2003 的 ISO 文件重新安装即可。如果安装 IIS 成功，不能正常显示相关页面，请确认是否已经成功安装了 Access 数据库和所配置的选项是否都已正确。如果这些选项都配置正确，请留意报错信息。同时阅读源码包里的“安装必读”类的文档，确认环境是否缺少某些插件导致。此类情况建议换种源码测试一下。

1.3 任务实施

1. 搭建 IIS 环境

（1）打开“管理您的服务器”，点击“添加或删除角色”，进行 IIS 的安装，如图 3.1.1 所示。

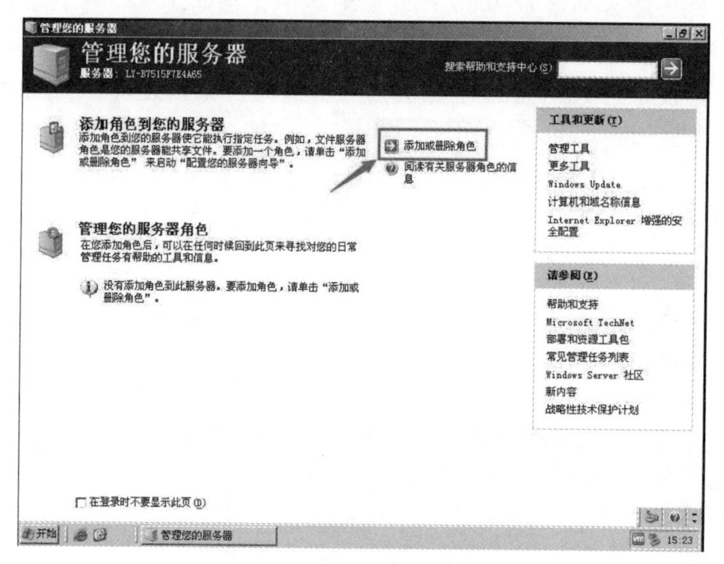

图 3.1.1　添加或删除角色

（2）直接点击“下一步”即可，如图 3.1.2 所示。

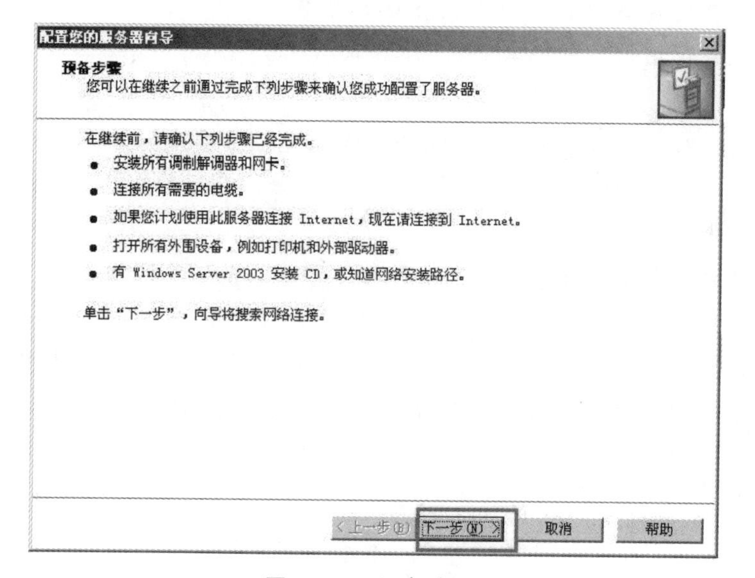

图 3.1.2　预备步骤

（3）选择“应用程序服务器（IIS，ASP，.NET）”，然后点击“下一步”，如图 3.1.3 所示。

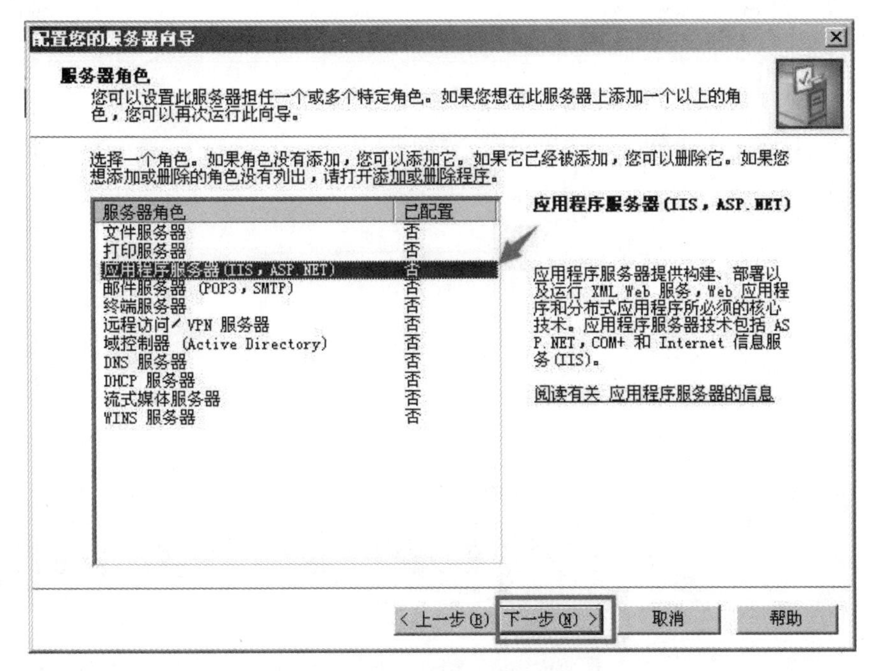

图 3.1.3　配置应用程序服务器

（4）勾选“启用 ASP.NET”，然后选择“下一步”，如图 3.1.4 所示。

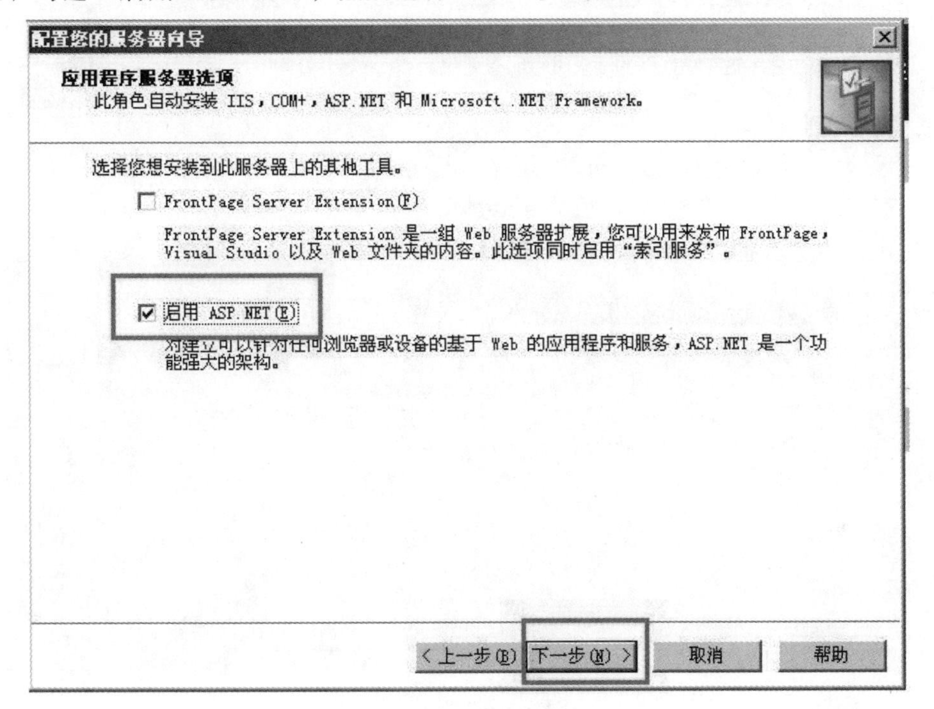

图 3.1.4　启用 ASP.NET

（5）直接点击“下一步”即可，如图 3.1.5 所示。

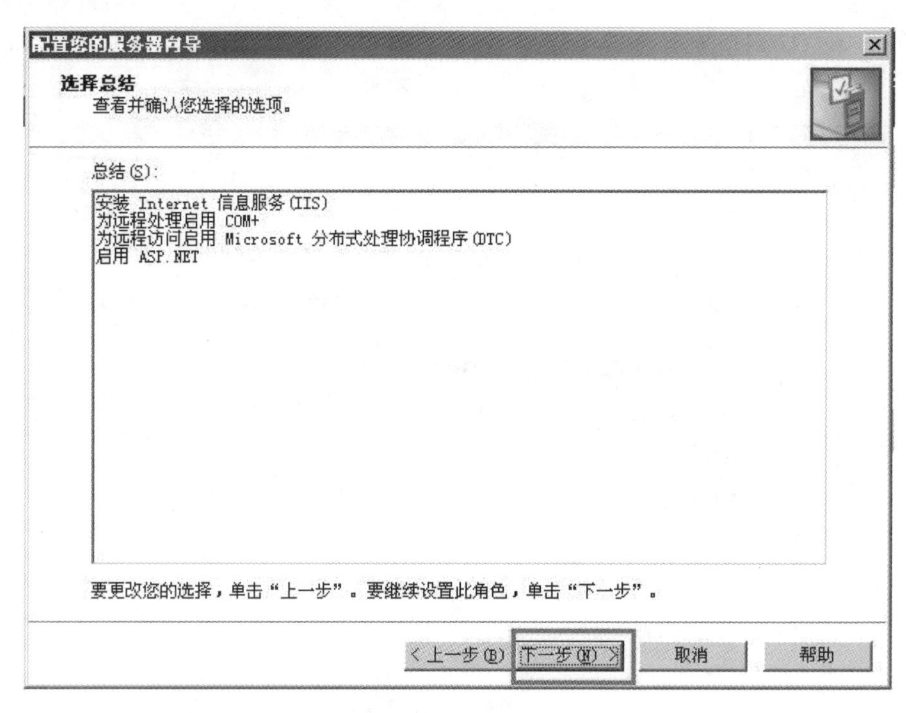

图 3.1.5　选择总结

（6）静待安装完成，如图 3.1.6 所示。

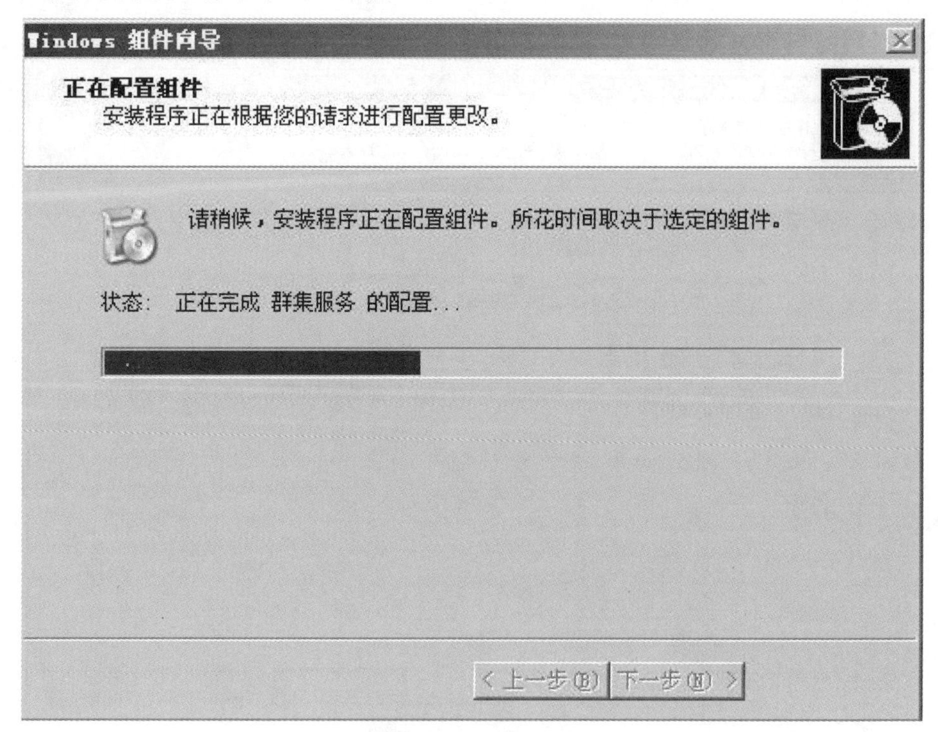

图 3.1.6　配置组件

（7）点击"完成"即可完成服务器的安装，如图 3.1.7 所示。

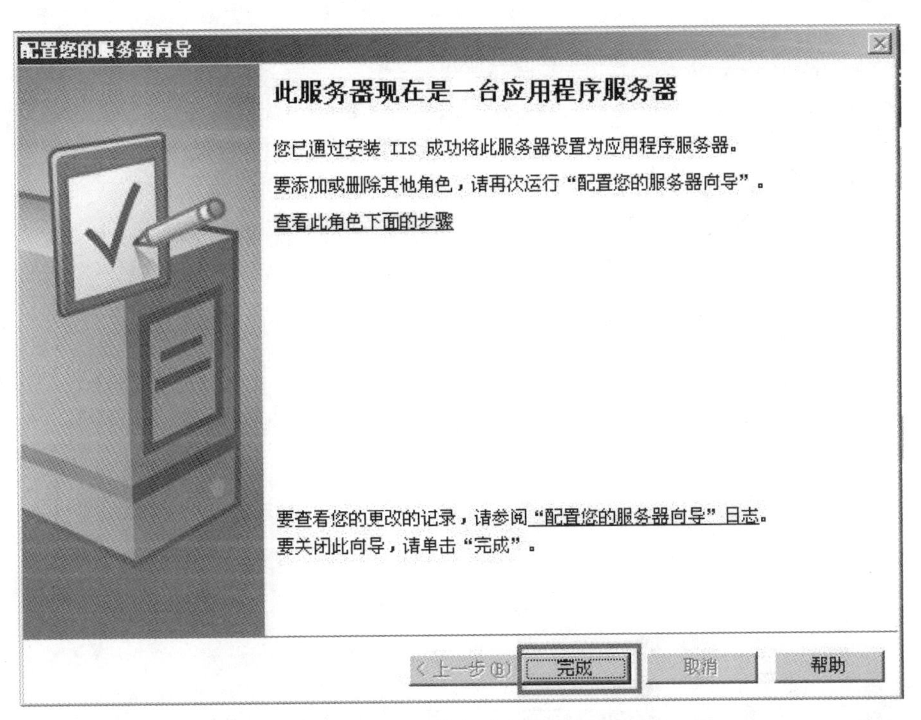

图 3.1.7　完成应用服务器配置

（8）此时“管理您的服务器”界面多了一个“应用程序服务器”选项，如图 3.1.8 所示。

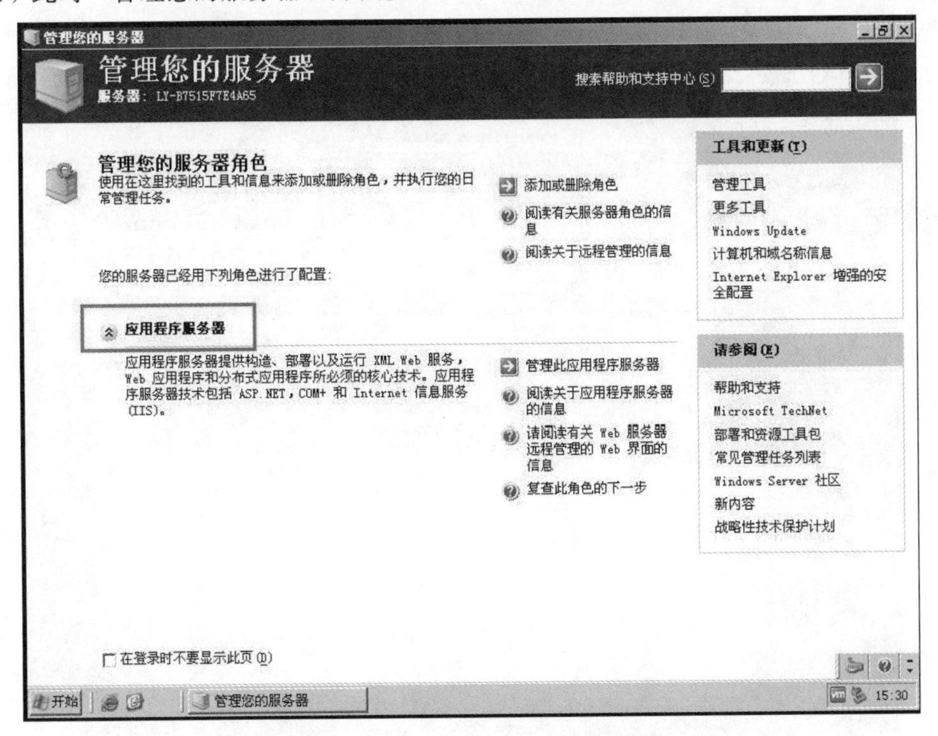

图 3.1.8　查看应用程序服务器

（9）在浏览器中输入：http：//localhost/ 出现以下界面说明已经完成安装，如图 3.1.9 所示。

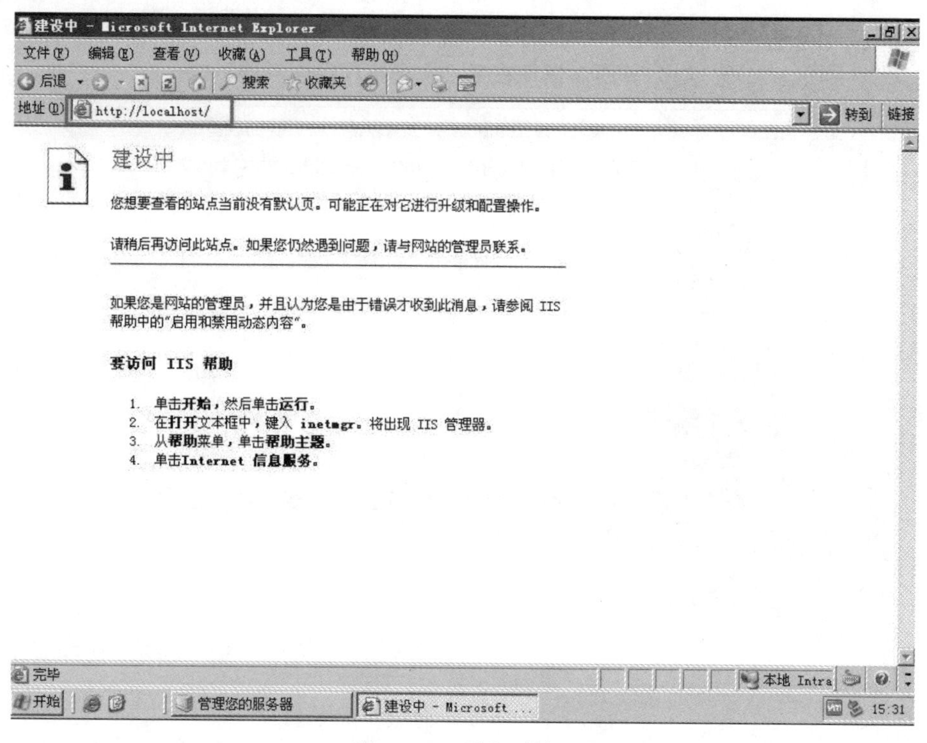

图 3.1.9　验证本机

2. 安装 Access 数据库

（1）打开 Office 2003，点击"SETUP.EXE"开始进行安装，如图 3.1.10 所示。

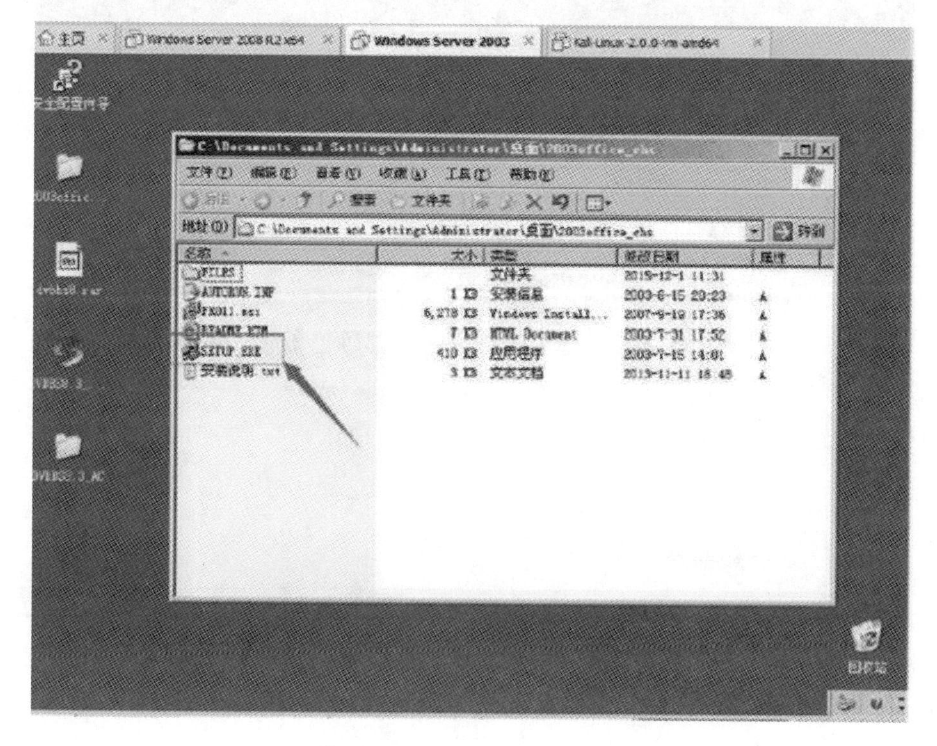

图 3.1.10　安装 Office 2003

（2）输入产品密钥，点击“下一步”，如图 3.1.11 所示。

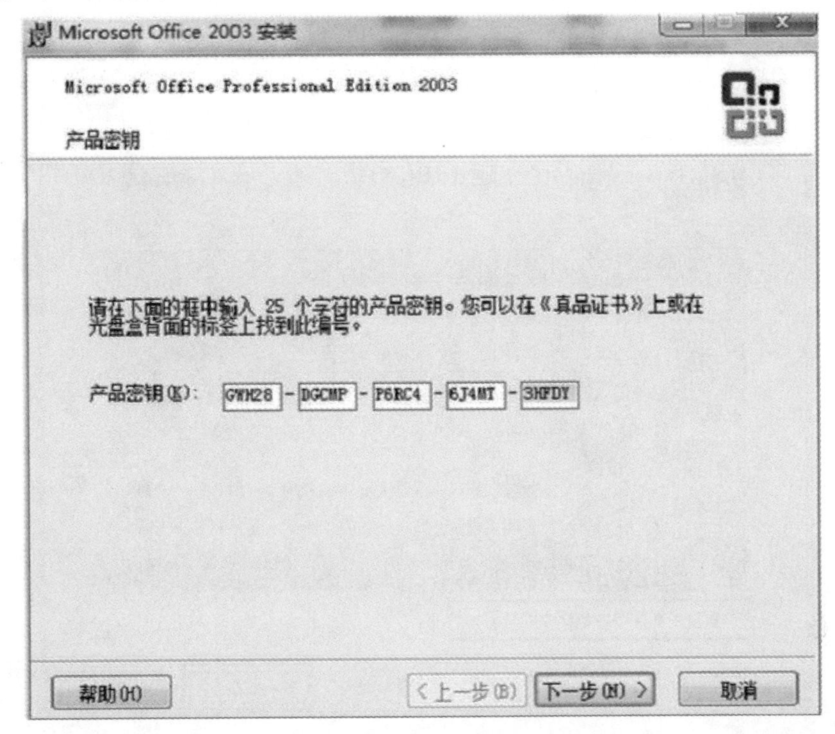

图 3.1.11　产品密钥

（3）直接点击“下一步”即可，如图 3.1.12 所示。

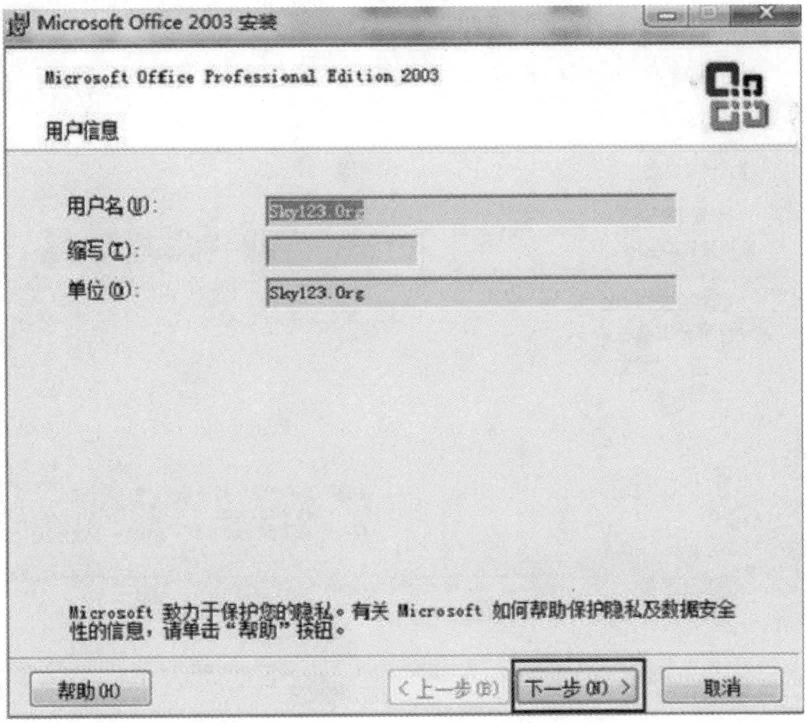

图 3.1.12　用户信息

（4）勾选“我接受”，然后点击“下一步”，如图 3.1.13 所示。

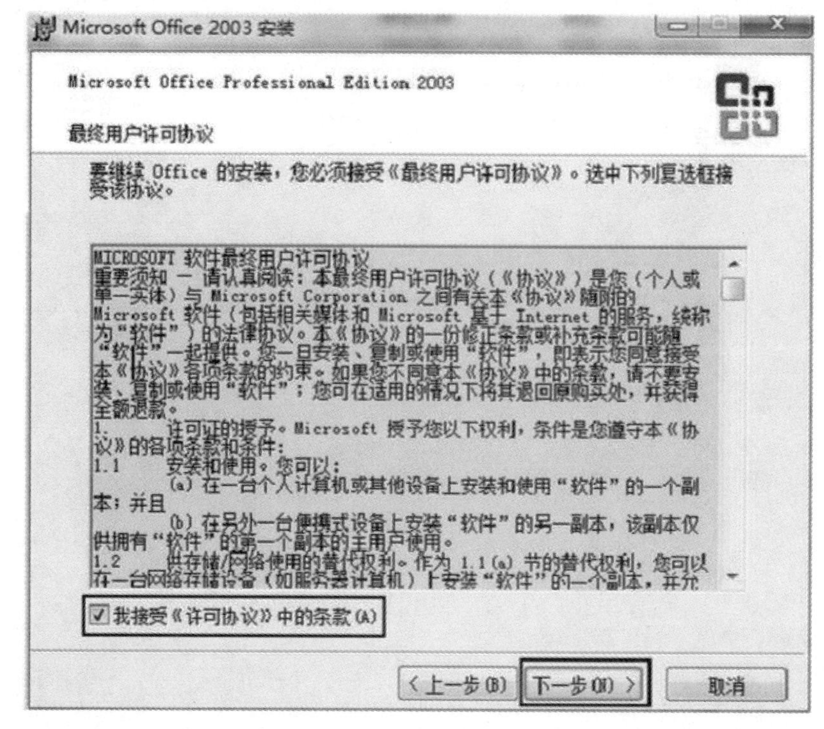

图 3.1.13　接受许可协议

（5）这一步很重要，请选择“典型安装”，这是全部安装，如图 3.1.14 所示。

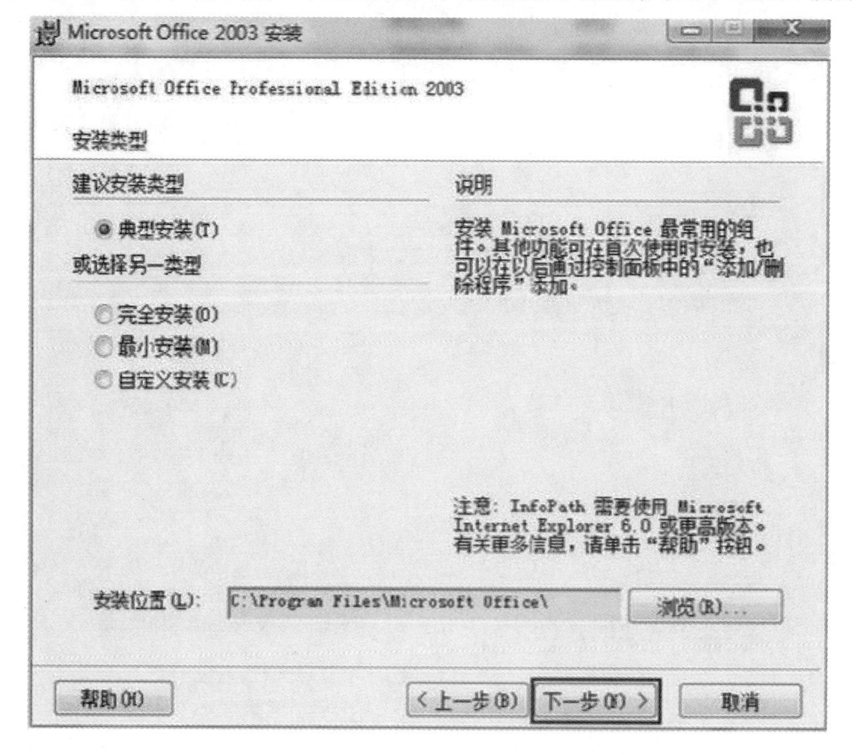

图 3.1.14　选择安装类型

（6）选择“自定义安装”，只勾选 Access 即可。点击“安装”，如图 3.1.15 所示。

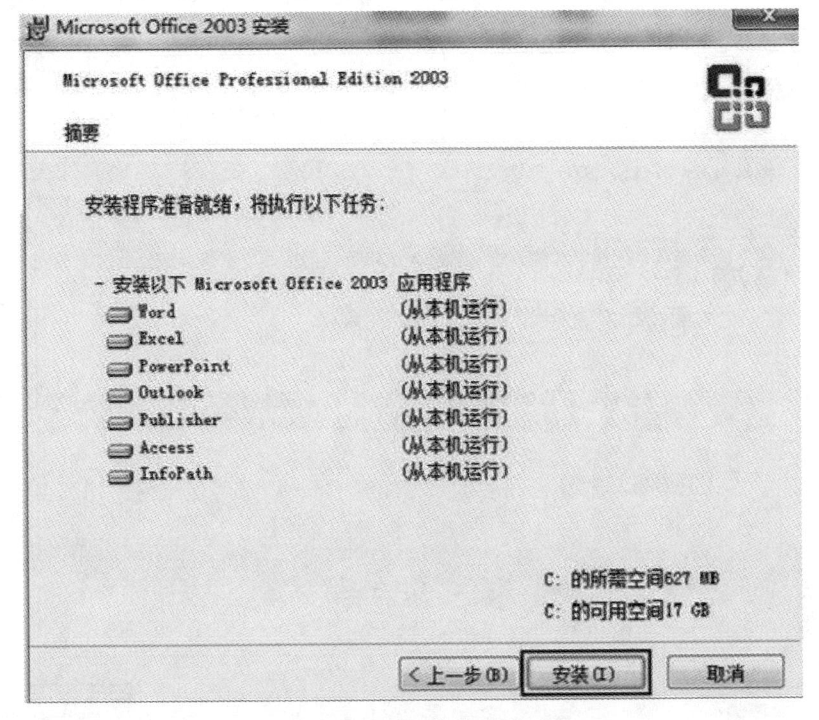

图 3.1.15　安装应用程序

（7）静待安装完成，如图 3.1.16 所示。

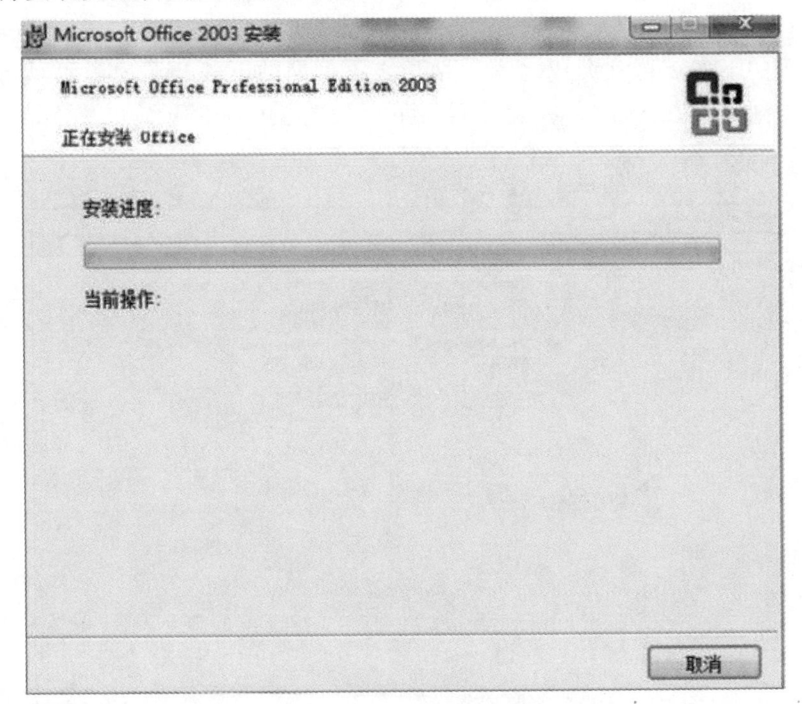

图 3.1.16　安装进度

（8）Microsoft Office 2003 安装已完成，如图 3.1.17 所示。

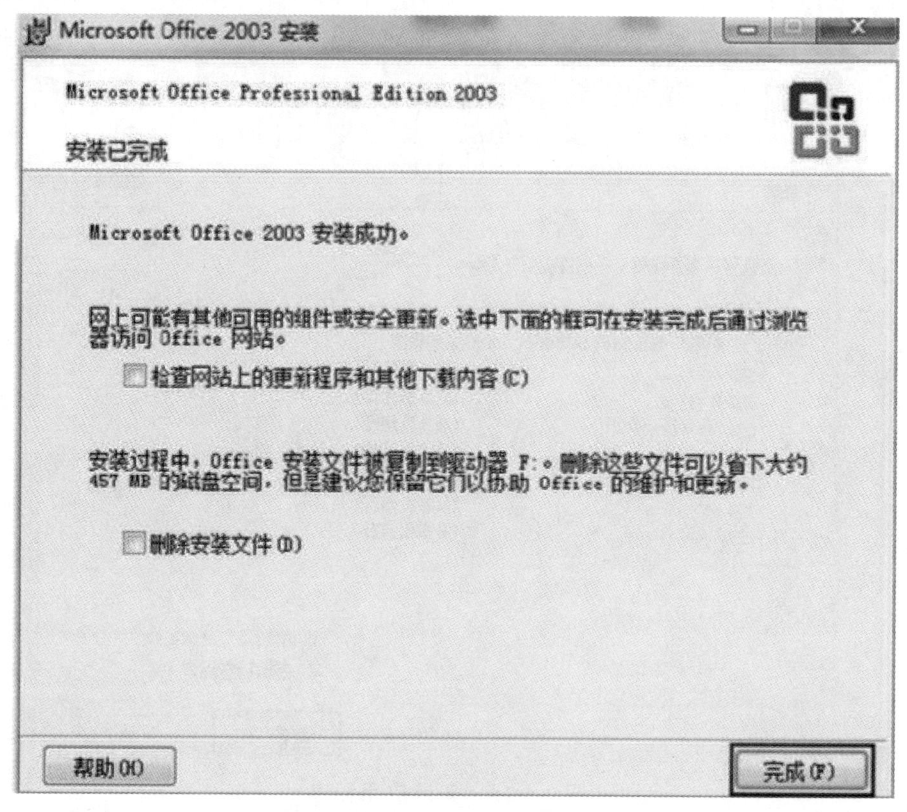

图 3.1.17　完成安装

3. 网站发布

（1）源码的下载。可到源码之家、站长之家等网站下载开源的源码。将下载好的源码文件夹解压到 C：\Inetpub\wwwroot 目录下，如图 3.1.18 所示。

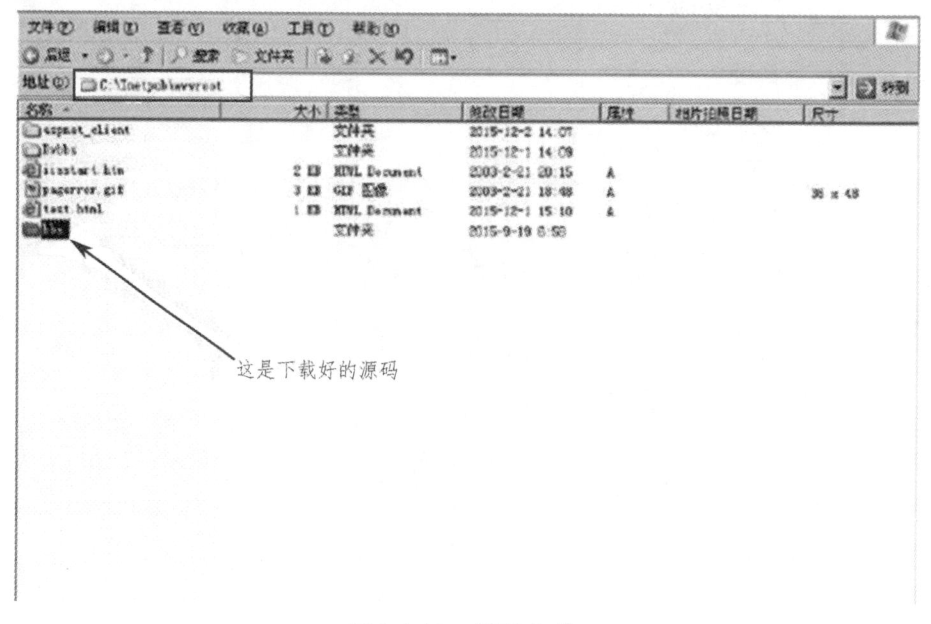

图 3.1.18　源码文件

（2）点击“管理此应用程序服务器”进入应用程序服务器，选择“web 服务扩展”，选中“ASP.NET v2.0.50727”，现在开始进行一些必要的配置：对一些选项进行“允许”，如图 3.1.19、3.1.20 所示。

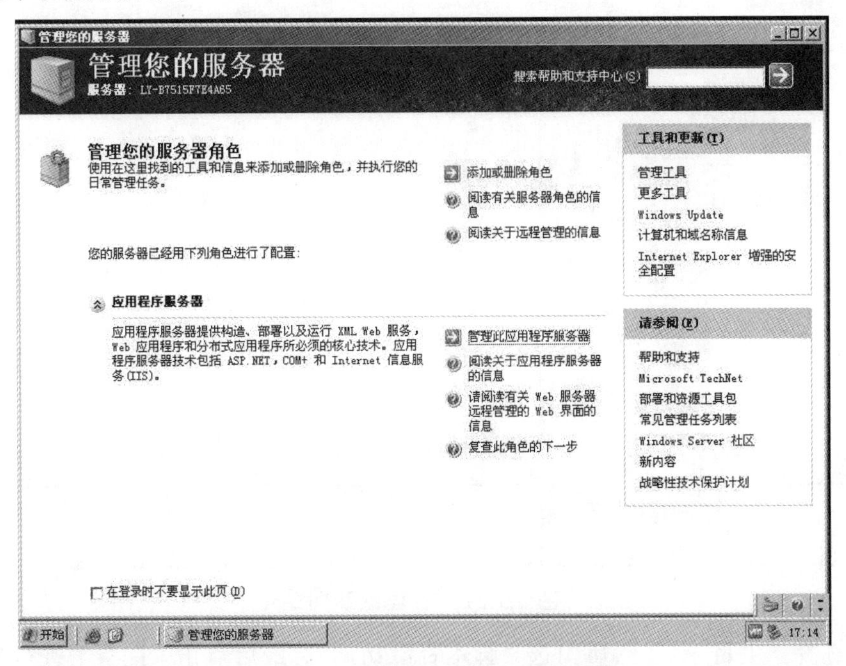

图 3.1.19　管理此应用程序服务器

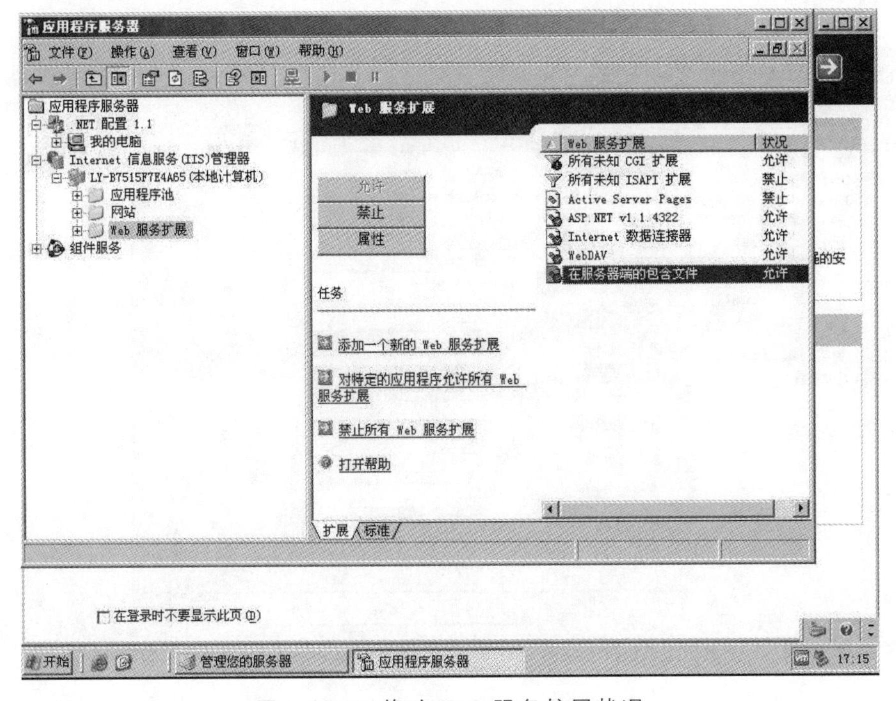

图 3.1.20　修改 Web 服务扩展状况

（3）选中“默认网站”，右键点击“属性”进行设置，如图 3.1.21 所示。

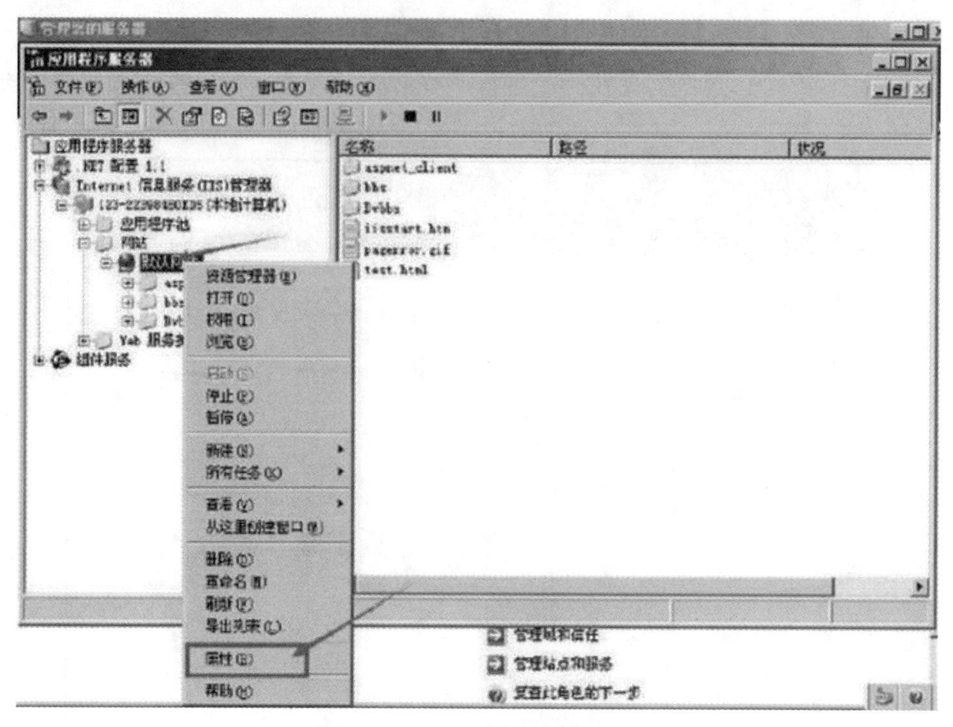

图 3.1.21　管理默认网站

（4）选择“主目录”，然后勾选“脚本资源访问”，最后点击“配置”进行参数设置，如图 3.1.22 所示。

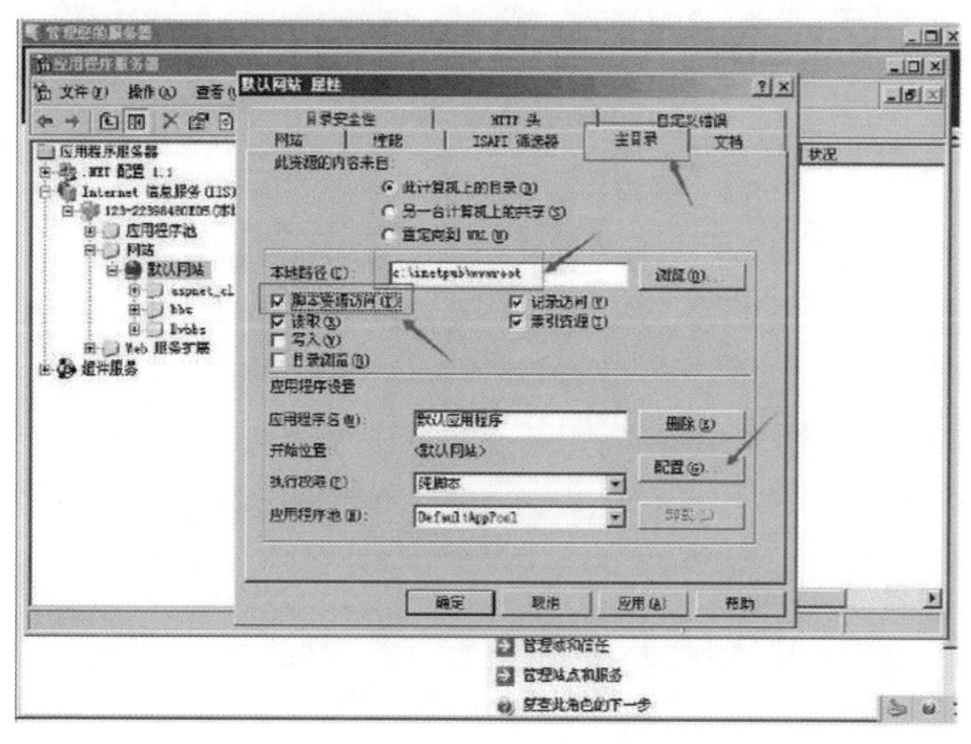

图 3.1.22　配置网站属性

（5）进入“应用程序配置”，勾选“启用父路径”，如图 3.1.23 所示。

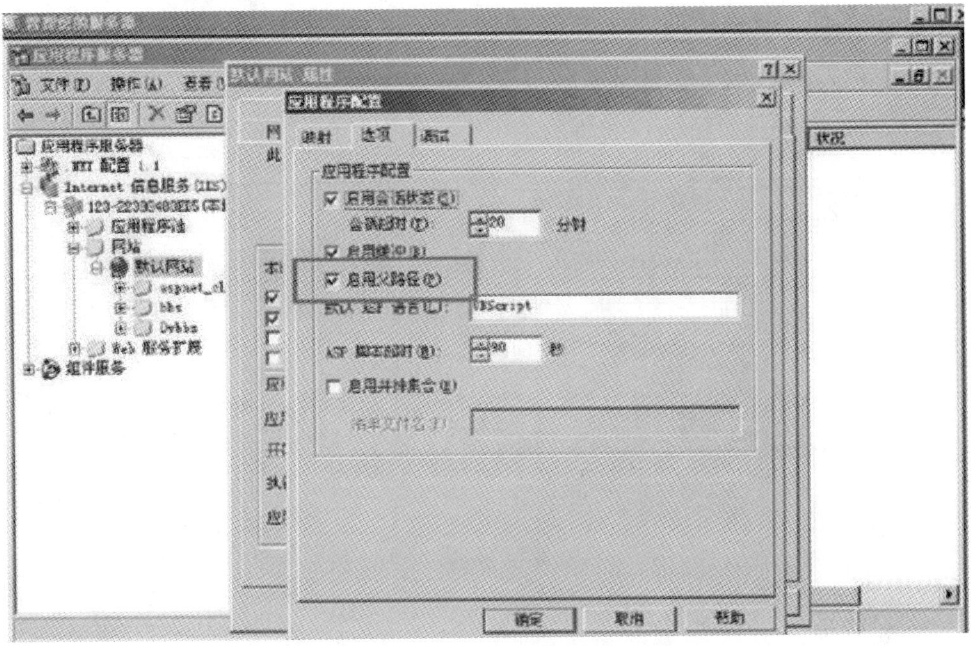

图 3.1.23　应用程序配置

（6）选择“文档”，然后点击“添加”，在里面输入 index.asp，然后上移到第一位，如图 3.1.24 所示。

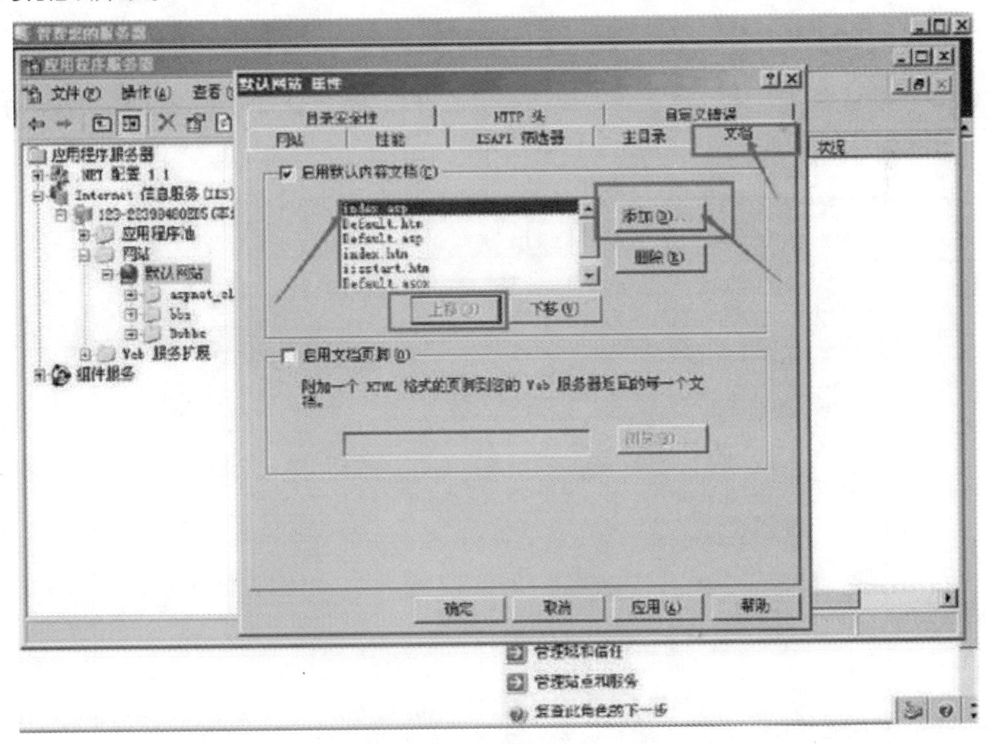

图 3.1.24　添加首页文档

（7）网站搭建完成。

4. 搭建 dvbbs 论坛

（1）通过“开始->程序->管理工具->internet 信息服务”来启动 IIS，在 IIS 设置窗口中会有一个默认网站，如图 3.1.25 所示。

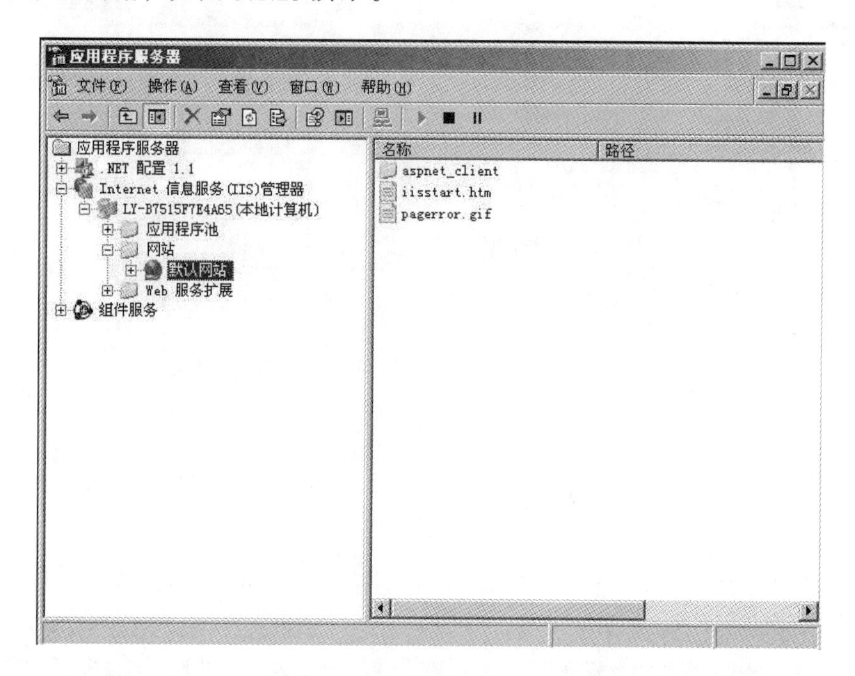

图 3.1.25　配置默认网站

（2）在默认网站名称上点鼠标右键选择“打开”，系统会打开 c：\inetpub\wwwroot，这个是 IIS 默认的发布目录，如图 3.1.26 所示。

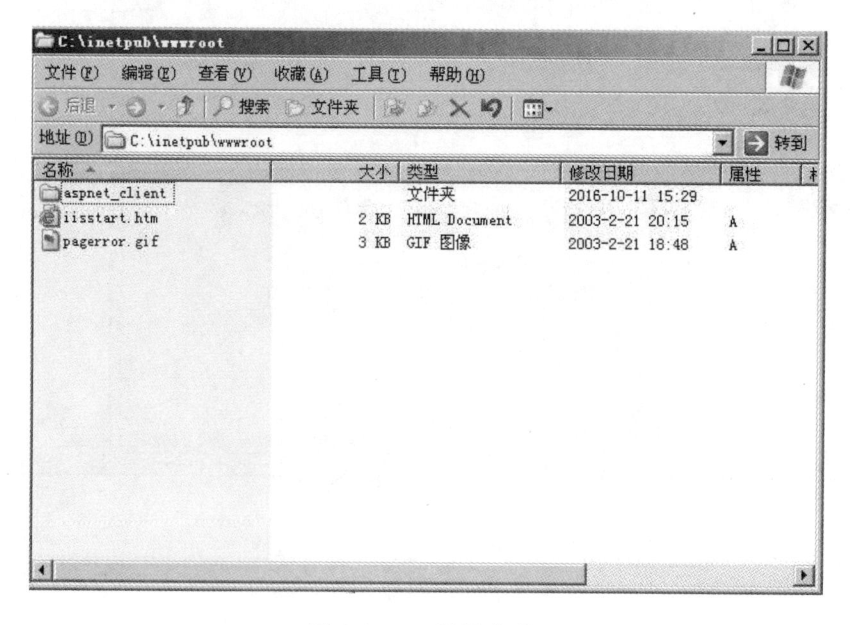

图 3.1.26　源码文件

（3）接下来是将刚刚解压缩后的动网论坛所有文件和文件夹原封不动的复制到网页发布目录中，例如 c：\inetpub\wwwroot，如图 3.1.27 所示。

C:\inetpub\wwwroot

文件(F)　编辑(E)　查看(V)　收藏(A)　工具(T)　帮助(H)

后退　搜索　文件夹

地址(D)　C:\inetpub\wwwroot　转到

名称	大小	类型	修改日期	属性
admin		文件夹	2016-10-11 19:09	
boke		文件夹	2016-10-11 19:09	
Data		文件夹	2016-10-11 19:09	
dv_dpo		文件夹	2016-10-11 19:09	
dv_edit		文件夹	2016-10-11 19:09	
Dv_ForumNews		文件夹	2016-10-11 19:09	
Dv_plus		文件夹	2016-10-11 19:09	
images		文件夹	2016-10-11 19:09	
inc		文件夹	2016-10-11 19:09	
PreviewImage		文件夹	2016-10-11 19:09	
Resource		文件夹	2016-10-11 19:09	
skins		文件夹	2016-10-11 19:09	
UploadFace		文件夹	2016-10-11 19:09	
UploadFile		文件夹	2016-10-11 19:09	
AccessTopic.asp	32 KB	ASP 文件	2009-9-24 14:40	A
ActiveOnline.asp	1 KB	ASP 文件	2007-10-28 14:48	A

图 3.1.27　更改源文件目录

（4）复制完毕后请打开 IE 浏览器，输入 http：//127.0.0.1，会出现“您无权查看该网页”的提示。这是因为我们没有为 ASP 程序进行必要的设置，如图 3.1.28 所示。

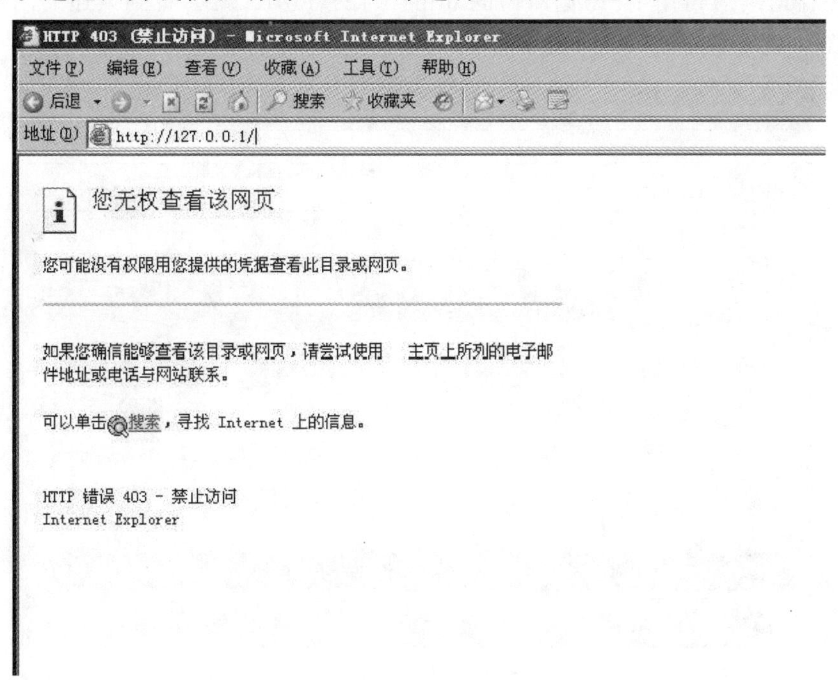

图 3.1.28　本机验证

（5）点右边的“添加”按钮，输入文档名为 index.asp，如图 3.1.29 所示。

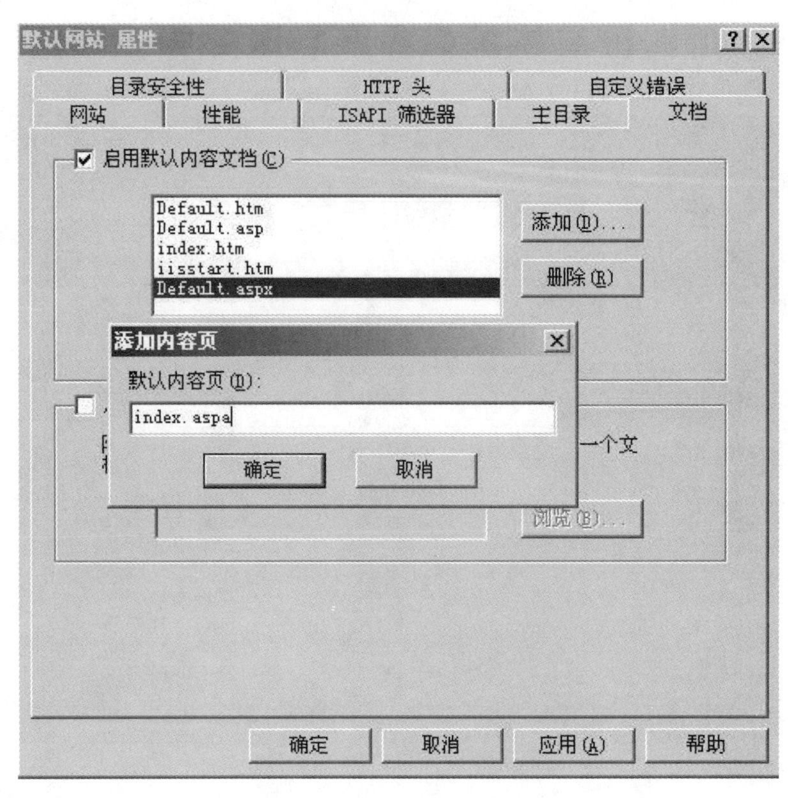

图 3.1.29 添加首页文档

(6)保存退出后再用 IE 浏览器访问 http://127.0.0.1，就会看到久违的动网先锋论坛首页，如图 3.1.30 所示。

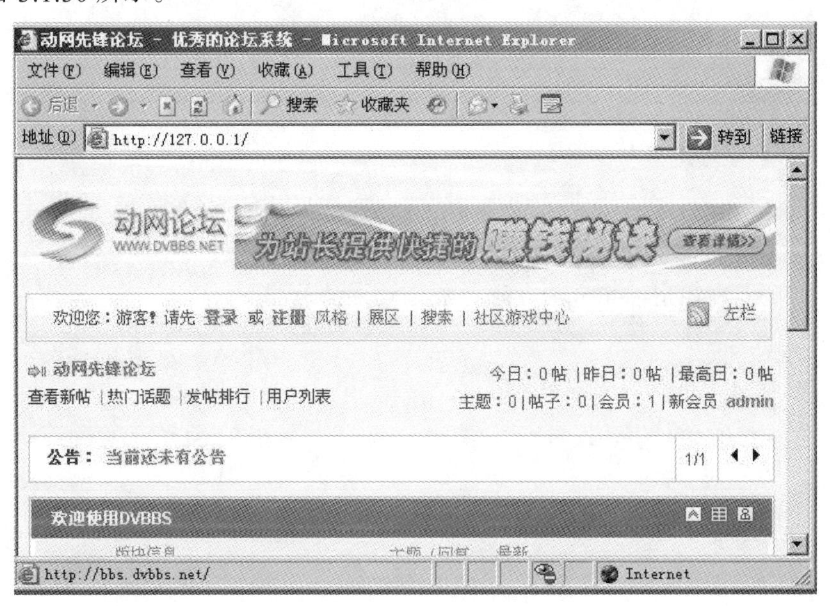

图 3.1.30 浏览论坛

(7)默认管理员账号 admin，密码是 admin888。用此账号进行登录即可，如图 3.1.31 所示。

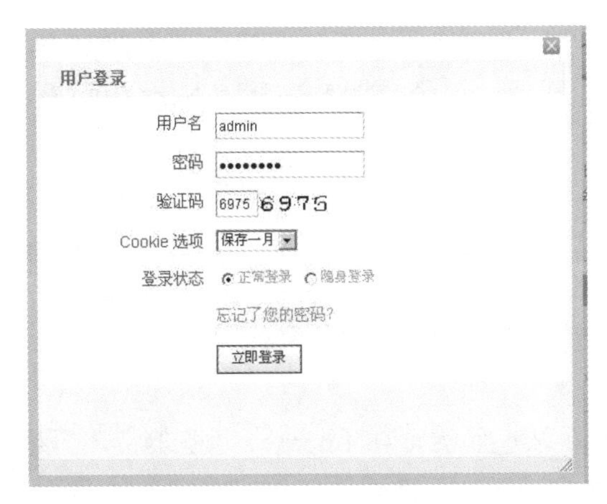

图 3.1.31　管理员登录

（8）规划论坛或修改论坛设置，可以在登录管理员账号后点最上方的“管理”，然后输入用户名 admin，密码 admin888 以及验证码登录管理系统即可，如图 3.1.32 所示。

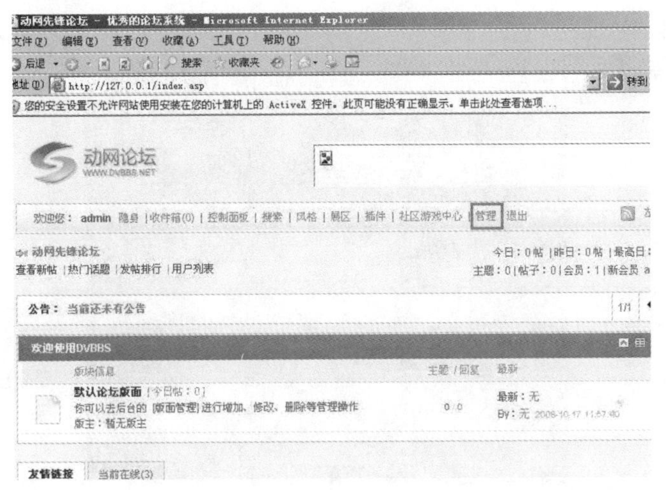

图 3.1.32　管理论坛内容

（9）在管理界面中可以进行所有修改论坛设置的操作，如图 3.2.33 所示。

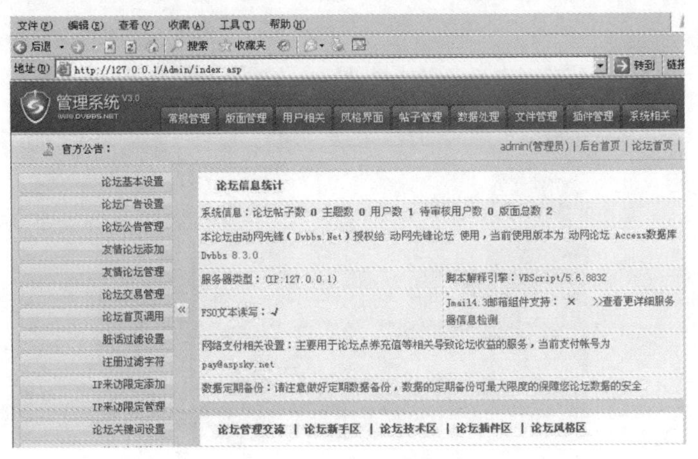

图 3.1.33　论坛基本设置

任务 2　搭建 ASP+SQL Server 网站

2.1　任务说明

某单位的论坛是采用 ASP 技术开发的，数据库是 SQL Server 2000。现要求将该网站架设到公司 Windows 2003 Server 服务器上，并通过域名 bbs.127cq.com 访问。

2.2　任务分析

由 ASP 技术开发的网站一般运行在 Internet 信息服务（简称 IIS）上。另外需要注意的是，运行由 ASP 开发的网站，需要赋予 IUSR 用户组对程序文件可读的权限。如涉及文件上传等，还需要赋予 IUSR 用户组对上传文件夹可读可写的权限。

2.3　任务实施

1. 安装 SQL Server 2000

（1）开始出现安装向导，点击“下一步”，如图 3.2.1 所示。

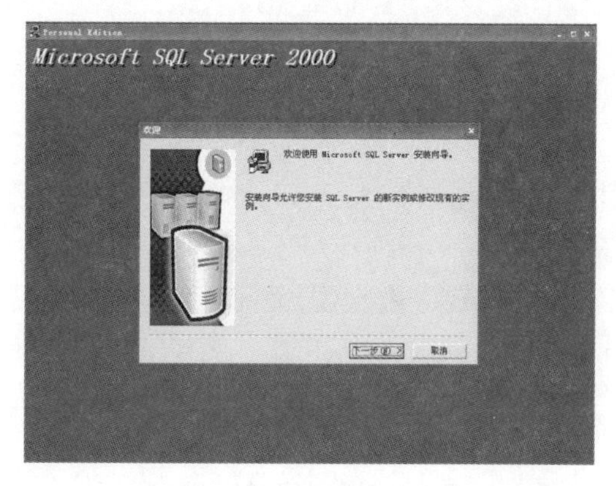

图 3.2.1　安装向导

（2）接着出现“计算机名”窗口。“本地计算机”是默认选项，点击“下一步”，如图 3.2.2 所示。

图 3.2.2　选择计算机名

（3）在“安装选择”窗口，选择“创建新的 SQL Server 实例，或安装客户端工具”。对于初次安装的用户，应选用这一安装模式，不需要使用“高级选项”进行安装。“高级选项”中的内容均可在安装完成后进行调整，点击“下一步”，如图 3.2.3 所示。

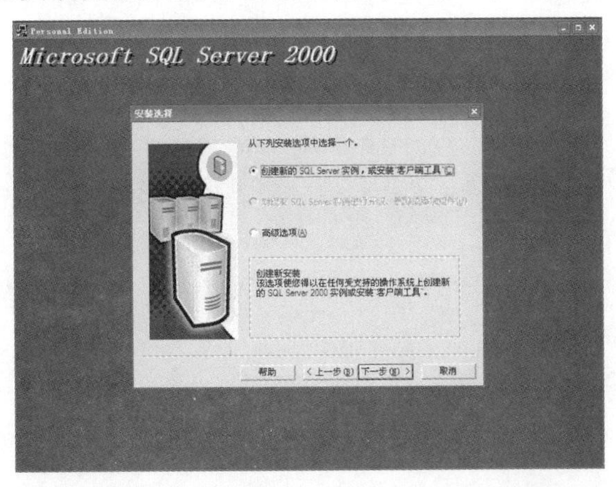

图 3.2.3　安装选择

（4）弹出用户信息对话框，填写用户名、公司名，点击“下一步”，如图 3.2.4 所示。

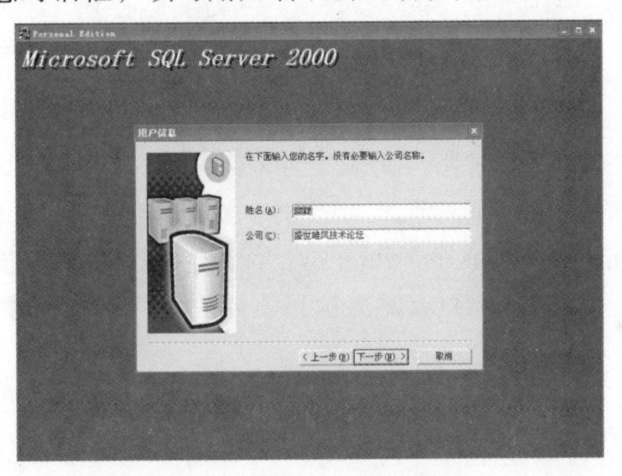

图 3.2.4　录入用户信息

（5）在“软件许可证协议”对话框中，选择“是”，如图 3.2.5 所示。

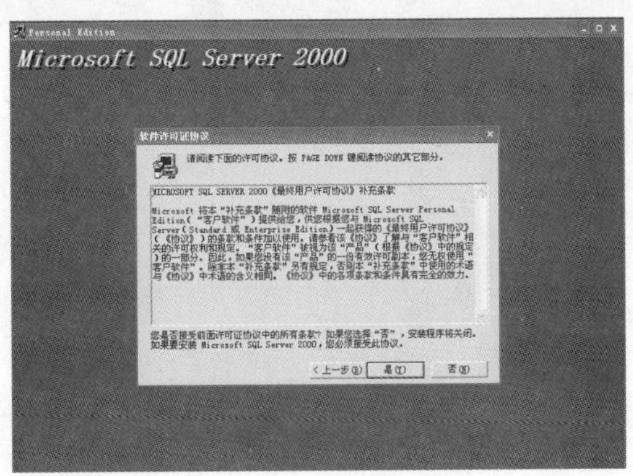

图 3.2.5　软件许可证协议

（6）在“安装定义”窗口，选择“服务器和客户端工具”选项进行安装。用户需要将服务器和客户端同时安装，这样在同一台机器上，用户就可以完成相关的所有操作，这对于用户学习 SQL Server 很有用处。如果用户已经在其他机器上安装了 SQL Server，则可以只安装客户端工具，用于对其他机器上 SQL Server 的存取。同样的，按其默认“服务器和客户端工具”，选择“下一步”，如图 3.2.6 所示。

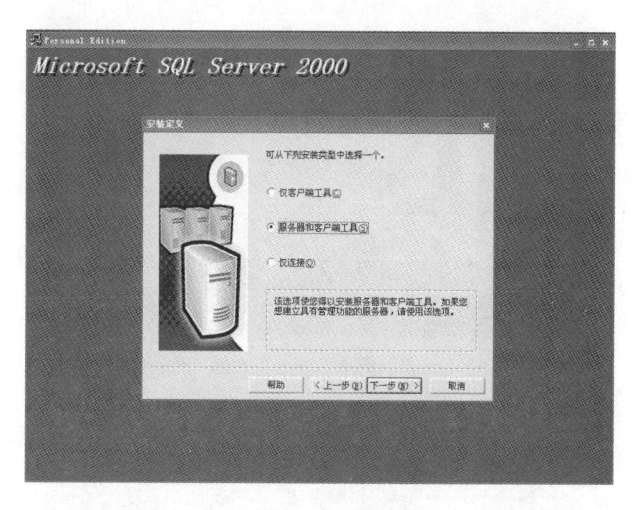

图 3.2.6　安装定义

（7）在“实例名”窗口，选择“默认”的实例名称。这时本 SQL Server 的名称将和 Windows 2000 服务器的名称相同。例如，Windows 服务器名称是“Darkroad”，则 SQL Server 的名字也是“Darkroad”。SQL Server 2000 可以在同一台服务器上安装多个实例，也就是用户可以重复安装几次。这时用户就需要选择不同的实例名称。建议将实例名限制在 10 个字符之内。

实例名会出现在各种 SQL Server 和系统工具的用户界面中，因此，名称越短越容易读取。另外，实例名称不能是“Default”或“MSSQLServer”以及 SQL Server 的保留关键字等。“实例名”对话框按默认值，点“下一步”，如图 3.2.7 所示。

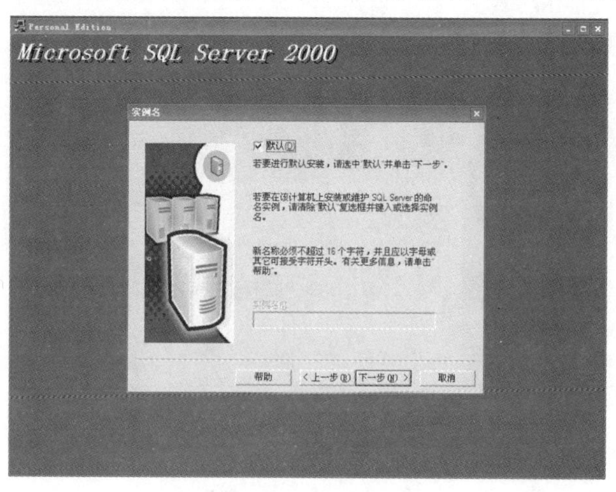

图 3.2.7　实例名

（8）在“安装类型”窗口，选择“典型”安装选项，并指定“目的文件夹”。程序和数据文件的默认安装位置都是 C：\Program Files\Microsoft SQL Server\。一般 C 盘是系统区，建议放到其他盘。

注意：如果用户的数据库数据有 10 万条以上的话，请预留至少 1 G 的存储空间，以应付需求庞大的日志空间和索引空间。按默认值并点击“下一步”，如图 3.2.8 所示。

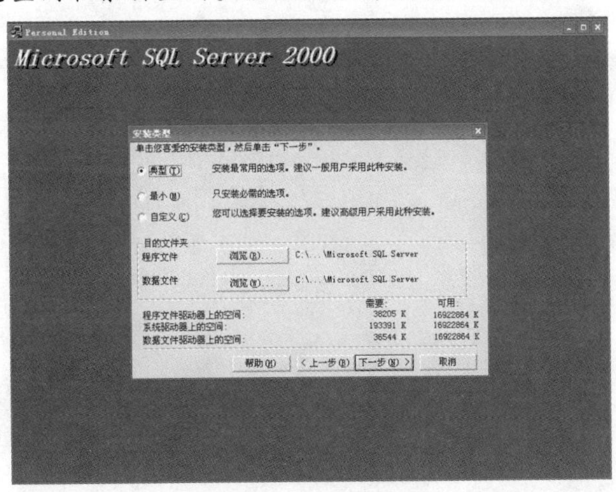

图 3.2.8 安装类型

（9）在“服务账号”窗口，请选择“对每个服务使用统一账户...”选项。在“服务设置”处，选择“使用本地系统账户”。如果需要“使用域用户账户”的话，请将该用户添加至 Windows Server 的本机管理员组中。按默认值，必须输入机器密码，才能点击“下一步”，如图 3.2.9 所示。

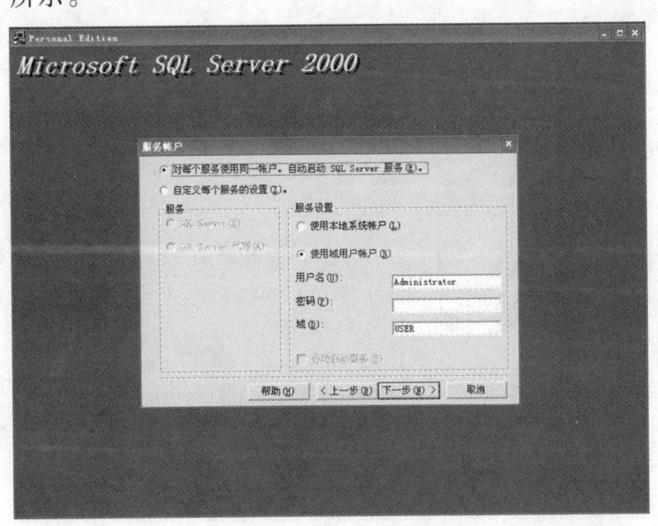

图 3.2.9　选择服务设置

（10）在“身份验证模式”窗口，请选择“混合模式...”选项，并设置管理员“sa”账号的密码。如果用户的目的只是为了学习的话，可以将该密码设置为空，以方便登录。如果是真正的应用系统，则千万需要设置和保管好该密码。如果需要更高的安全性，则可以选择“Windows 身份验证模式”，这时就只有 Windows Server 的本地用户和域用户才能使用 SQL Server 了，如图 3.2.10 所示。

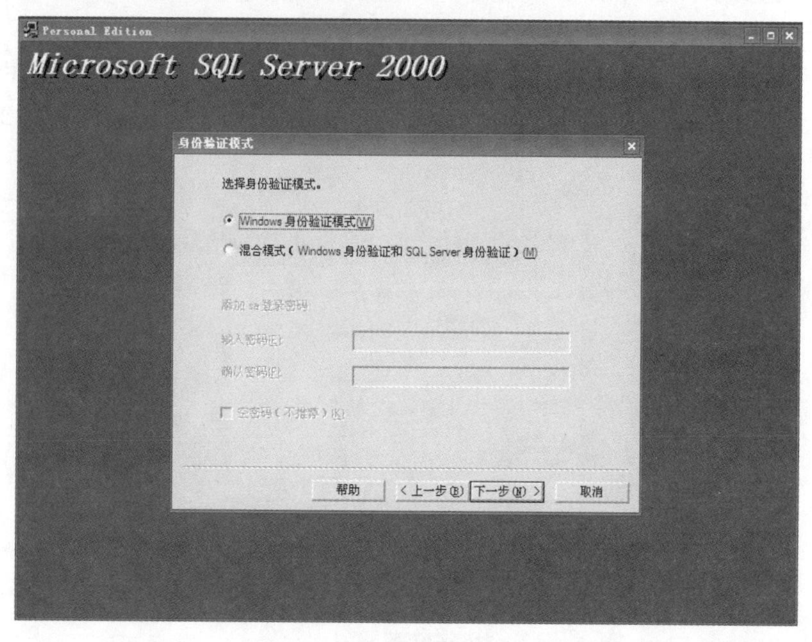

图 3.2.10　选择身份验证模式

（11）直接点“下一步”，开始复制文件，如图 3.2.11 所示。

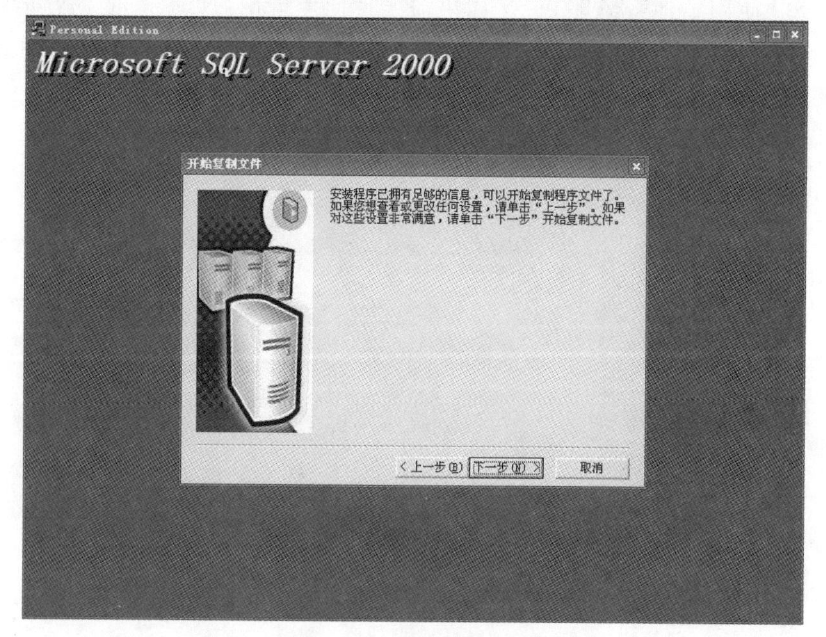

图 3.2.11　开始复制文件

（12）在“选择许可模式”窗口，根据用户购买的类型和数量输入（0 表示没有数量限制）。“每客户”表示同一时间最多允许的连接数，“处理器许可证”表示该服务器最多能安装多少个 CPU。这里选择了“每客户”并输入了“5”作为示例，如图 3.2.12 所示。

图 3.2.12　选择许可模式

（13）出现安装程序进度条，稍等 10 分钟左右后，安装完成，弹出“安装完毕”对话框，点“完成”，如图 3.2.13 所示。

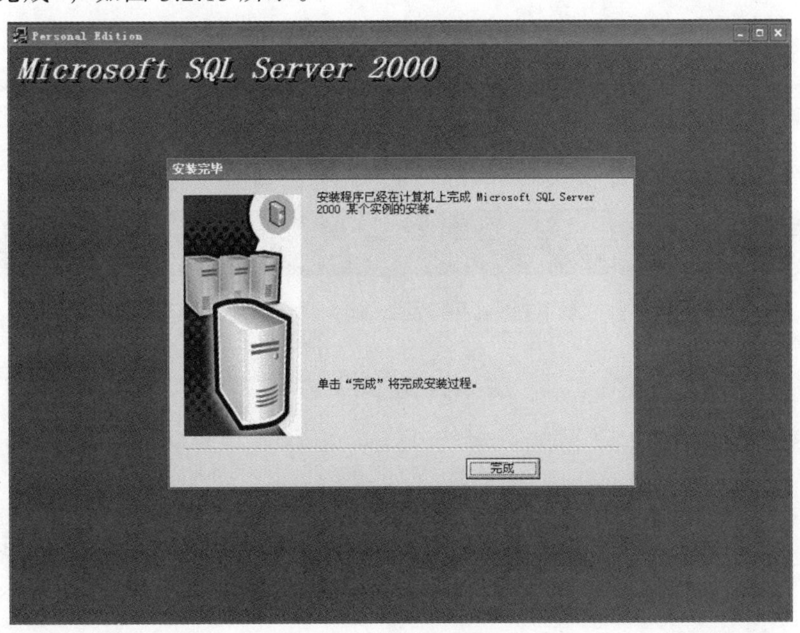

图 3.2.13　安装完成

2. 安装 SQL Server2000 Service SP4 补丁

SQL 2000 安装完毕后，我们建议用户打上 SQL 2000 的 SP4 补丁，以增加安全性，防止被攻击而导致 SQL 不能正常使用或数据丢失。

（1）运行 SP4 补丁安装程序，弹出保存安装文件的位置的对话框。这个步骤只是将 SP4 的安装文件释放到用户指定的目录里。选择一个磁盘空间比较充裕的目录。这里用默认的路径，点击“下一步”。等待释放文件结束，单击“完成”即可。然后到刚才设定的释放目录里，点击 Setup.bat 文件，开始安装 SP4 补丁，弹出“欢迎”对话框，单击“下一步（N）”，如图 3.2.14 所示。

图 3.2.14　安装向导

（2）进入“软件许可证协议”，单击“是（Y）”，如图 3.2.15 所示。

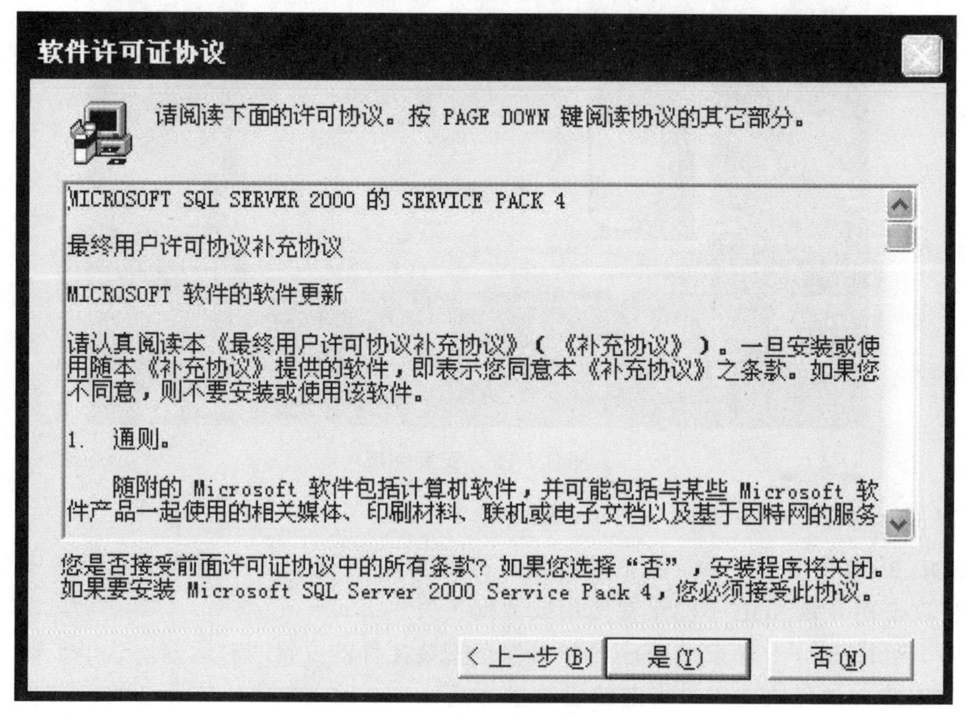

图 3.2.15　软件许可证协议

（3）单击“下一步（N）”，如图 3.2.16 所示。

图 3.2.16　实例名

（4）选择“SQL Server 系统管理员登录信息（SQL Server 身份验证）（S）”，在“请输入 sa 密码”中输入上文安装数据库时提到的您设置的 sa 的密码，单击“下一步（N）”，如图 3.2.17 所示。

图 3.2.17　连接到服务器

（5）选择“升级 Microsoft Search 并应用 SQL Server 2000 SP4（必需）（U）”，单击“继续（C）”，如图 3.2.18 所示，弹出“错误报告”对话框，单击“确定”。

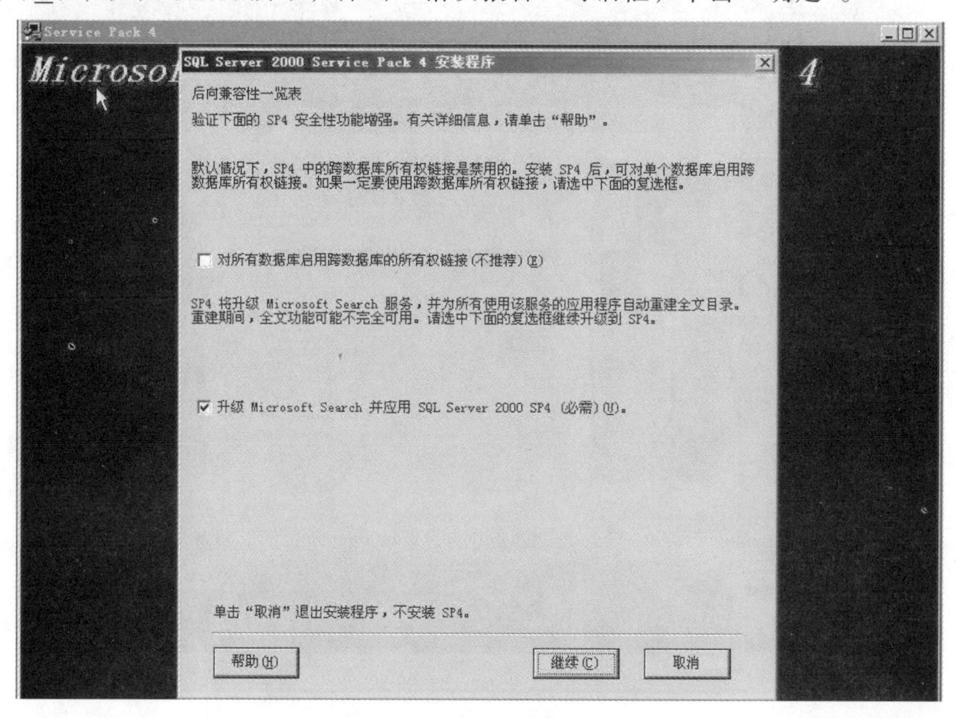

图 3.2.18　安装 SQL Server 2000 SP4

（6）进入“开始复制文件”对话框，单击“下一步（N）”，开始安装 SP4 补丁，待完成安装，如图 3.2.19 所示。

图 3.2.19　开始复制文件

（7）弹出“安装完毕”对话框，单击“完成”，即完成 SP4 的安装，如图 3.2.20 所示。

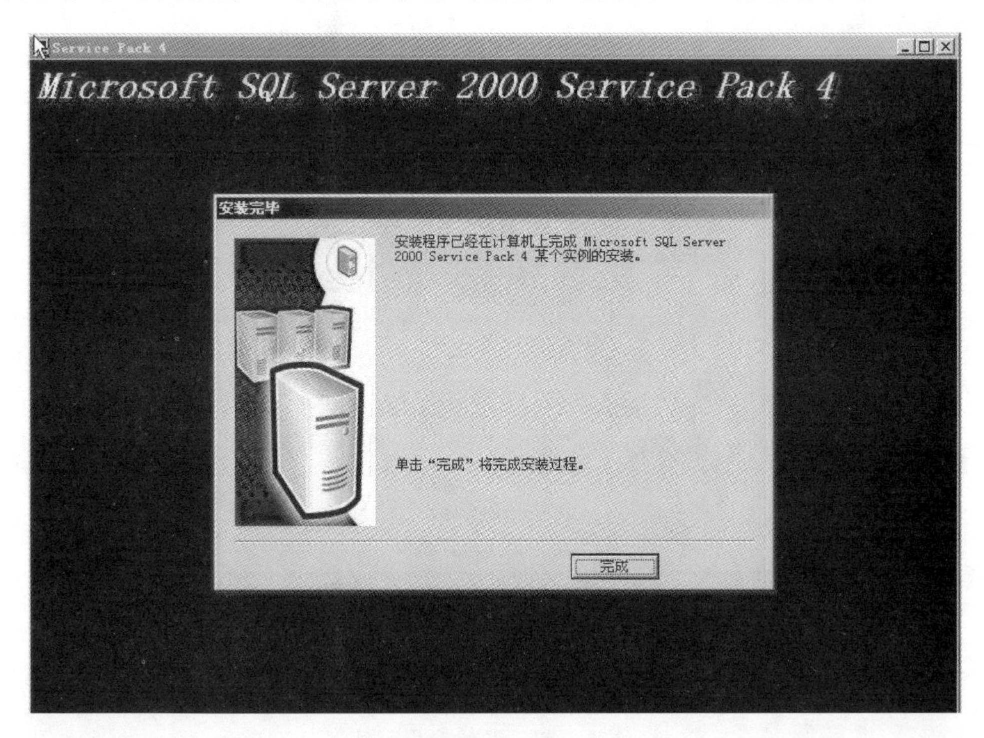

图 3.2.20 完成安装

3. 配置 ASP 网站

如果用户在网上下载的 ASP 源码网站的源码完整，应该有.mdf 或.sql 文件。

（1）如果是.mdf 文件，直接在 sqlserver 里面附加，是.sql 文件就在查询分析器执行.sql 文件。在开始菜单找到“SQL Server 服务管理器”并打开，如图 3.2.21 所示。

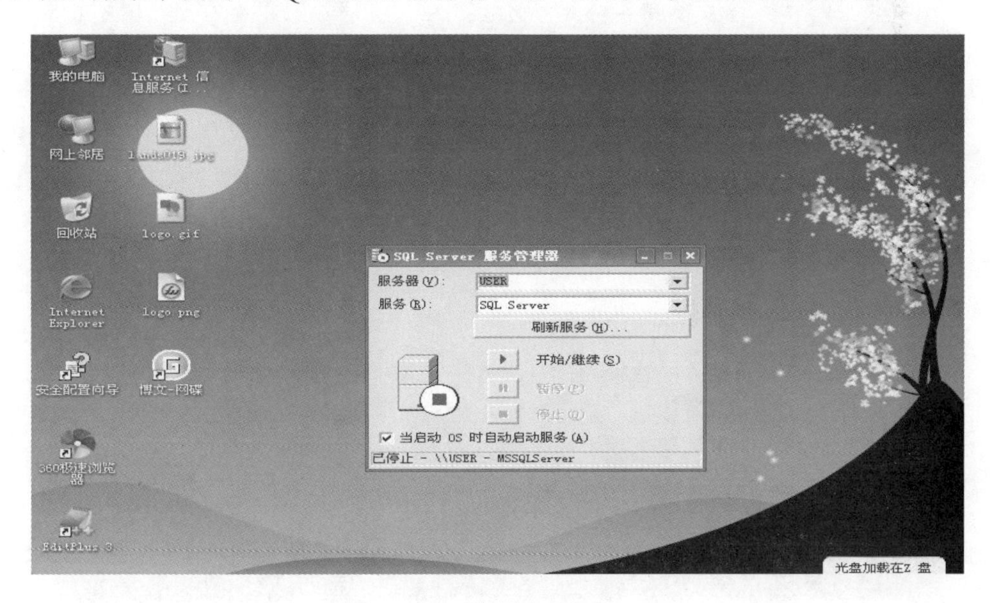

图 3.2.21 启用 SQL Server

（2）点击“刷新服务”，然后在服务那里选择“SQL Server Agent 服务”，点击“开始”启动服务器，如图 3.2.22 所示。

图 3.2.22　开始启用服务

（3）在 SQL Server 企业管理器的操作界面左侧找到“控制台根目录”，依次单击“Microsoft SQL Severs”/“SQL Server 组”/“(local)(Windows NT)”/“数据库”前面的加号，打开数据库，如图 3.2.23 所示。

图 3.2.23　打开数据库

（4）单击选中“数据库”，选择“新建数据库”，出现“数据库属性”对话框，在对话框中输入数据库的名称，例如网站域名，其他项均为默认，如图 3.2.24 所示。

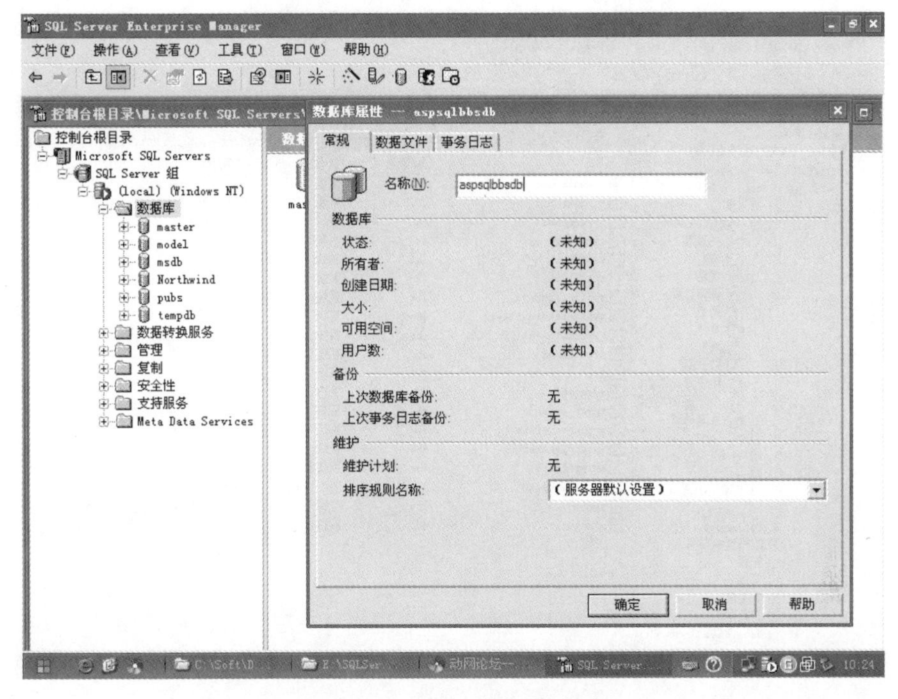

图 3.2.24　填写数据库名称

（5）转到数据文件界面，在位置里输入用户的网站数据库文件夹路径，如图 3.2.25 所示。

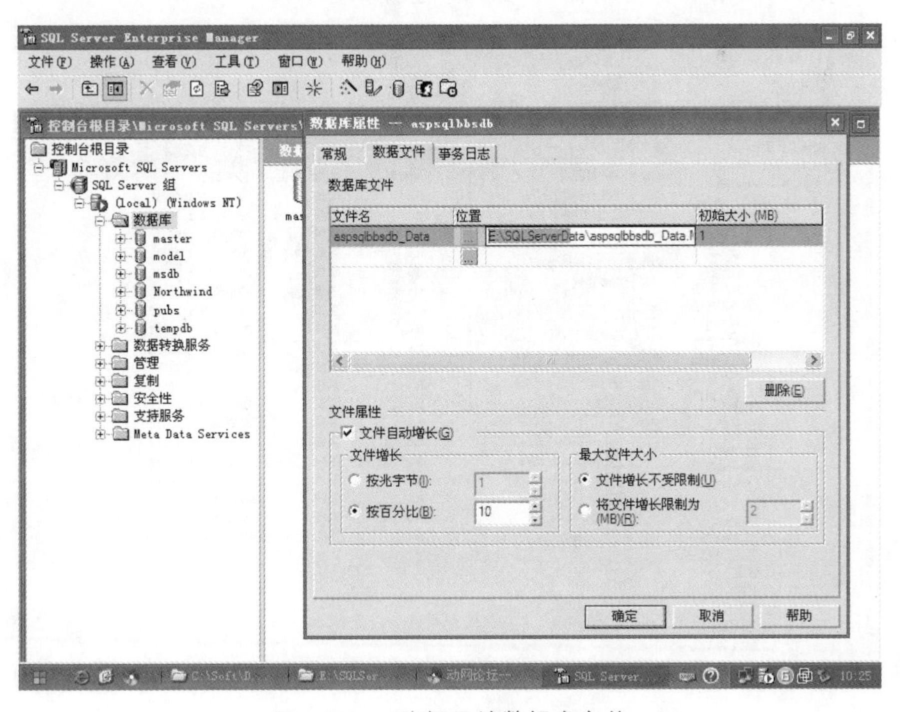

图 3.2.25　选择网站数据库文件

（6）点击 aspsqlbbsdb 数据库前面的加号，选择“表”，就会出现 aspsqlbbsdb 数据库中目前的所有表，如图 3.2.26 所示。

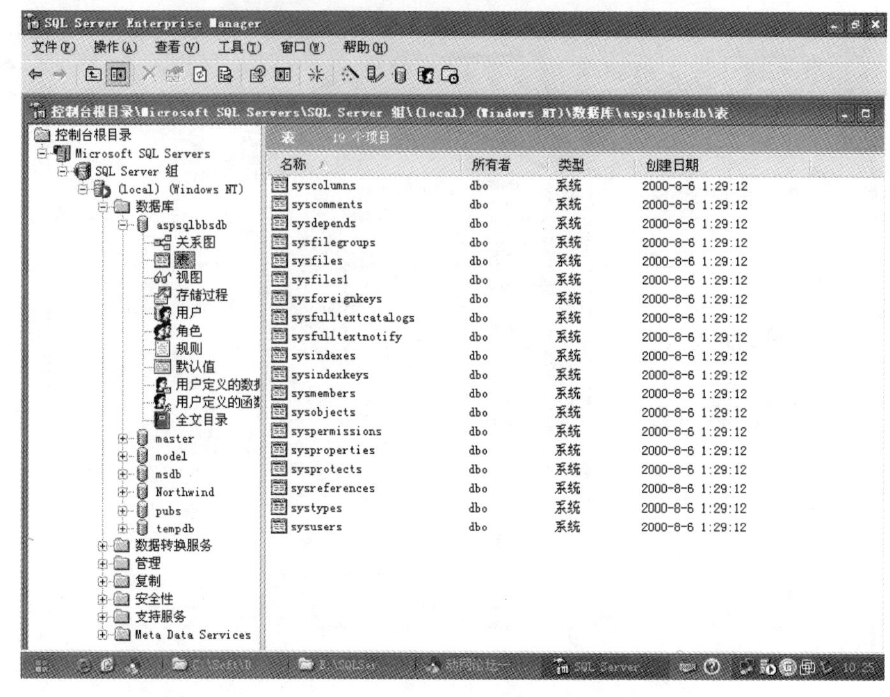

图 3.2.26　打开表

（7）接下来的步骤就是在查询分析器里执行你下载的 ASP 网站源码中的.sql 文件。打开工具，选择“SQL 查询分析器”，如图 3.2.27 所示。

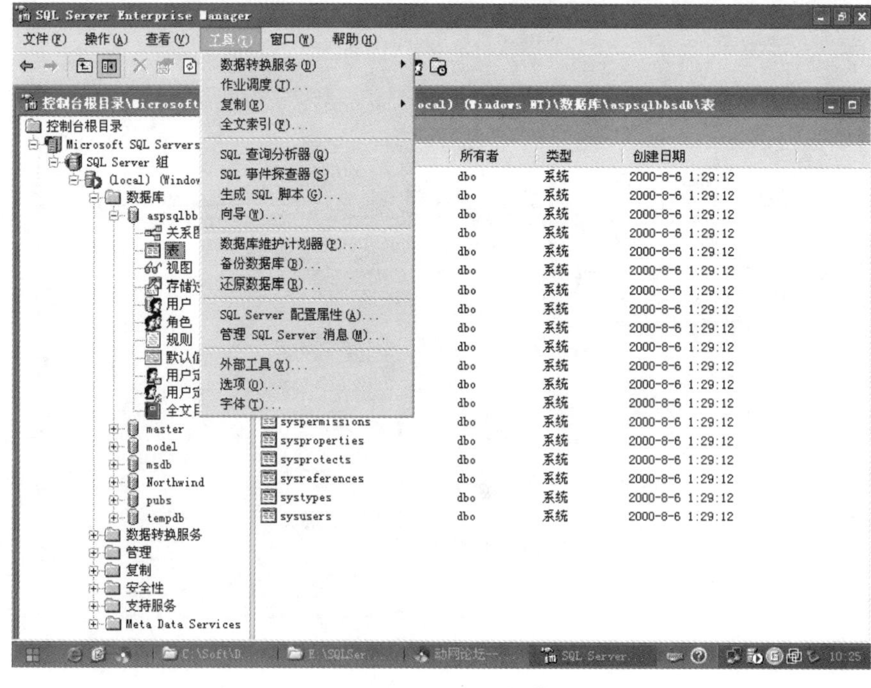

图 3.2.27　工具下拉菜单

（8）打开查询文件界面，选中 sql 文件，如图 3.2.28 所示。

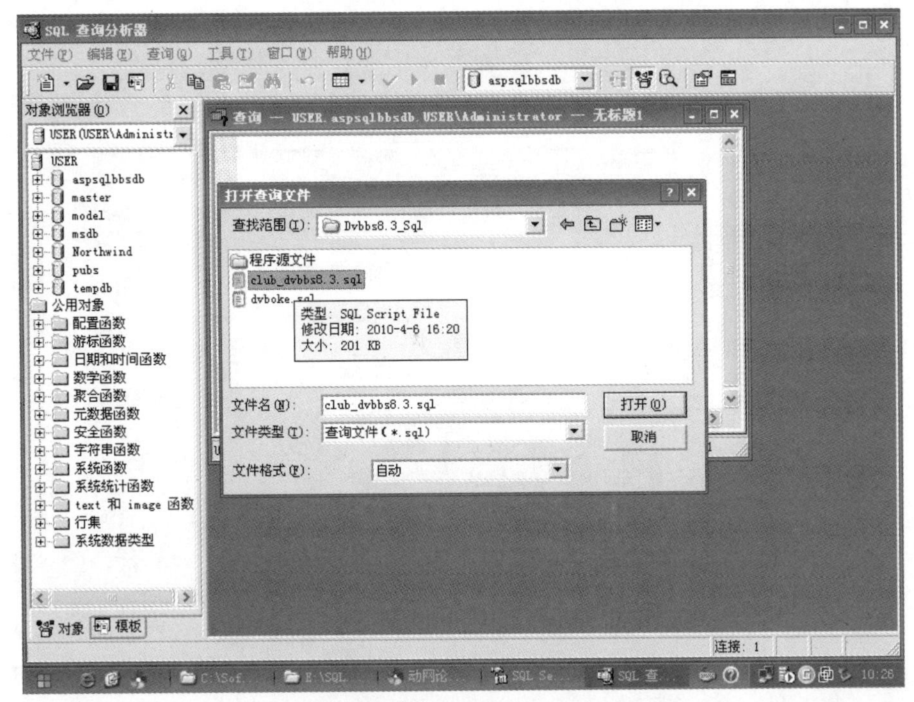

图 3.2.28　选择文件

（9）打开之后点击“执行查询”，如图 3.2.29 所示。

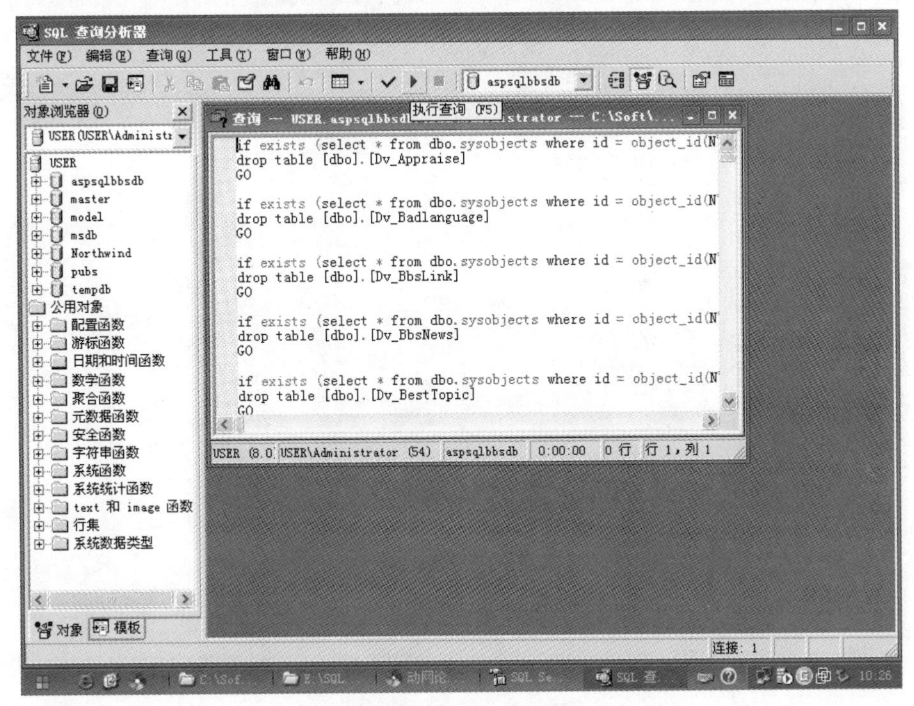

图 3.2.29　执行查询

（10）执行完成后显示命令成功，如图 3.2.30 所示。

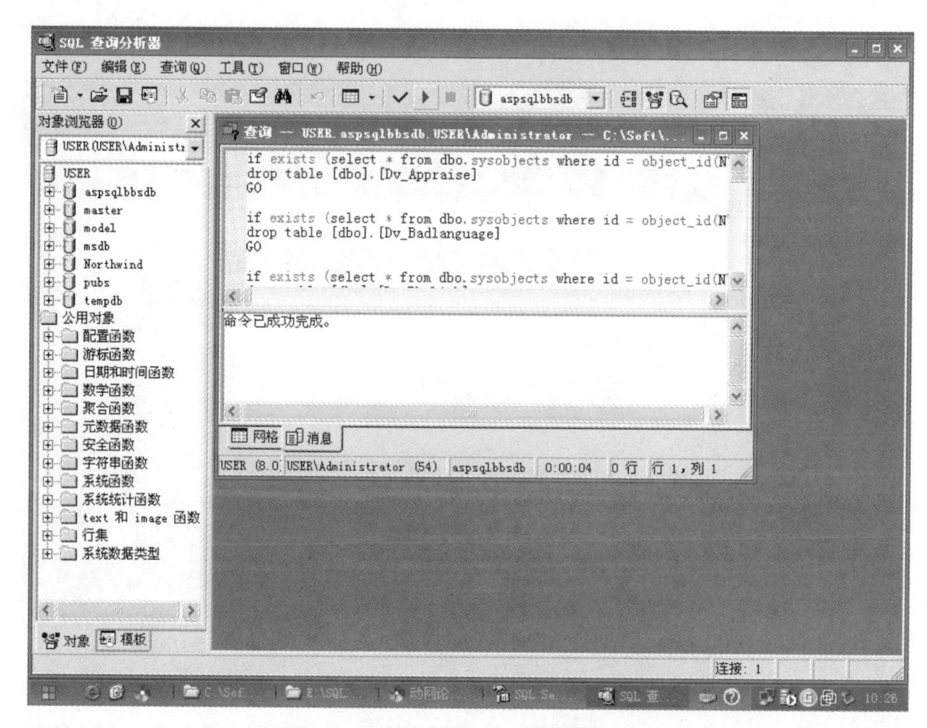

图 3.2.30　显示查询结果

（11）执行完成后右键点击表，执行“刷新”，如图 3.2.31 所示。

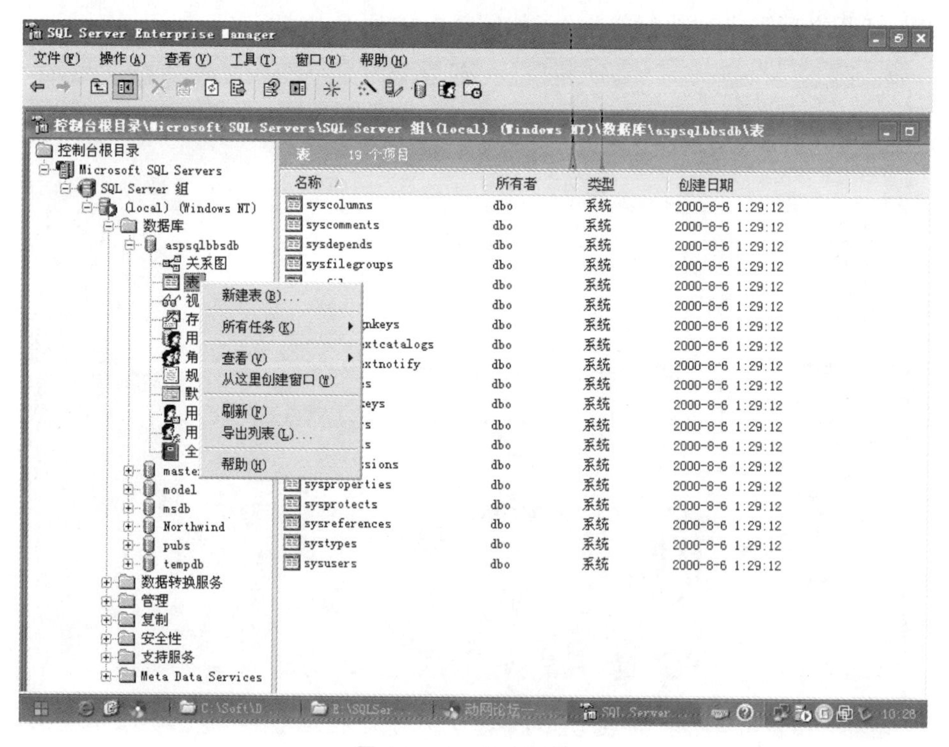

图 3.2.31　执行刷新

（12）刷新之后就会出现我们刚刚执行查询命令所建立的表了，如图 3.2.32 所示。

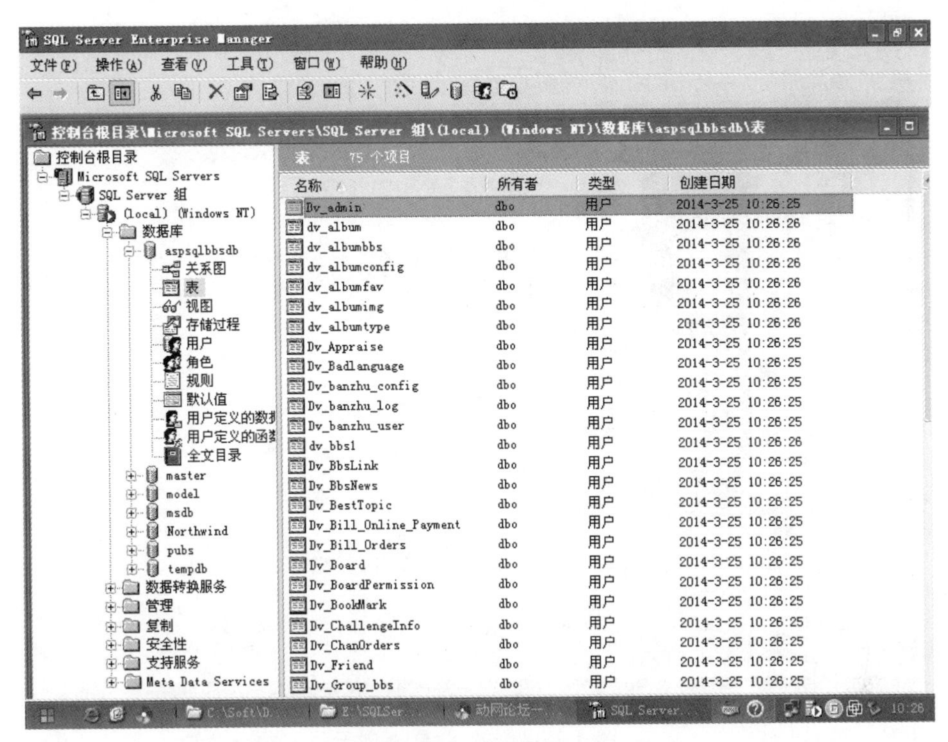

图 3.2.32　查看新建表

（13）然后再次右击表，选择“所有任务”/“导入数据”，如图 3.2.33 所示。

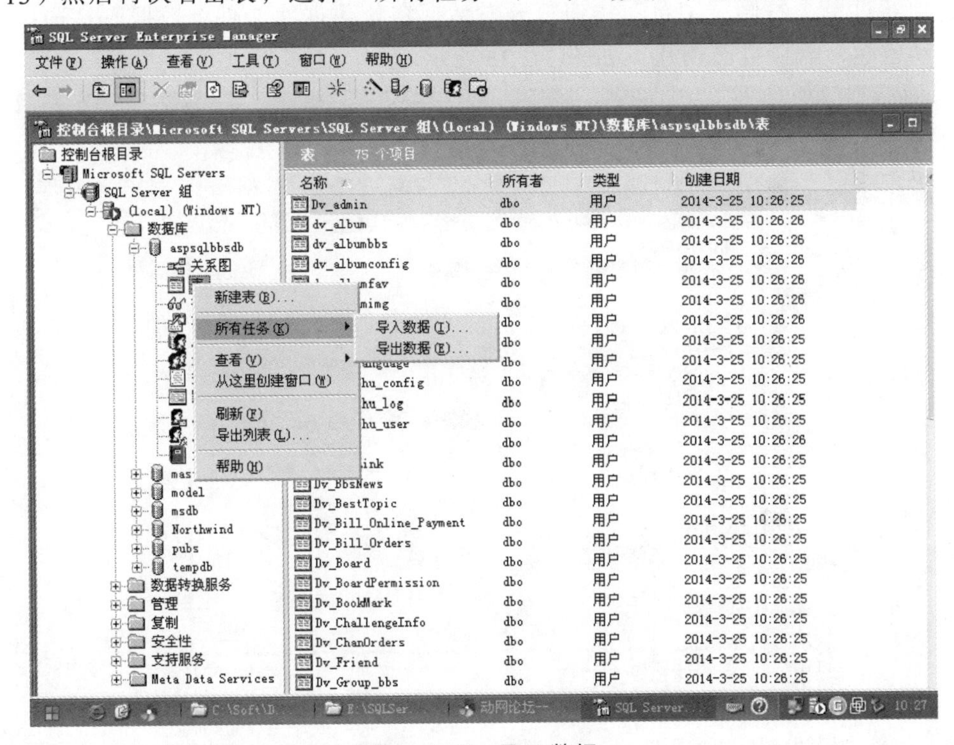

图 3.2.33　导入数据

（14）进入“DTS 导入/导出向导”界面，如图 3.2.34 所示。

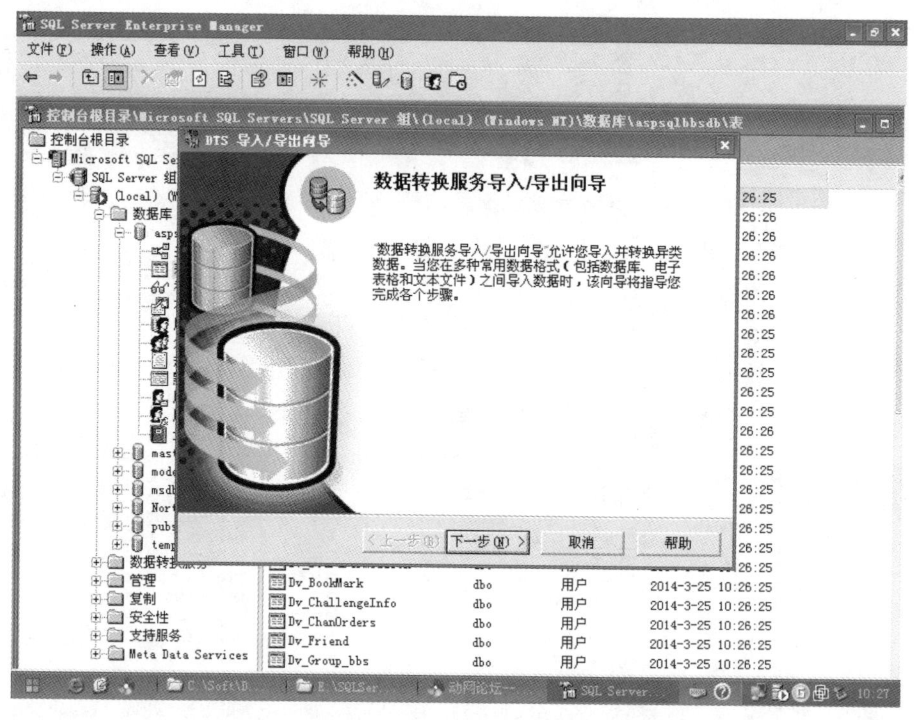

图 3.2.34 导入/导出向导

（15）数据源这里选你下载的数据库类型，这里选择“Microsoft Access”数据源，文件名选项通过单击右侧“浏览”按钮打开对话框定位数据库文件。数据库是选择的系统不能自动创建，需要自己创建，如图 3.2.35 所示。

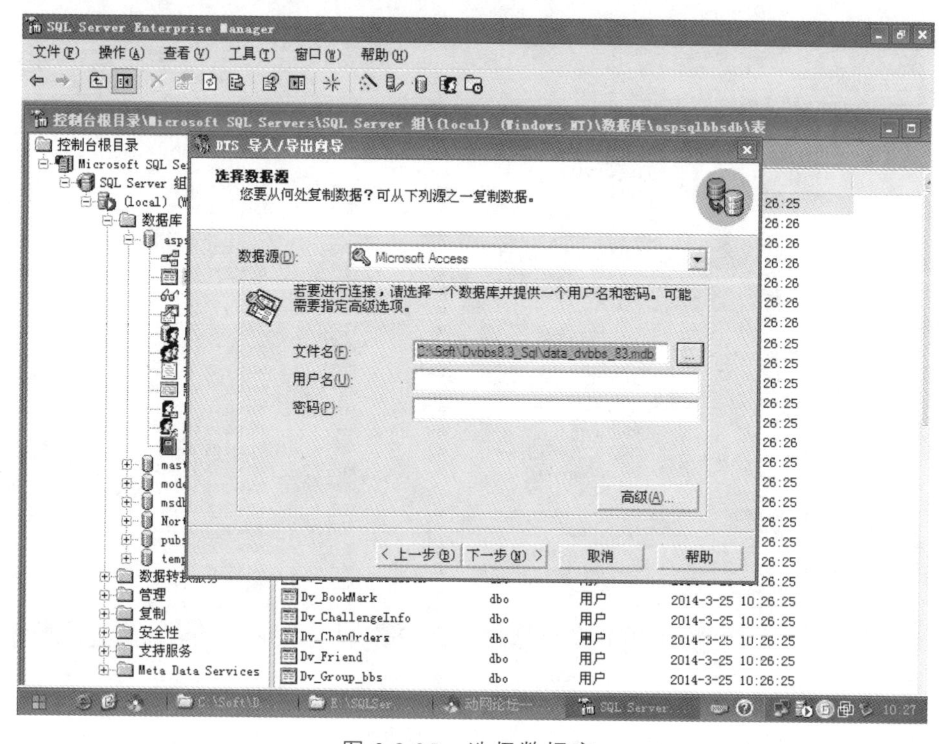

图 3.2.35 选择数据库

（16）选择目的这里使用“用于 SQL server 的 Microsoft OLE DB 提供程序”。身份验证使用 Windows 身份验证（如果使用 SQL Server 身份验证需要使用有效的 SQL 账号和密码），如图 3.2.36 所示。

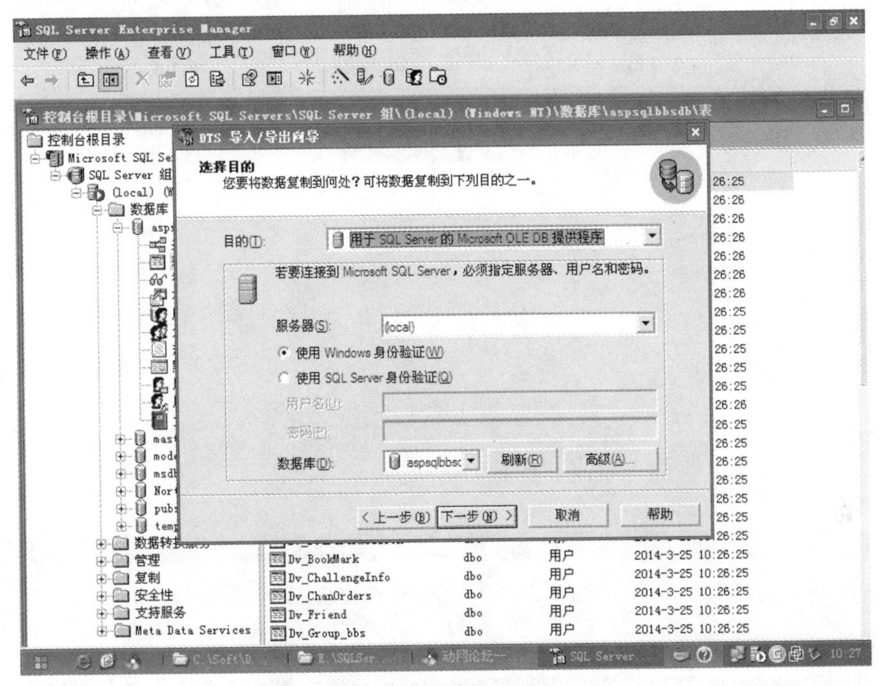

图 3.2.36　选择目的

（17）这一步选择“从源数据库复制表和视图”，如图 3.2.37 所示。

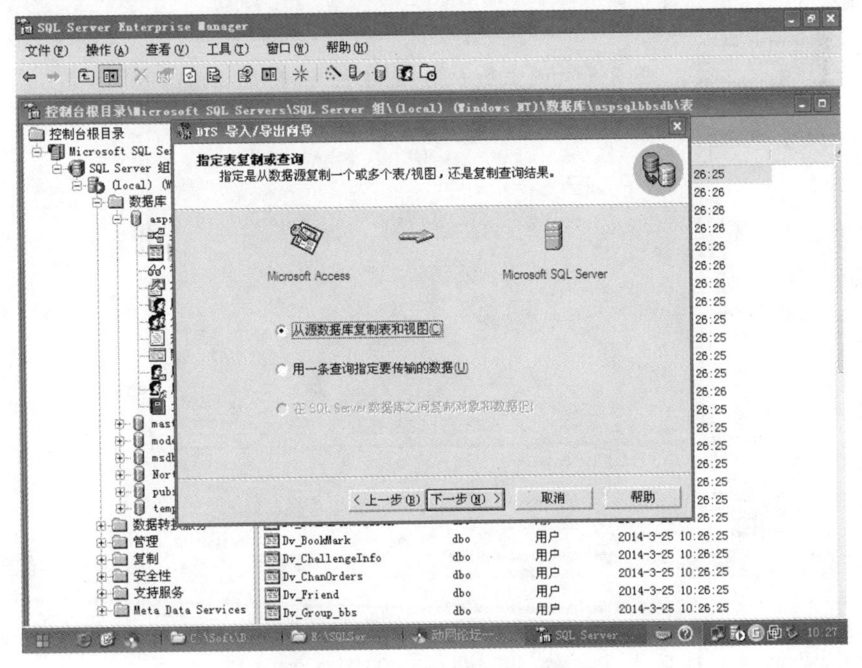

图 3.2.37　指定表复制或查询

（18）直接全选点击“下一步”，如图 3.2.38 所示。

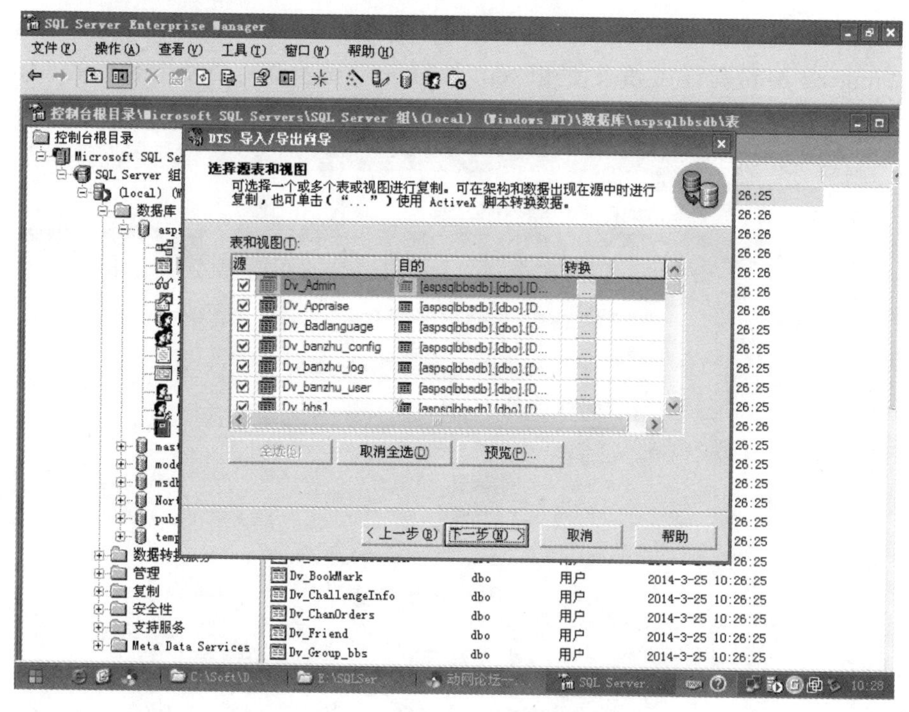

图 3.2.38 选择源表和视图

（19）选择“立即运行”，点击“下一步”，如图 3.2.39 所示。

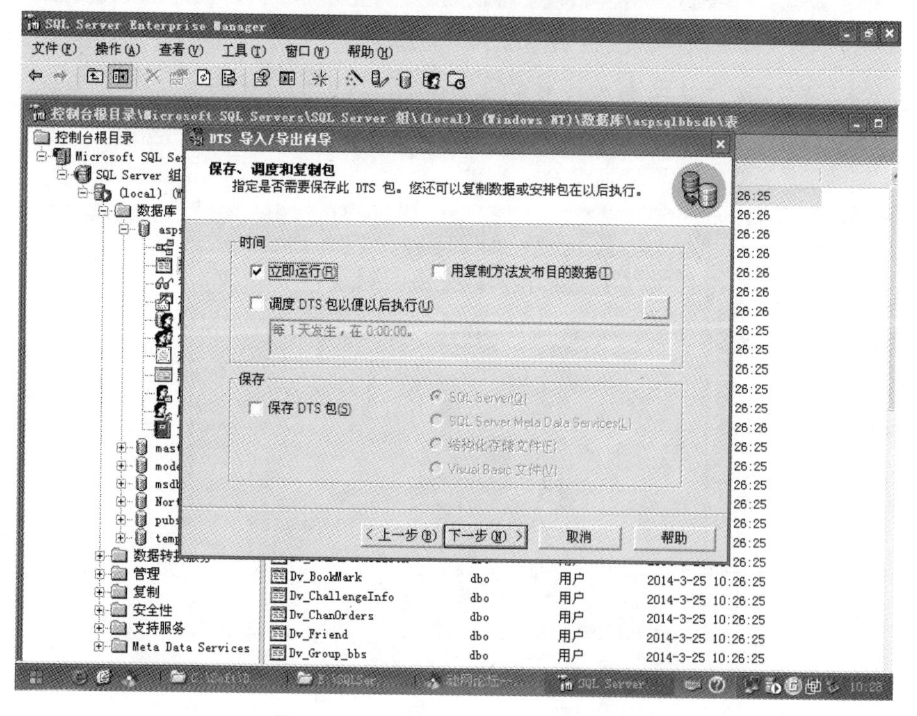

图 3.2.39 保存、调试和复制包

（20）等待加载完成后点击“完成”即可，如图 3.2.40 所示。

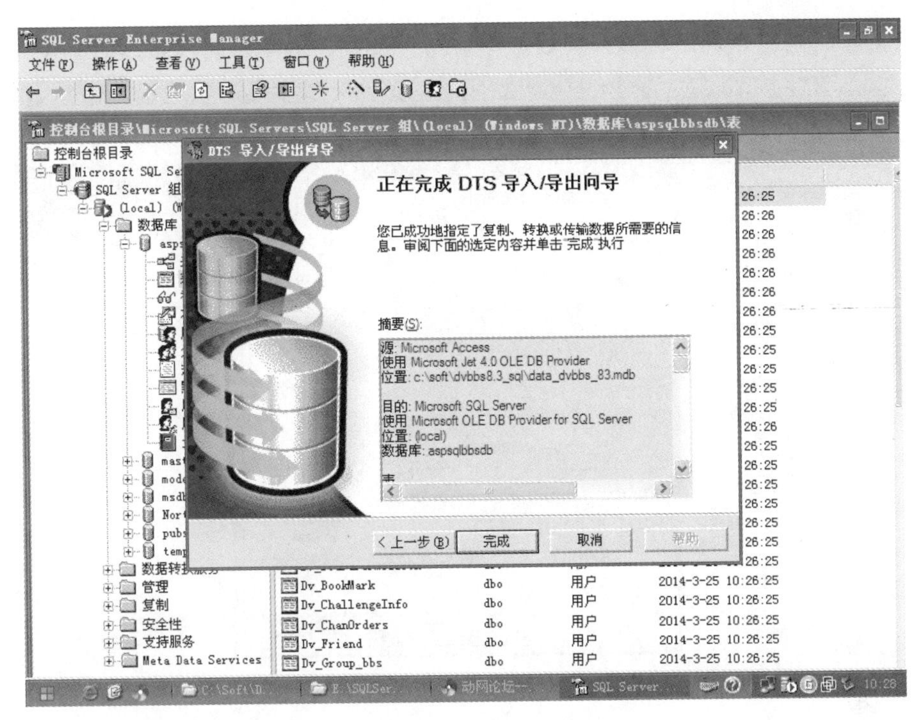

图 3.2.40　完成导出

（21）现在开始新建用户，选择左边菜单中的安全性，再选择“登录”，在登录界面中右击点击“新建登录”，如图 3.2.41 所示。

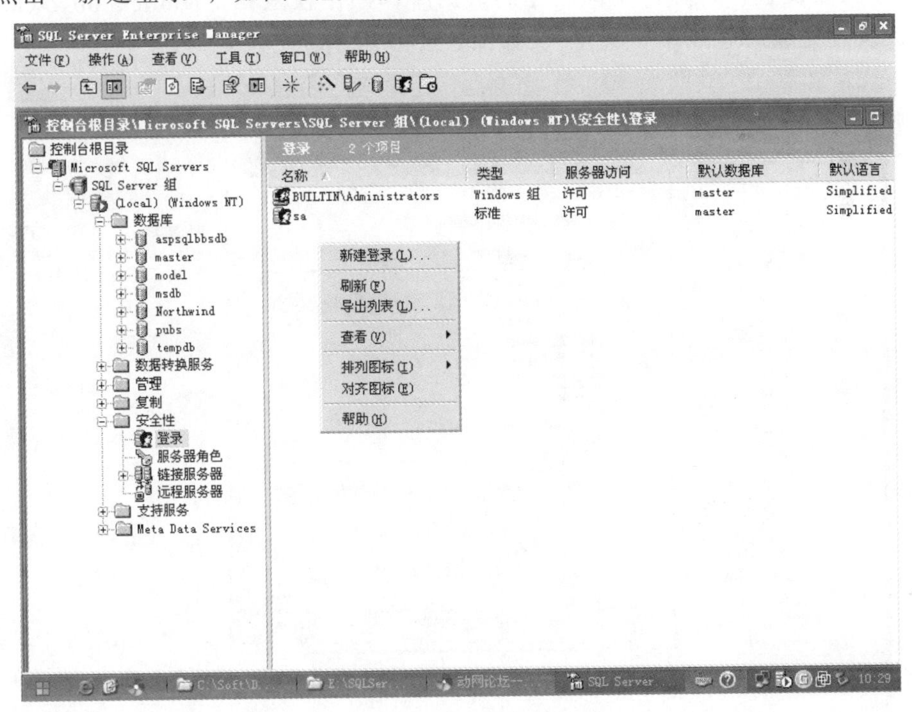

图 3.2.41　新建用户

（22）账号名称自取，选择“SQL 身份验证”，然后输入初始密码，数据库选择刚才建立的数据库，别急点确定，选择“数据库访问”设置数据库访问权限，如图 3.2.42 所示。

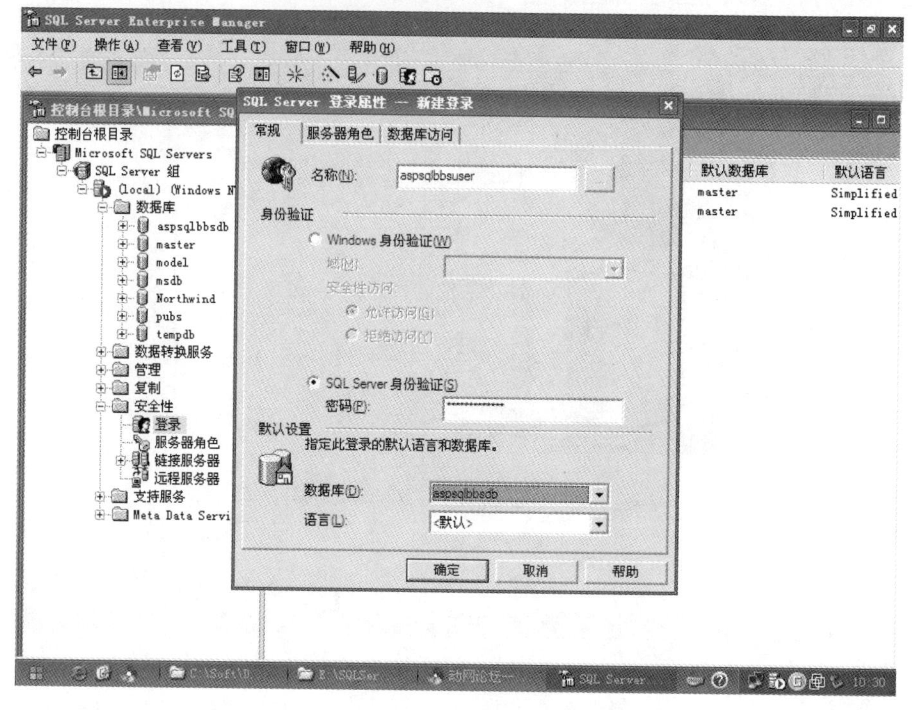

图 3.2.42　选择数据库

（23）权限设置：若允许访问新建的数据库，操作权限在“public、db_owner”这两个打钩，设置完成后就点击“确定”，如图 3.2.43 所示。

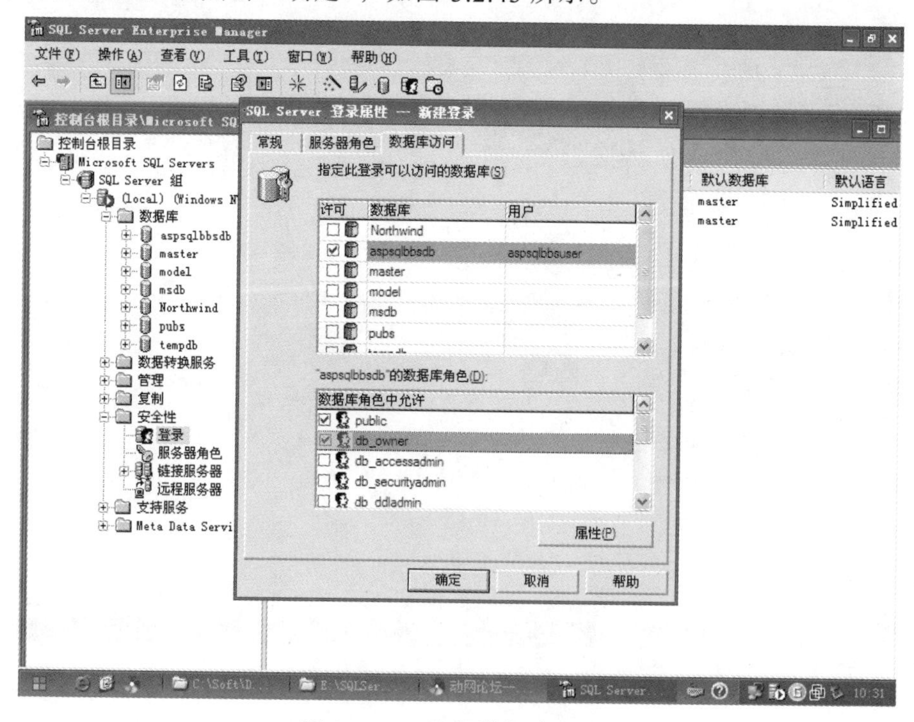

图 3.2.43　选择数据库角色

（24）这里需要用户再输入一遍密码，如图 3.2.44 所示。

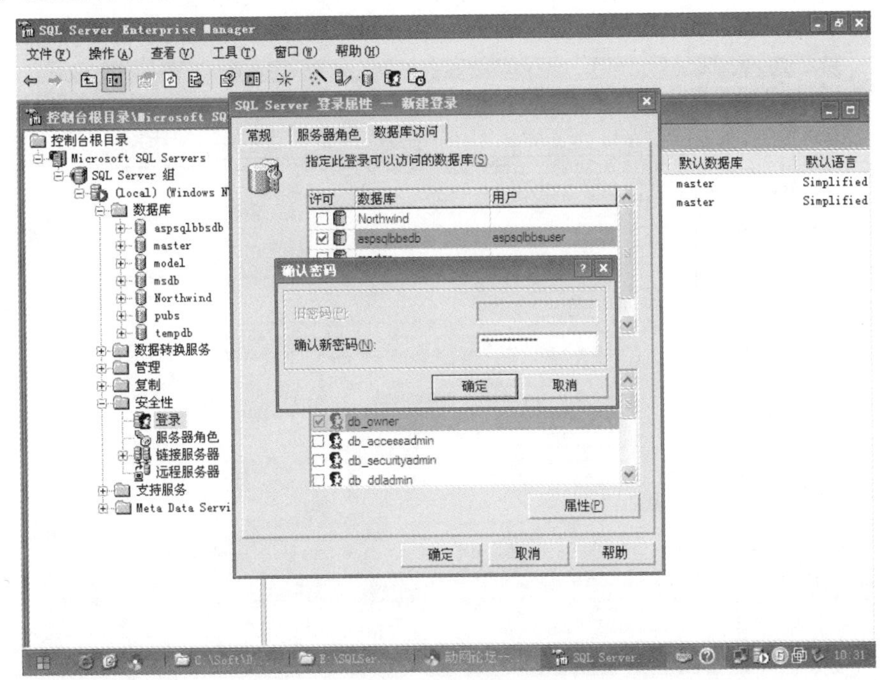

图 3.2.44　确认密码

（25）完成之后就可以看到刚才建立的用户名了，如图 3.2.45 所示。

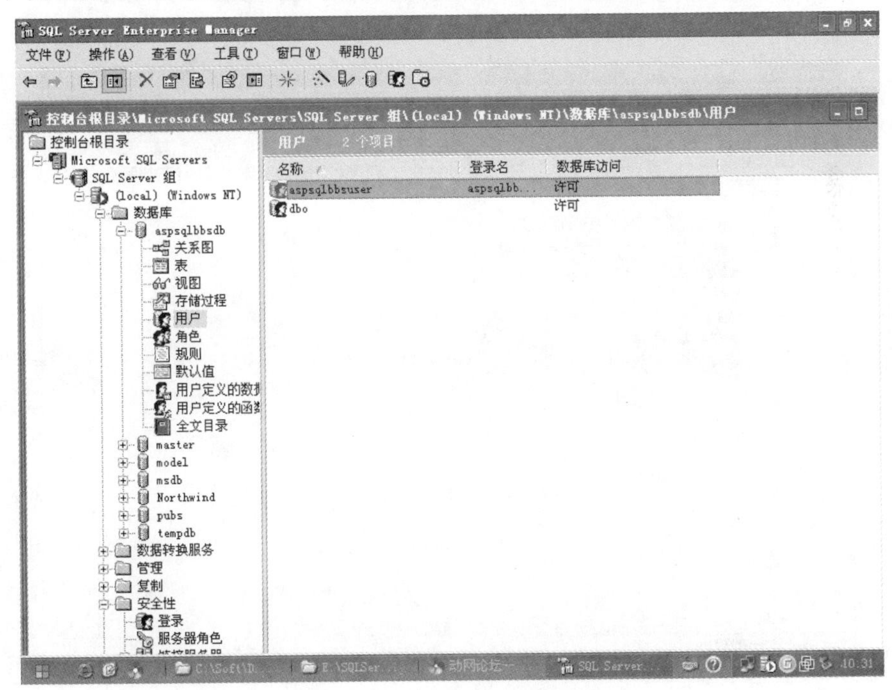

图 3.2.45　查看新建用户名

（26）在下载的 ASP 源码中找到 CONN.ASP 这个文件，使用软件（使用编辑器即可打开，这里使用 Editplus 这款软件）打开，然后找到 Const SqlDatabaseName 命令，将后面的名称修改为你的网站数据库名称(就是上面步骤建立的那个数据库名称),如图 3.2.46 所示。

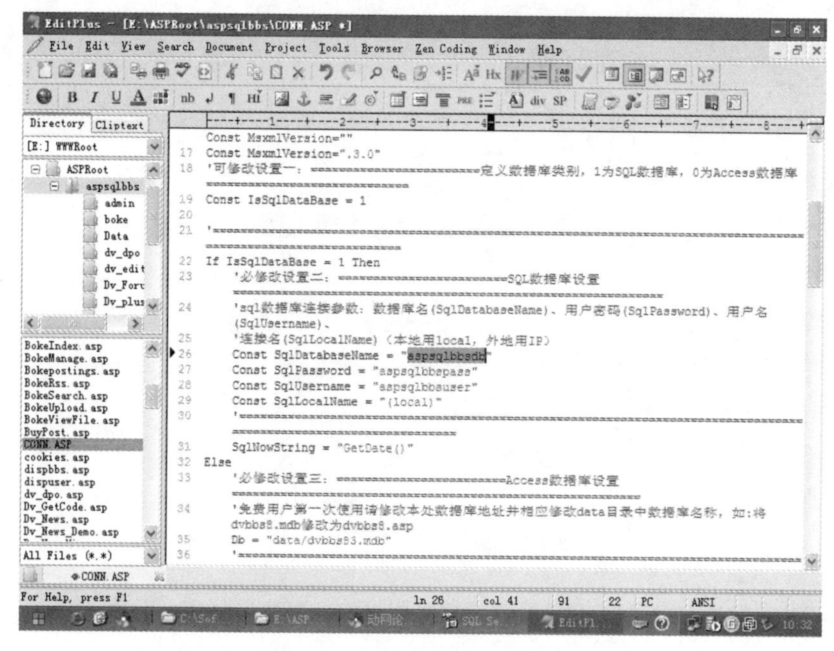

图 3.2.46 修改数据库名称

(27)打开 IIS 管理器,在左边网站文件夹上单击右键,选择“新建网站”,如图 3.2.47 所示。

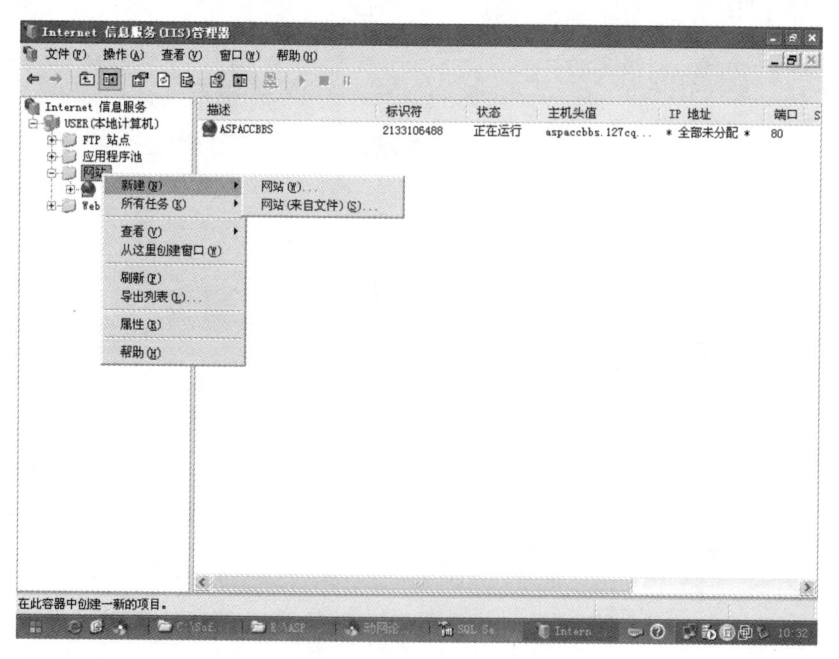

图 3.2.47 新建网站

(28)弹出网站创建向导界面,点击“下一步”,输入网站描述,如 ASPSQLBBS,完成后点击“下一步”,进入 IP 地址和端口设置界面,在这个界面里面,需要我们注意的是："网站 IP 地址"建议选择"全部未分配"，而网站端口号建议还是使用默认的 80 端口，要不然用户访问网站时，还要在域名后面加端口号。而主机头这个可以填写，也可以不填写。如果这台服务器只是建立一个网站的话，就不需要填写了。但是如果有多个网站在这台服务器上，而且使用的都是 80 端口的，那建议填写，如图 3.2.48 所示。

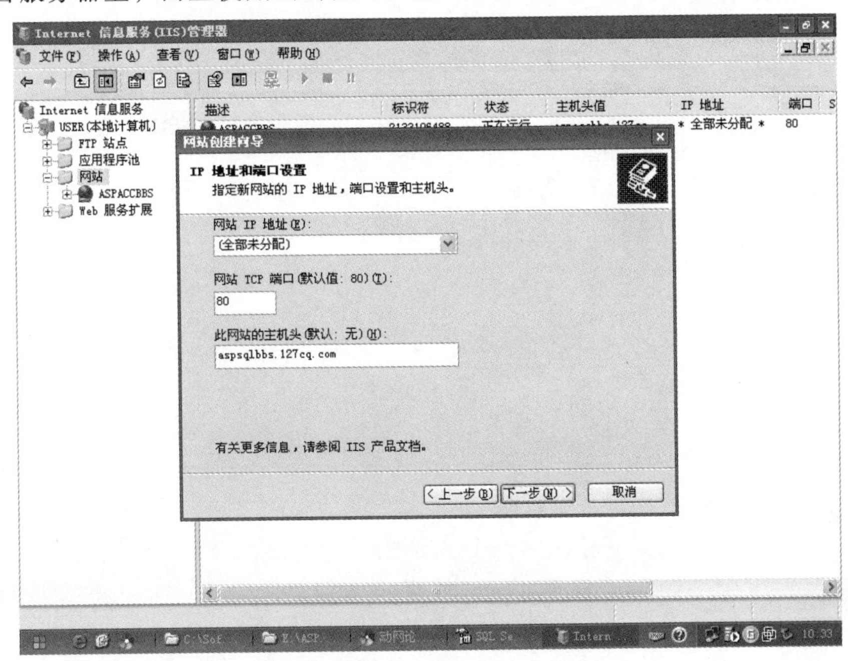

图 3.2.48　IP 地址和端口设置

（29）进入网站主目录，此处选择网站所在的路径，点击"下一步"，如图 3.2.49 所示。

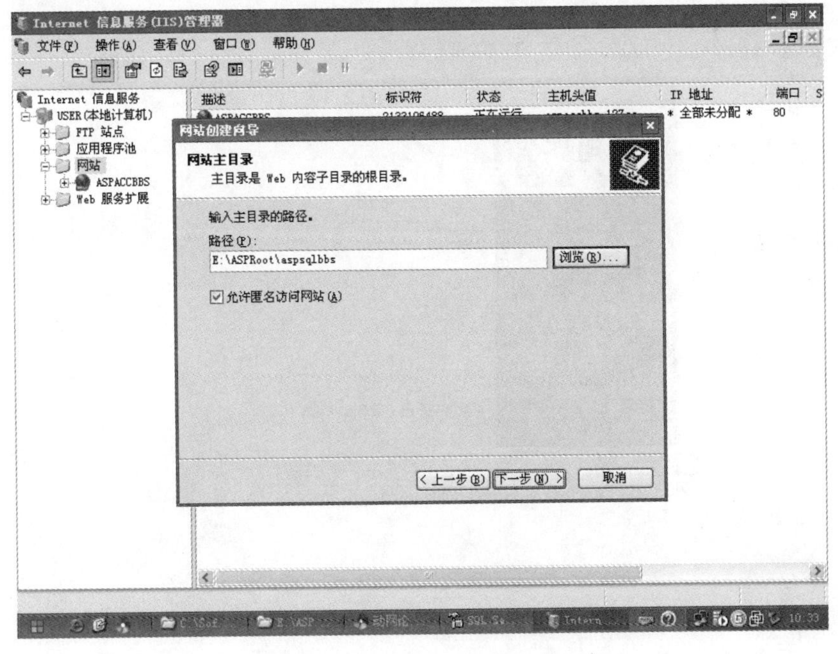

图 3.2.49　输入主目录路径

（30）根据自己需求，设置网站的访问权限，一般前两个打钩就行了，完成后点击“下一步”，如图 3.2.50 所示。

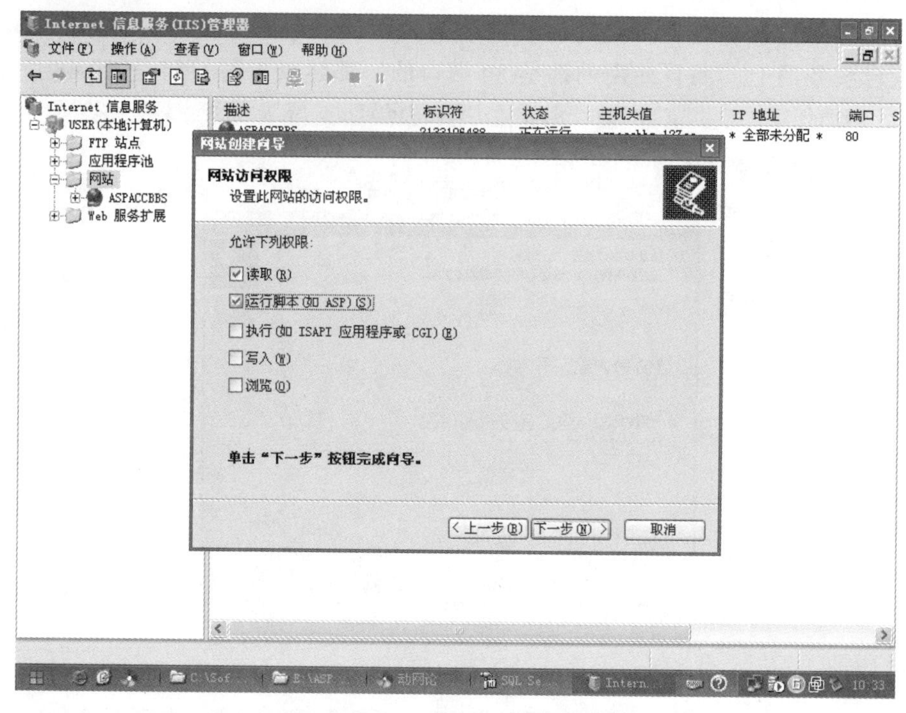

图 3.2.50　选择网站访问权限

（31）建立完成后点击“完成”，如图 3.2.51 所示。

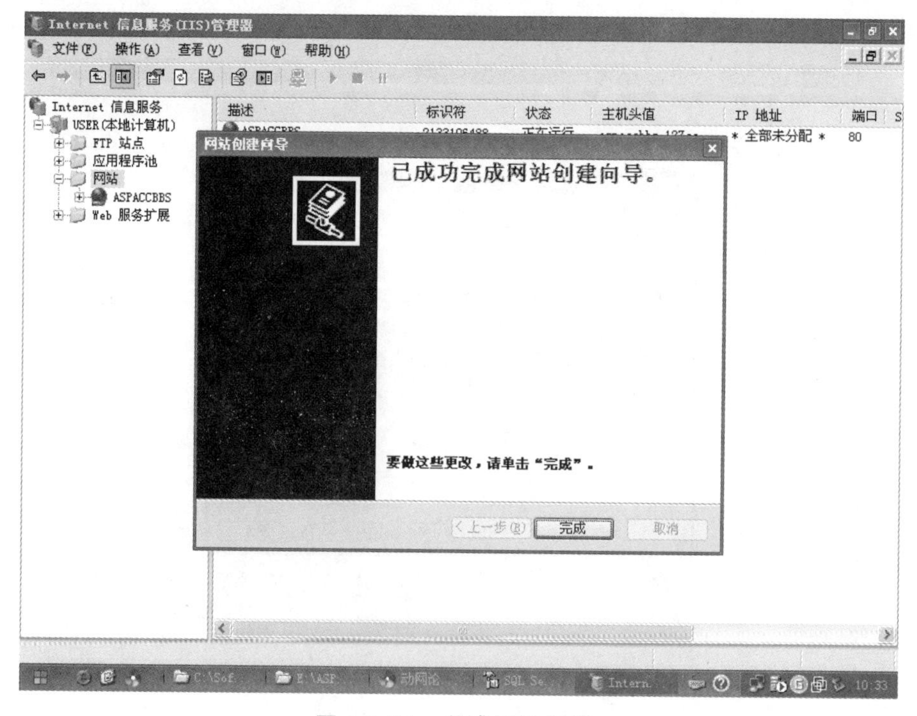

图 3.2.51　完成网站创建

（32）网站建立完成后现在还是打不开，还需要配置属性，在网站目录下找到 UploadFile 文件夹，单击右键，选择“权限”，如图 3.2.52 所示。

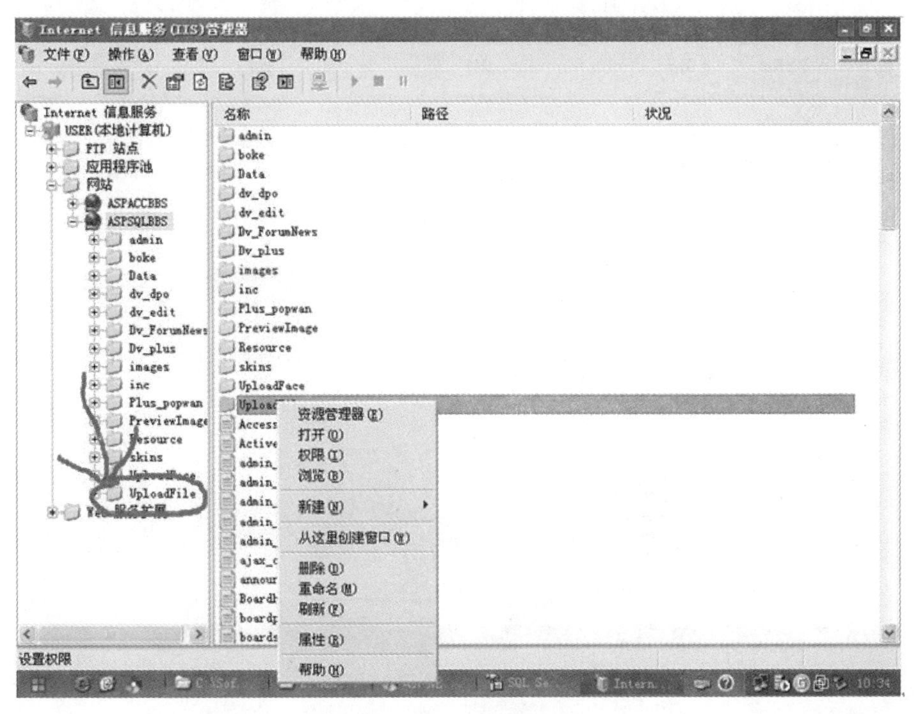

图 3.2.52　配置属性

（33）选择“Internet 来宾账户”，“修改”权限设置为允许，完成后点击“确定”，如图 3.2.53 所示。

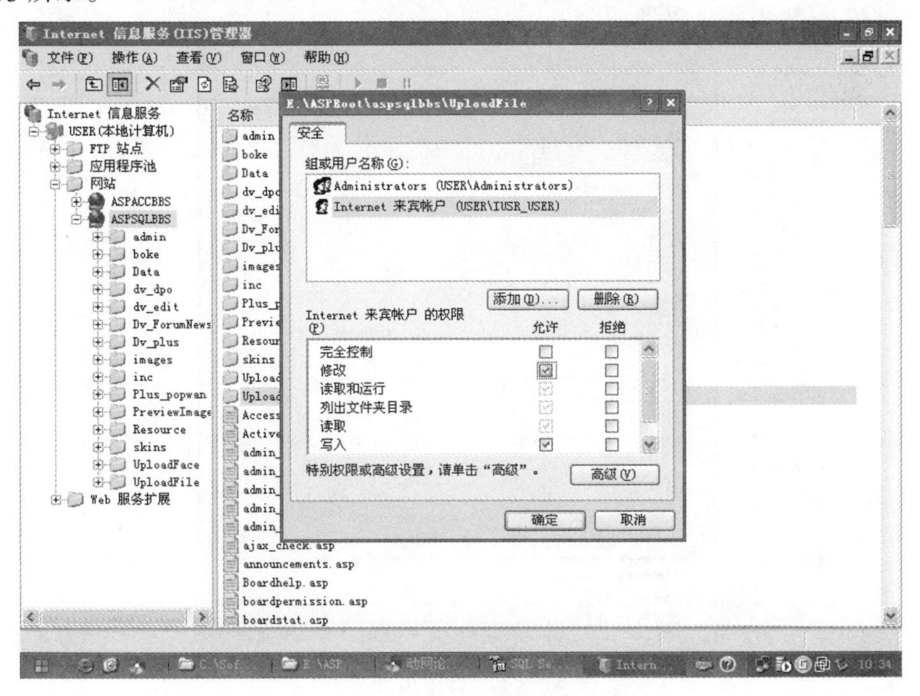

图 3.2.53　修改来宾账号权限

（34）然后在左边网站名称处单击右键，选择属性，如图 3.2.54 所示。

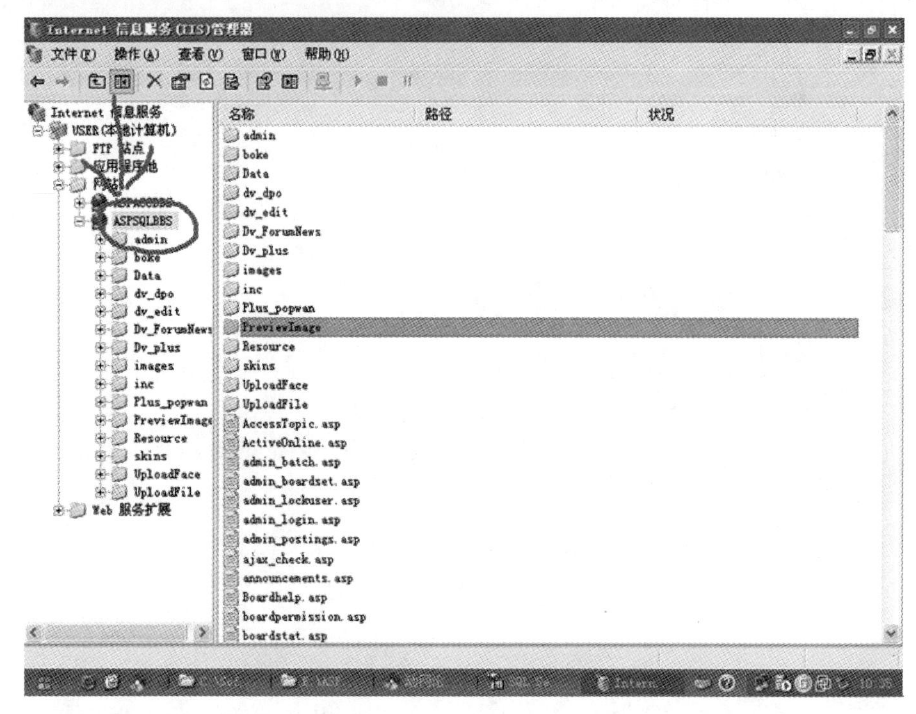

图 3.2.54 设置网站属性

（35）进入属性界面，选择“文档”，对文档内的“启用默认内容文档”一项打钩，如图 3.2.55 所示。

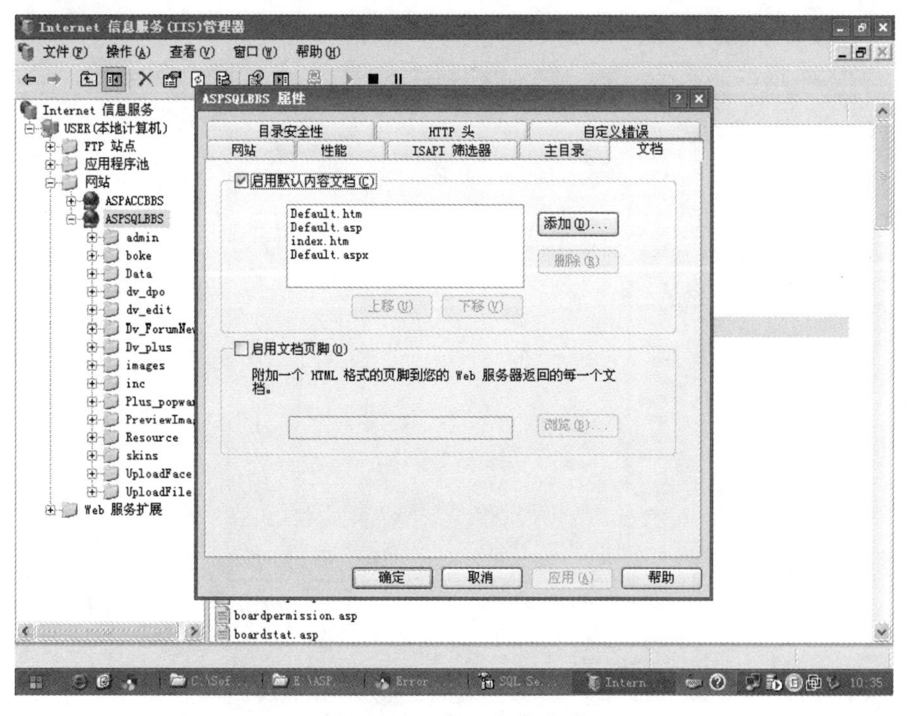

图 3.2.55 启用内容文档

（36）然后在此处添加用户已经写好的网站程序（比如.htm .html .asp 这些格式的）。再将用户想作为网站主页的那一个网页文件放在第一个，如图 3.2.56 所示。

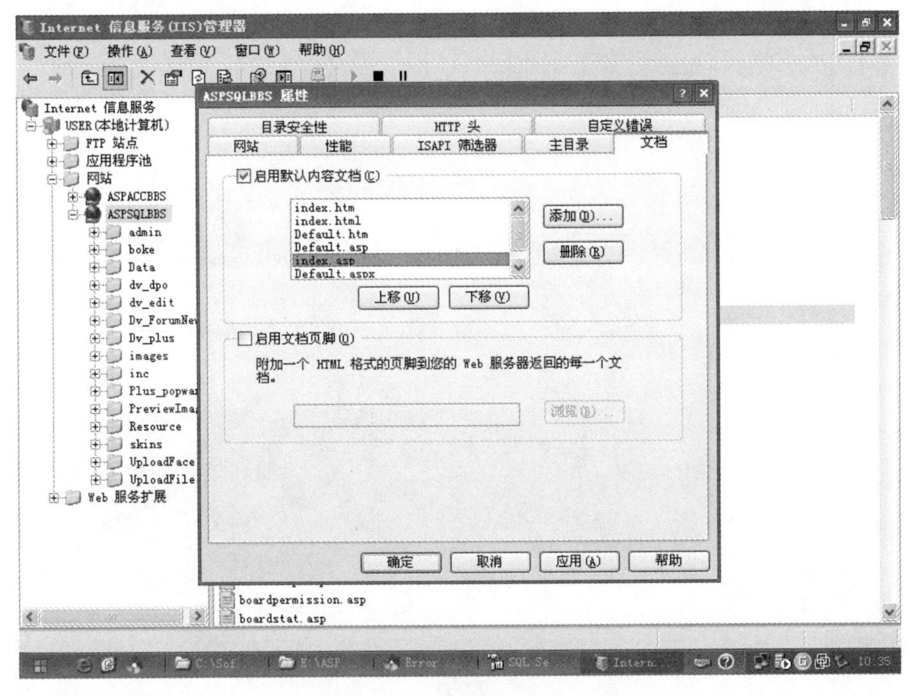

图 3.2.56　添加默认打开网页

（37）进入“主目录”，选择“配置”，弹出“应用程序配置”，点击“选项”，把“启用父路径”勾选上即可，如图 3.2.57 所示。

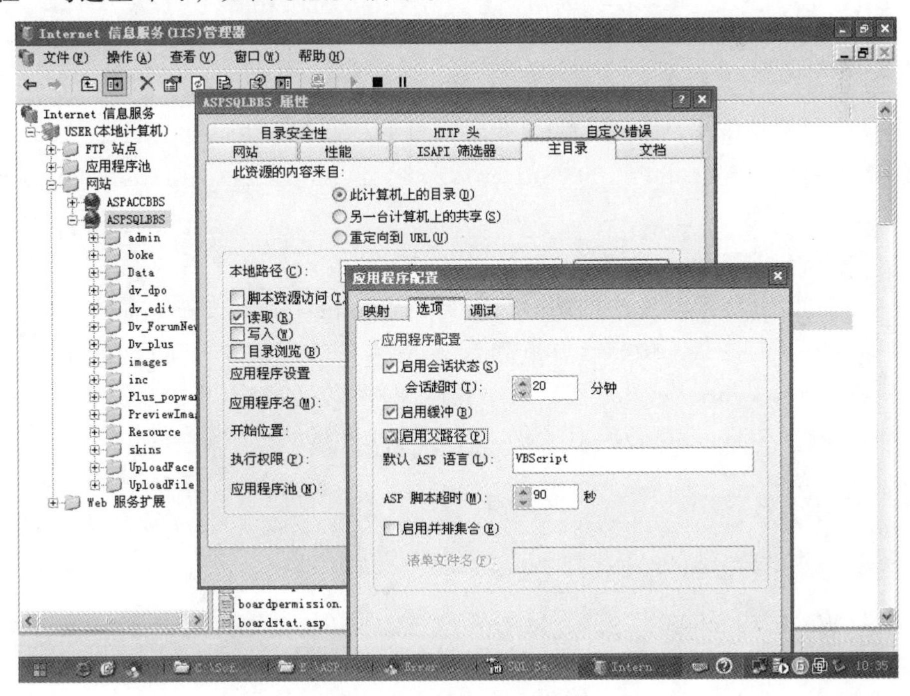

图 3.2.57　启用父路径

（38）最后访问新建网站，如图 3.2.58 所示。

图 3.2.58 打开网站

任务 3 搭建 ASP.NET+SQL Server 网站

3.1 任务说明

某单位的网站是采用 ASP.NET 2.0 技术开发的，数据库是 SQL Server 2000。现要求将该网站架设到公司 Windows 2003 Server 服务器上，并通过域名 news.127cq.com 访问。

3.2 任务分析

由 ASP.NET 2.0 技术开发的网站一般运行在 Internet 信息服务（简称 IIS）上，并且需要安装.NET 2.0 的框架（微软官方下载）。另外需要注意的是，运行由.NET 2.0 开发的网站，需要赋予 Network Service 用户组对程序文件可读的权限，如涉及文件上传等，还需要赋予 Network Service 用户组对上传文件夹可读可写的权限。

3.3 任务实施

1. 安装 Microsoft SQL Server 2000

（1）以 Windows 2003 下安装 Microsoft SQL Server 2000 Personal 版本为例。将 Microsoft SQL Server 2000 光盘插入 CD-ROM 驱动器。如果该光盘不自动运行，请双击该光盘根目录中的 Autorun.exe 文件，如图 3.3.1 所示。

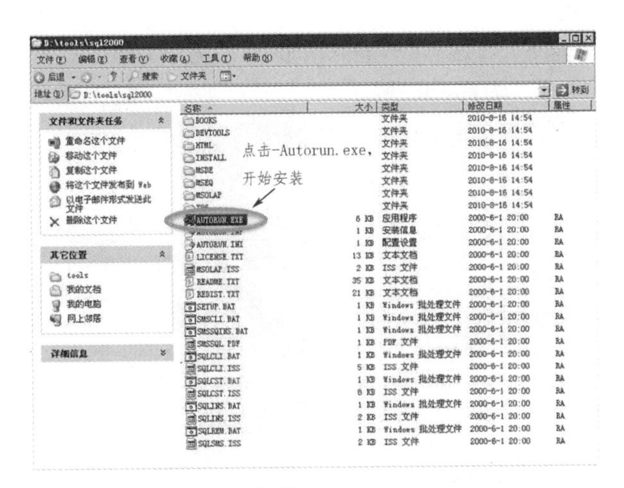

图 3.3.1　安装 SQL Server 2000

（2）点击“安装 SQL Server 2000 组件”，如图 3.3.2 所示。

图 3.3.2　安装组件选择

（3）点击“安装数据库服务器”，如图 3.3.3 所示。

图 3.3.3　安装数据服务器

（4）点击“继续”，如图 3.3.4 所示。

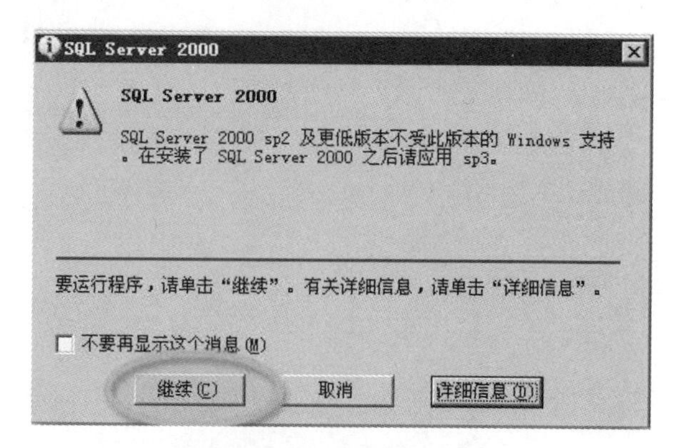

图 3.3.4 继续安装

（5）点击“下一步”，如图 3.3.5 所示。

图 3.3.5 安装继续

（6）选择“本地计算机”，如图 3.3.6 所示。

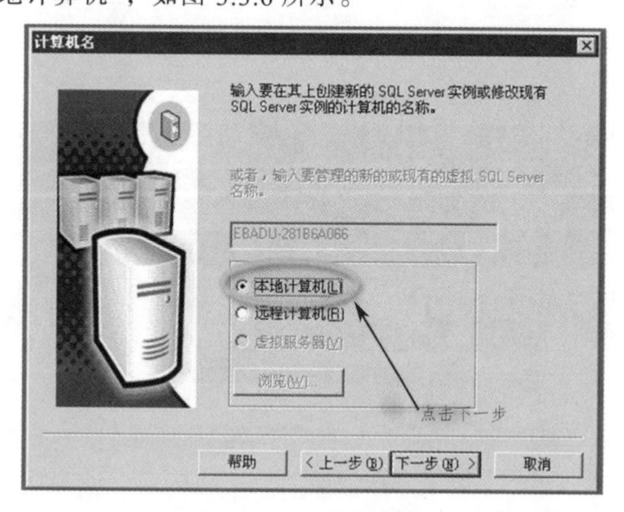

图 3.3.6 本地计算机

（7）如果出现如图 3.3.7 所示的报错，请重启服务器，然后重新安装 SQL Server 2000。安装 SQL Server 2000 过程中如果提示某个程序安装已安装计算机上创建挂起文件操作，可在系统单击“开始”按钮，找到“运行”或按快捷键“Win+R”，输入“regedit”进入注册表编辑器，找到“HKEY_LOCAL_MACHINE\SYSTEM\CurrentControlSet\Control\Session Manager”选项，在右边找到 PendingFileRenameOperations 项目，并删除它，然后回到安装界面继续。

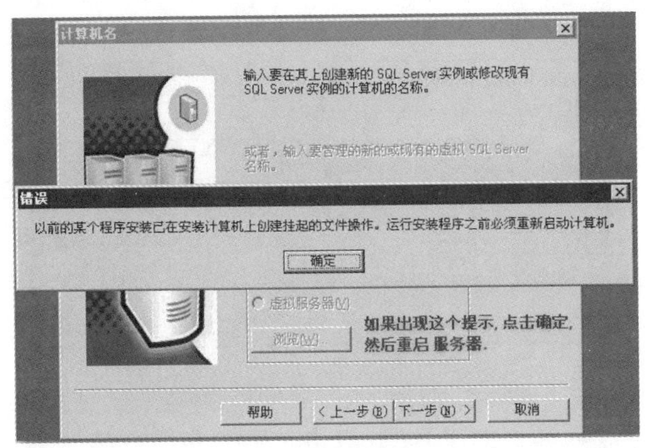

图 3.3.7　安装错误

（8）选中如图 3.3.8 所示的按钮，点击“下一步”。

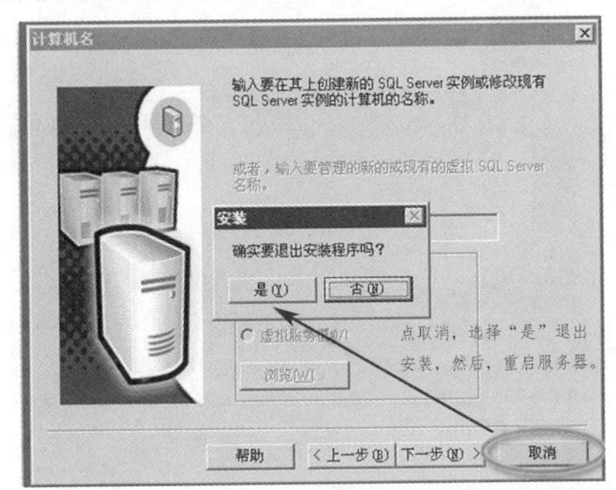

图 3.3.8　退出安装

（9）默认不用修改，点击“下一步”，如图 3.3.9 所示。

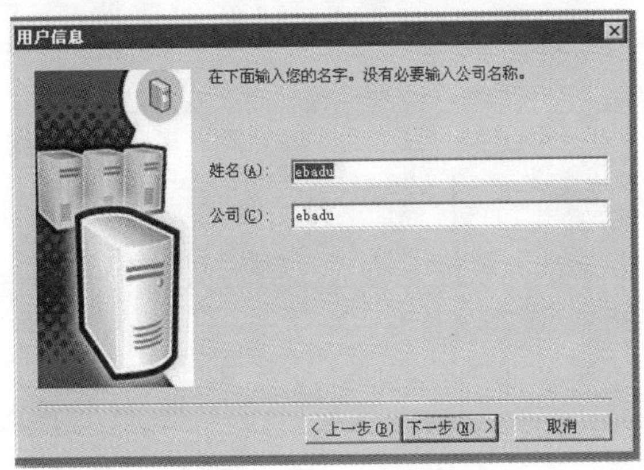

图 3.3.9　用户信息

（10）点击“是”继续，如图 3.3.10 所示。

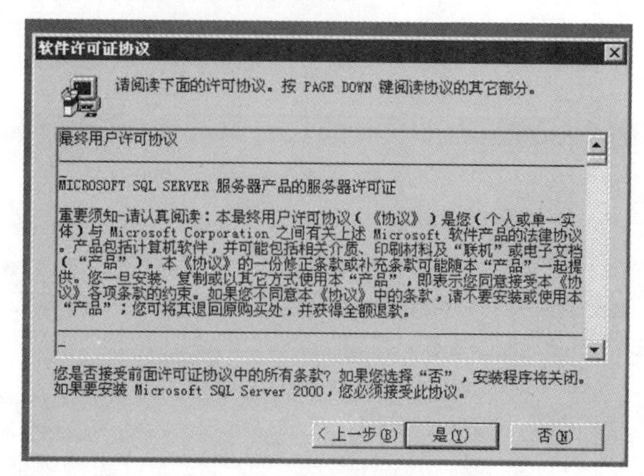

图 3.3.10　同意用户许可

（11）选择“服务器和客户端工具”，点击“下一步”继续，如图 3.3.11 所示。

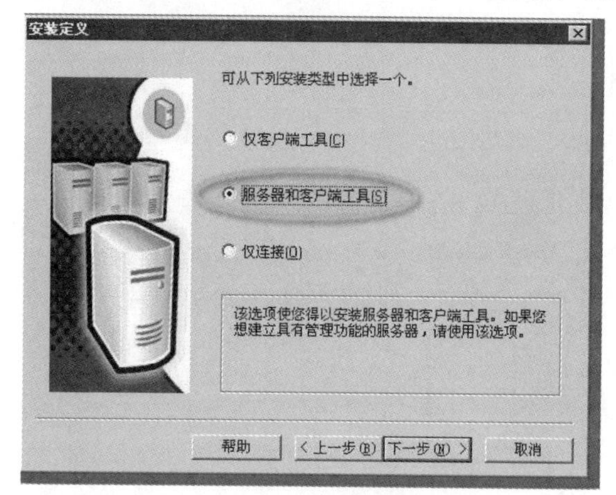

图 3.3.11　定义安装类型

（12）选中“默认”，点击“下一步”继续，如图 3.3.12 所示。

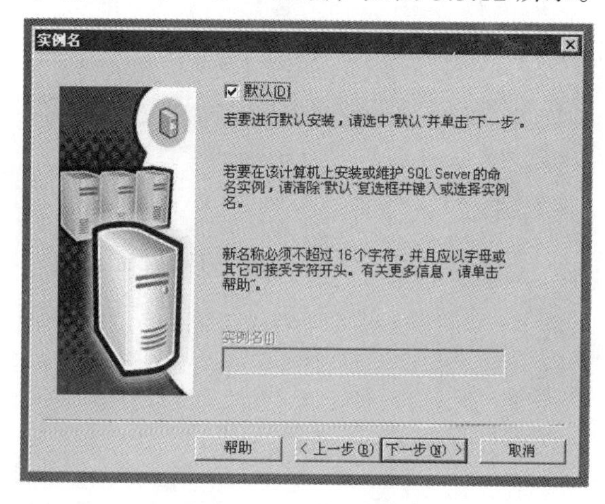

图 3.3.12　安装继续

（13）修改安装路径，一般安装在非系统盘，D 盘或者 E 盘，如图 3.3.13 所示。

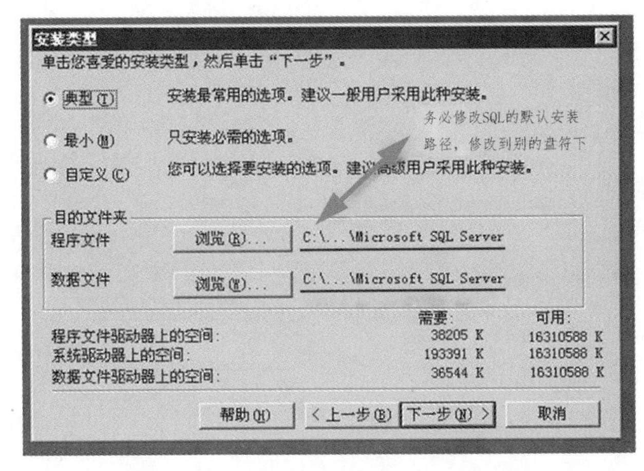

图 3.3.13　选择安装类型和文件路径

（14）选择“使用本地系统账户”，如图 3.3.14 所示。

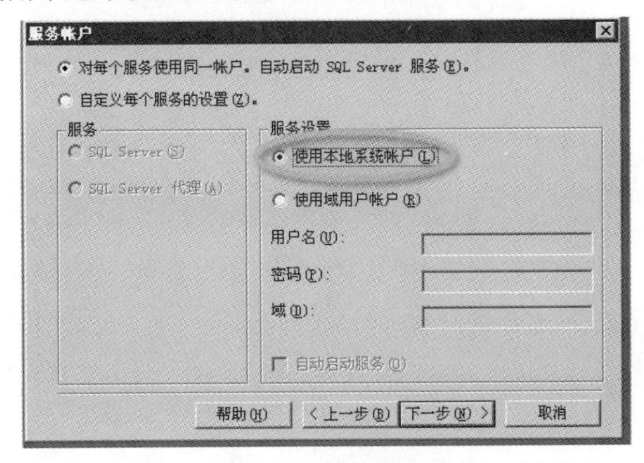

图 3.3.14　选择服务账户

（15）选择“混合模式”，并输入 sa（管理员）密码，如图 3.3.15 所示。

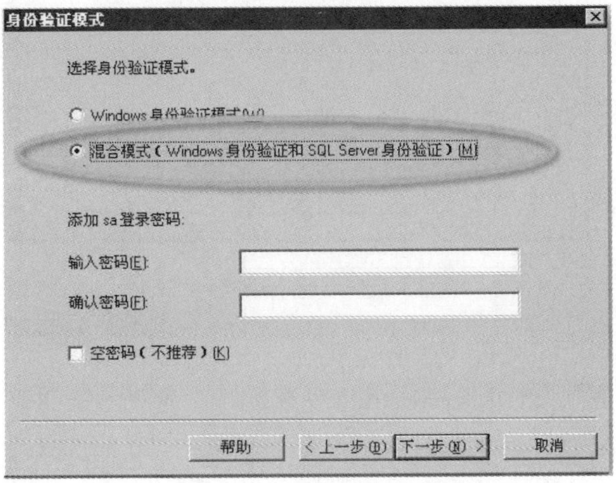

图 3.3.15　身份证验证模式

（16）点击“下一步”，如图 3.3.16 所示。

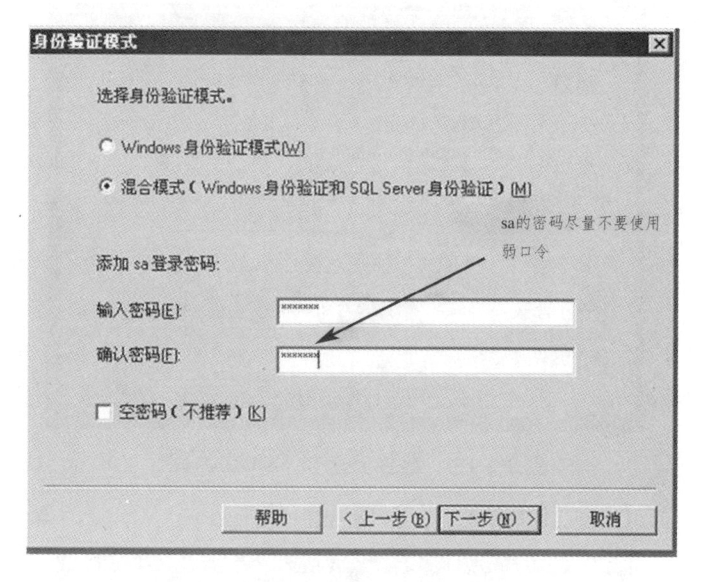

图 3.3.16　定义 sa 登录密码

（17）在“每客户”输入“5”，如图 3.3.17 所示。

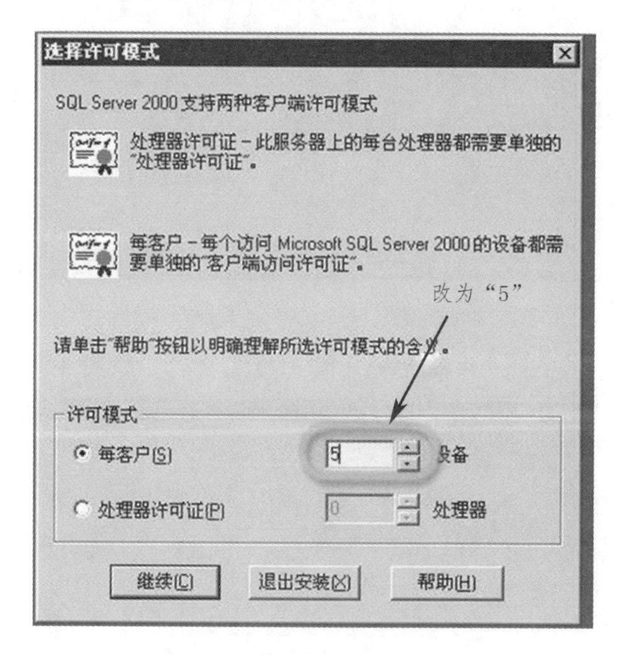

图 3.3.17　选择许可模式

（18）点击“继续”正式进入安装过程。

（19）点击“完成”，SQL Server 2000 安装完毕，如图 3.3.18 所示。

SQL 2000 安装完毕后，我们建议用户打上 SQL 2000 的 SP4 补丁，以增强安全性，防止被攻击而导致 SQL 不能正常使用或数据丢失。

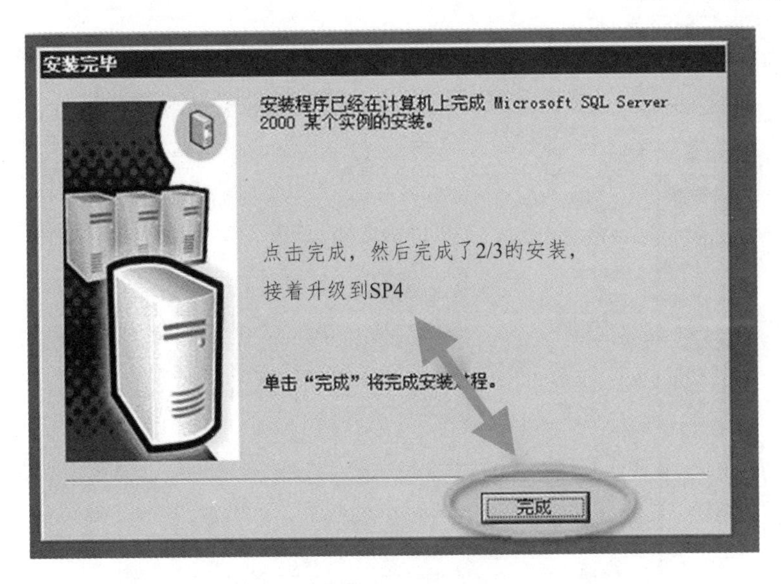

图 3.3.18　安装完成

2. 创建 SQL Server 数据库文件

（1）打开 SQL Server 2000 控制台根目录，数据库右键“新建数据库”，如图 3.3.19 所示。

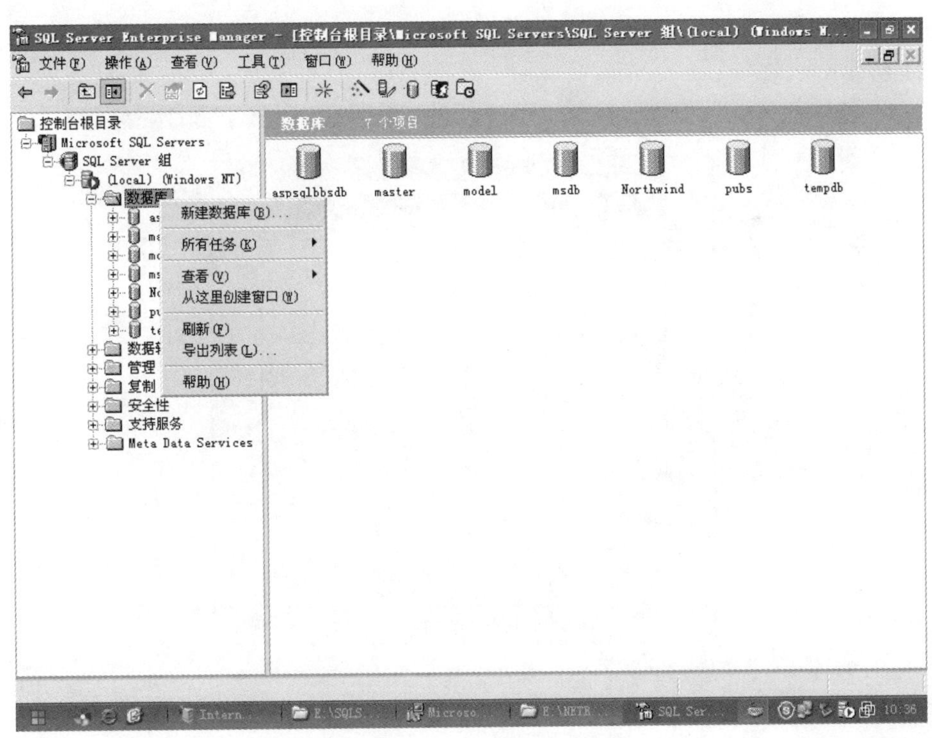

图 3.3.19　新建数据库

（2）弹出数据库属性对话框，在这里输入数据库的名称“newsdb”，点击“确定”完成，如图 3.3.20 所示。

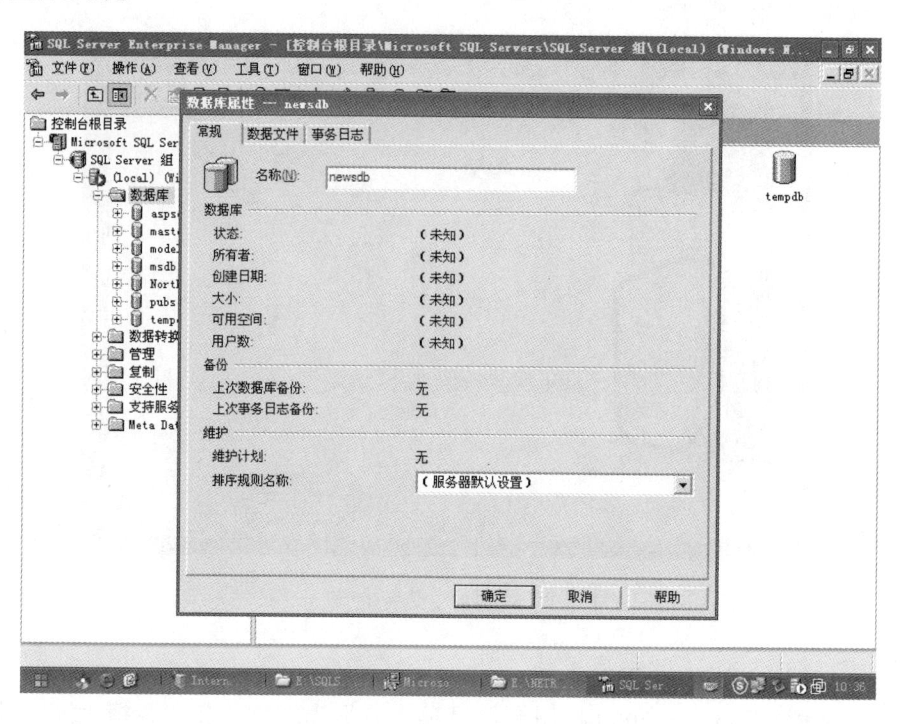

图 3.3.20　定义数据库名称

（3）配置数据库数据文件存放路径为“E\SQL ServerData”，点击“确定”完成，如图 3.3.21 所示。

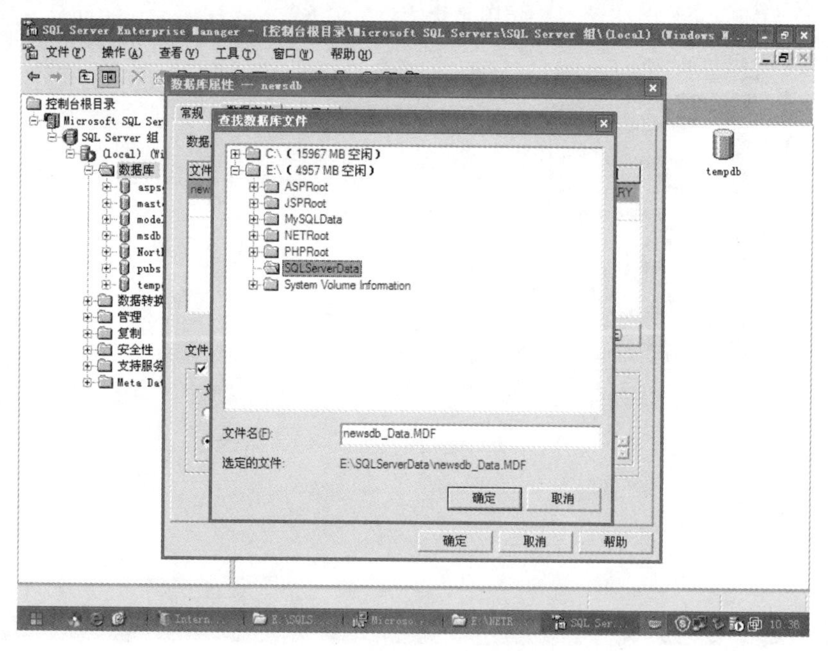

图 3.3.21　数据库文件存放目录

（4）配置数据库事务日志中的初始大小为“1”，文件属性为“文件自动增长”，点击“确定”完成，如图 3.3.22 所示。

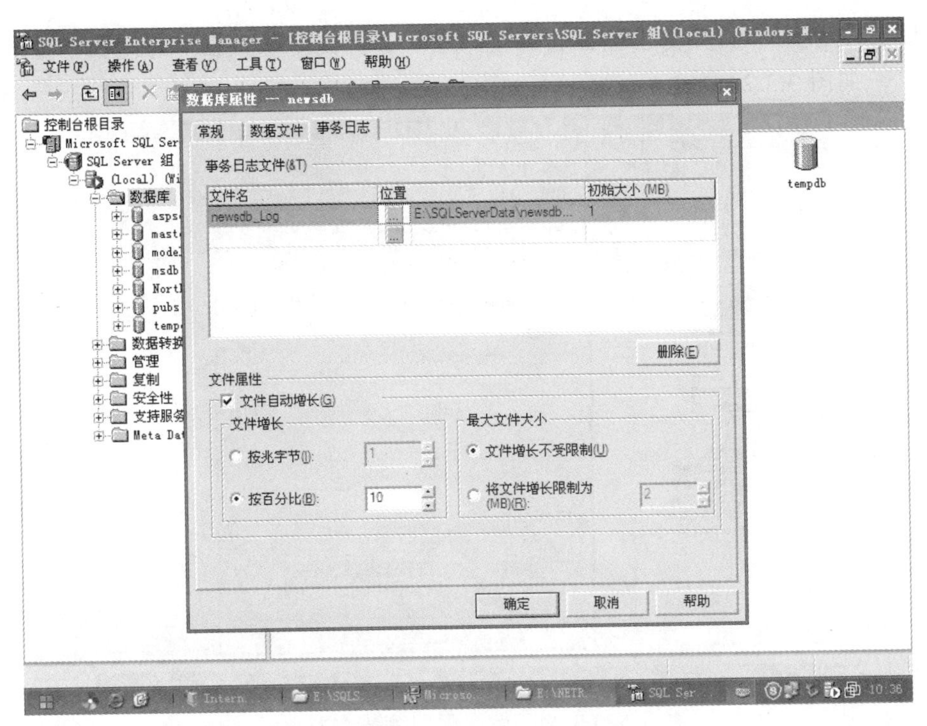

图 3.3.22　事务日志存放路径

（5）创建数据库用户，在菜单中找到“安全性”下的“登录”按钮，点击右键，如图 3.3.23 所示。

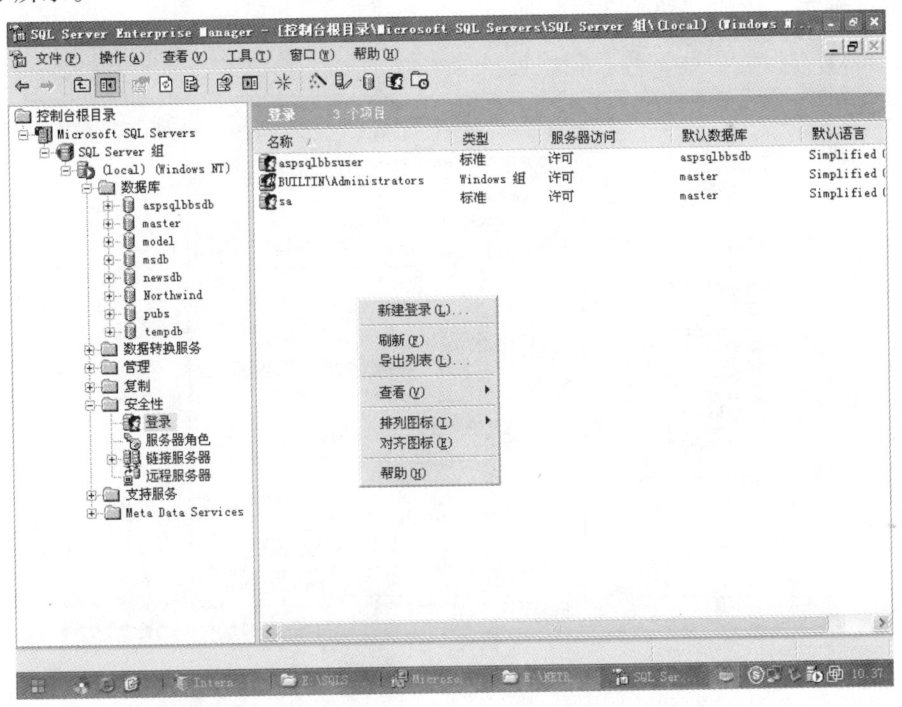

图 3.3.23　新建登录用户

（6）在“新建登录”窗口中的“常规”选项中：录入用户的名称，名称设置为“newsuser”；

身份验证选择 SQL Server 身份验证，并输入密码；指定默认数据库为之前创建的数据库“newsdb”，如图 3.3.24 所示。

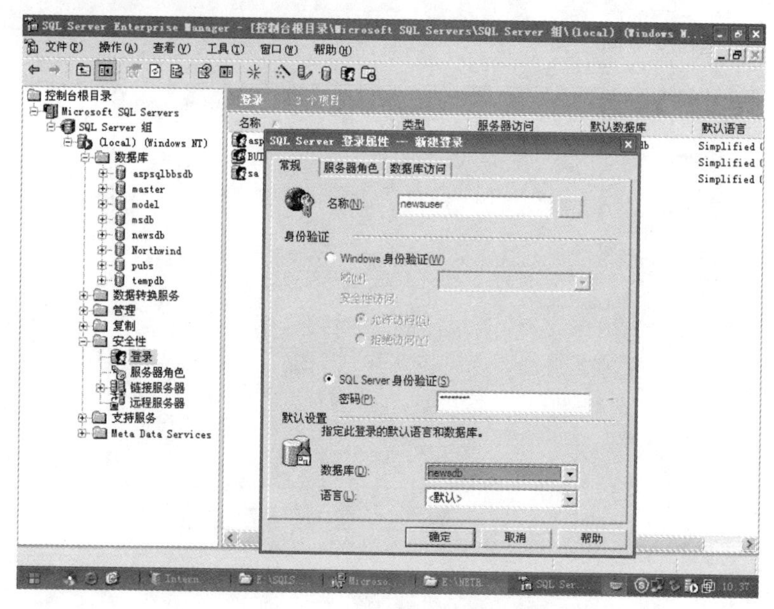

图 3.3.24 定义登录用户名称

（7）在“新建登录”窗口中的“数据库访问”项中：指定用户可以访问的数据库为“newsdb”；指定用户在数据库中的角色，这里将“db_owner”勾选，即数据库的拥有者，然后点击“确定”按钮，如图 3.3.25 所示。

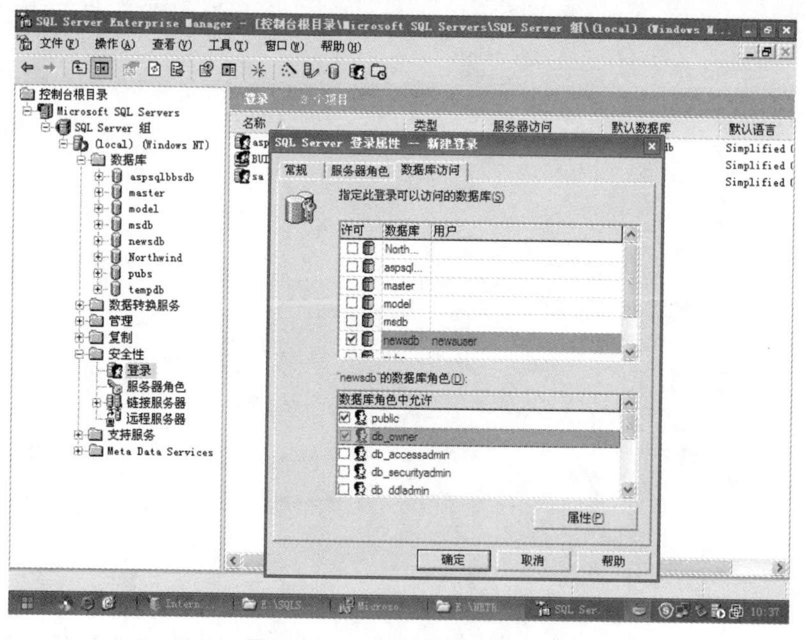

图 3.3.25 选择数据库角色

（8）在点击“确定”按钮以后，系统会提示再次确认密码，录入后点击“确定”按钮，新的数据库用户就创建完成了，如图 3.3.26 所示。

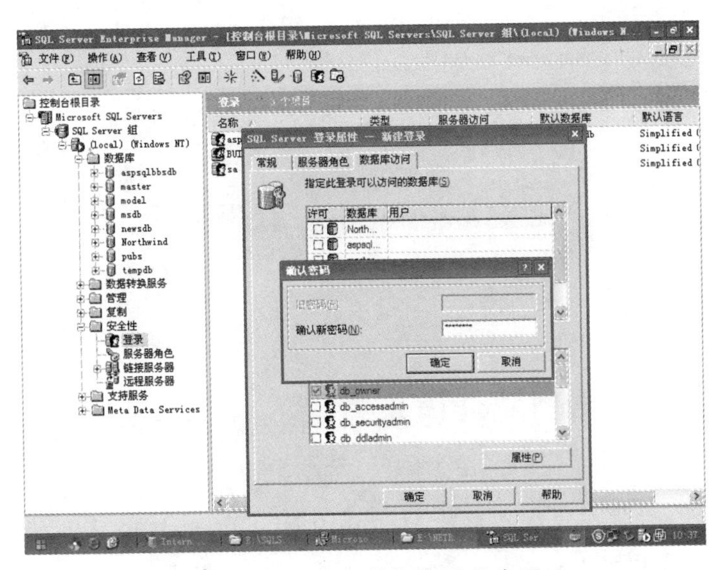

图 3.3.26　确认数据库登录密码

3. 安装 Microsoft .NET Framework 2.0

（1）双击下载的 Microsoft.NET Framework 2.0 安装包，开始安装，如图 3.3.27 所示。

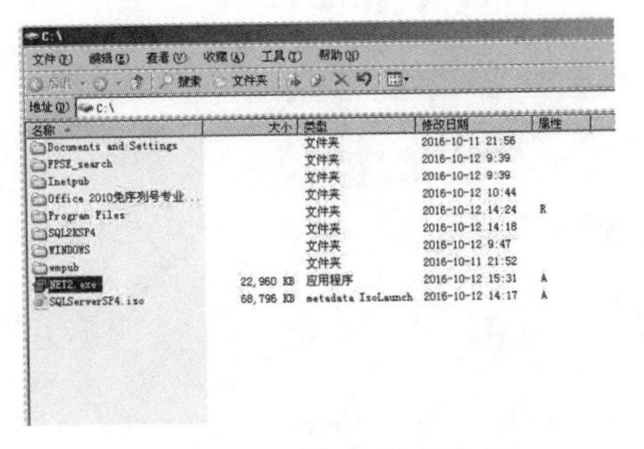

图 3.3.27　选择目录文件

（2）勾选“我接受…”，单击“安装”，如图 3.3.28 所示。

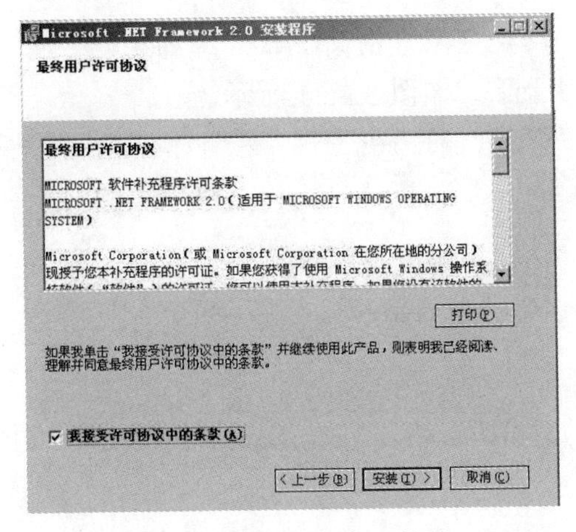

图 3.3.28　同意许可协议

（3）安装过程视系统的性能可能需要几分钟的时间，如图 3.3.29 所示。

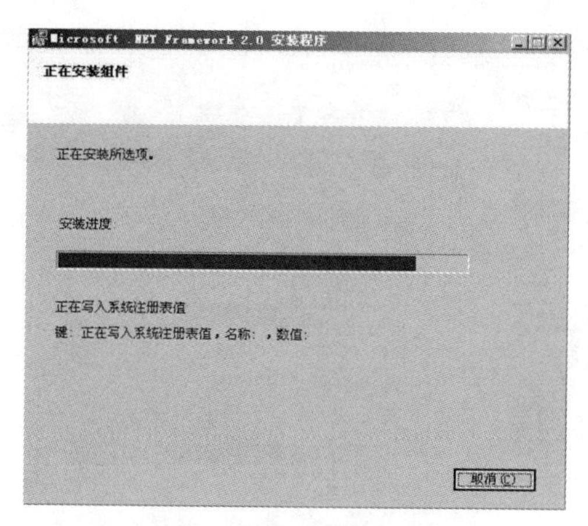

图 3.3.29　安装组件

（4）安装完成，会提示已成功安装 Microsoft.NET Framework 2.0，点击“完成”按钮完成安装，如图 3.3.30 所示。

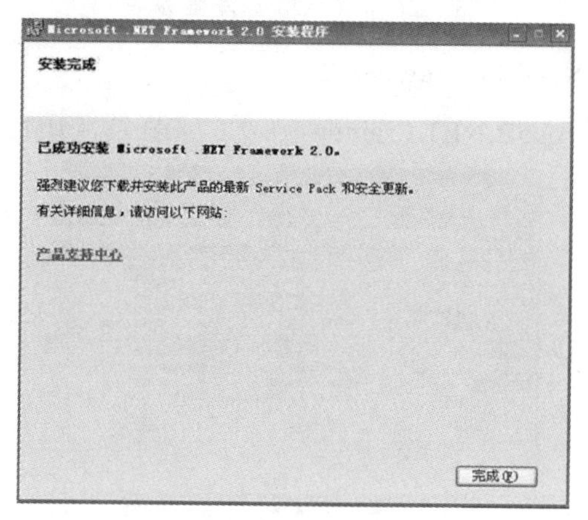

图 3.3.30　安装完成

4. 搭建 ASP.NET+SQL Server 网站

（1）可到源码之家、站长之家等网站下载开源的源码。将下载好的源码文件夹解压到 E：\NETRoot\news 目录下，如图 3.3.31 所示。

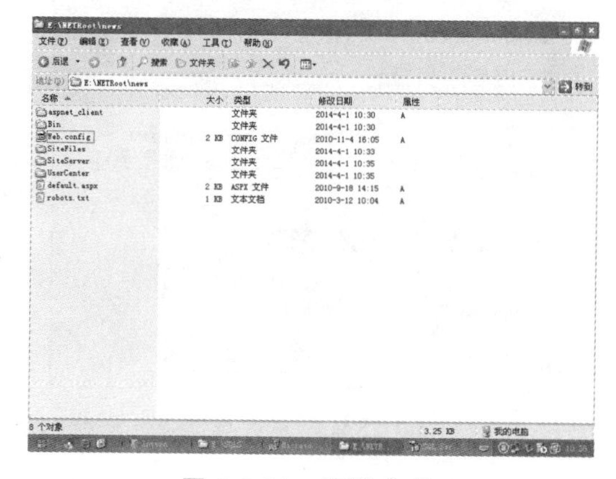

图 3.3.31　源码文件

（2）点击“管理此应用程序服务器”进入应用程序服务器，选择“Web 服务扩展”，选中“ASP.NET v2.0.50727”，现在开始进行一些必要的配置：如对一些选项进行“允许”，如图 3.3.32 所示。

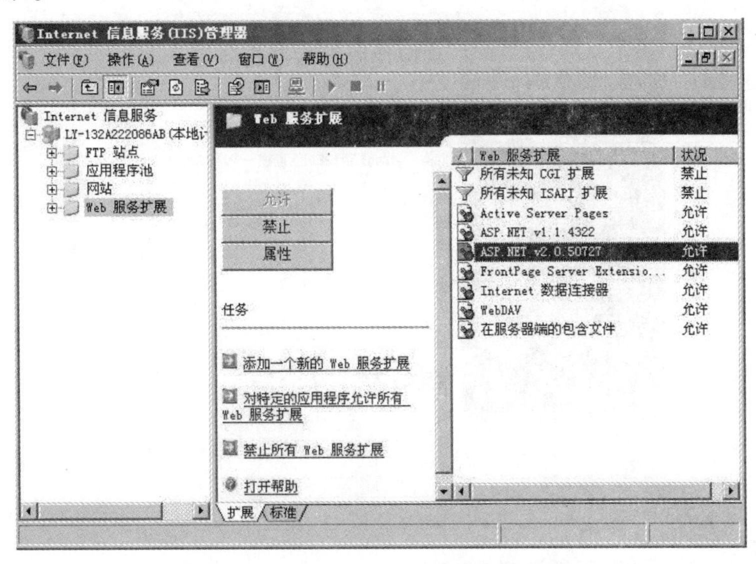

图 3.3.32　修改 Web 服务扩展状况

（3）打开 IIS 管理器，选中“网站”，单击右键，选择“新建”/“网站”，如图 3.3.33 所示。

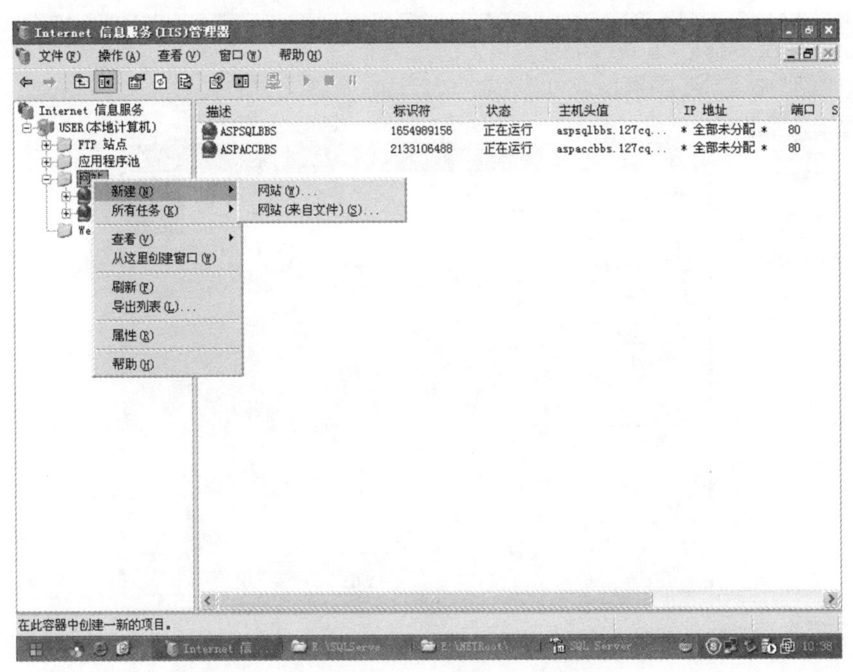

图 3.3.33　新建站点

（4）进入网站创建向导界面，点击“下一步”，如图 3.3.34 所示。

（5）定义网站描述为“NEWS”，如图 3.3.35 所示。

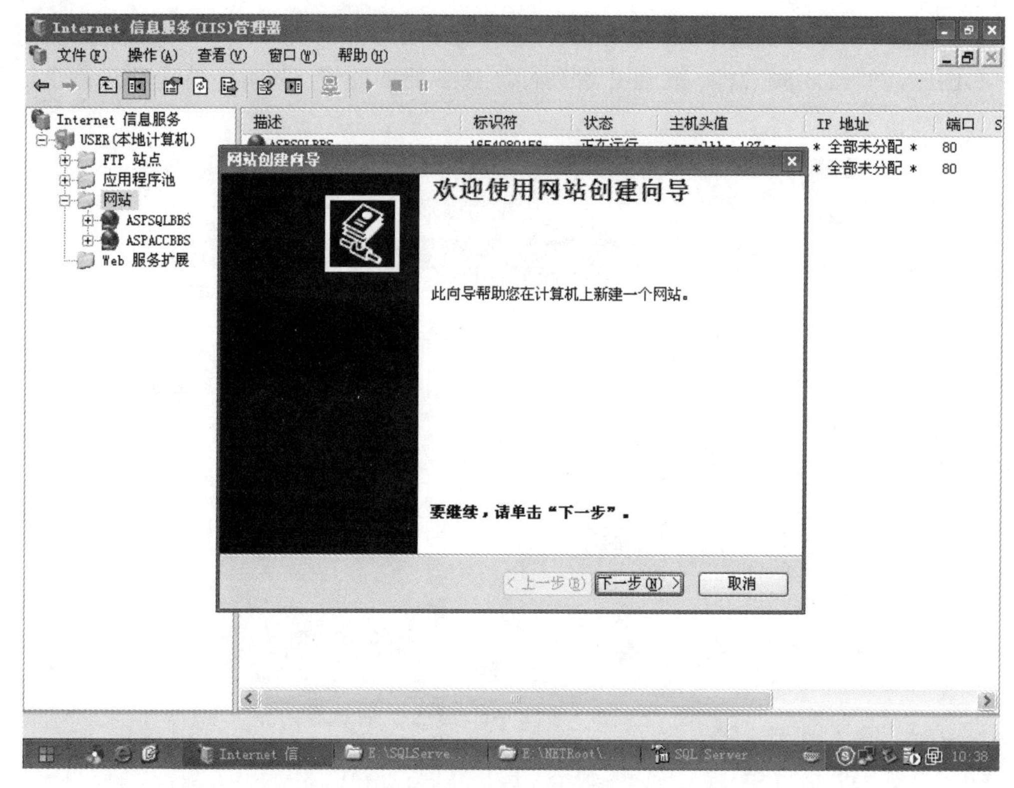

图 3.3.34 网站创建向导

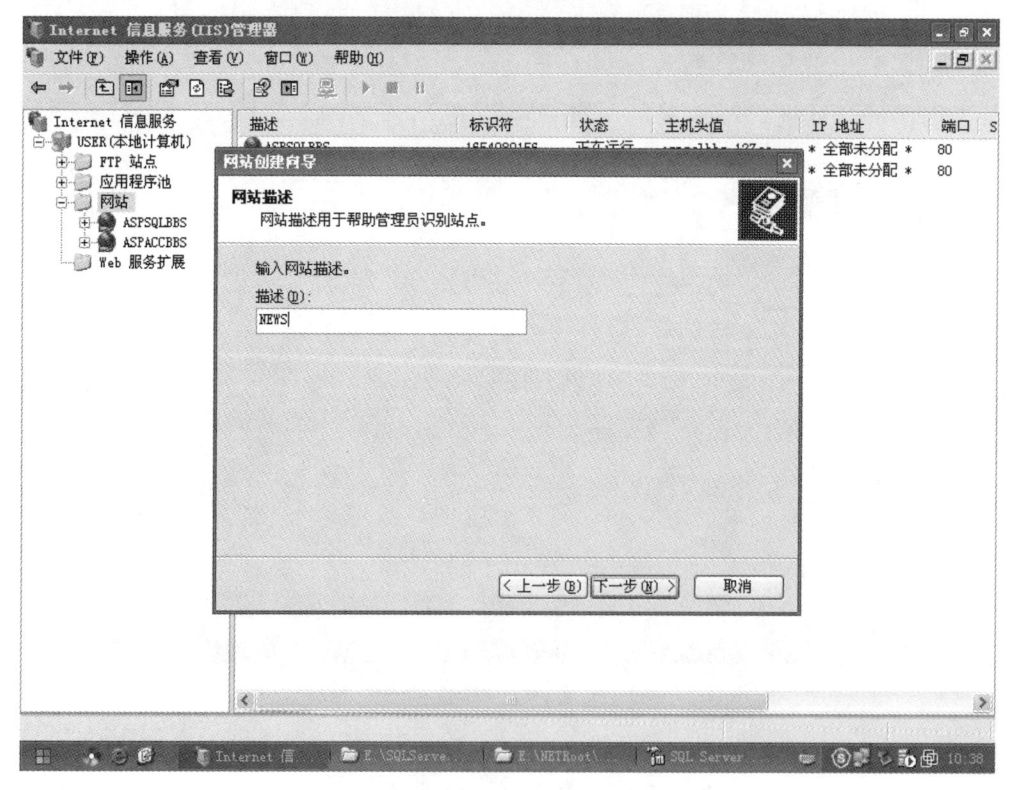

图 3.3.35 站点名称

（6）配置网站 IP 地址为“全部未分配”，端口一般为 80，网站主机头为“news. 127.com”继续，如图 3.3.36 所示。

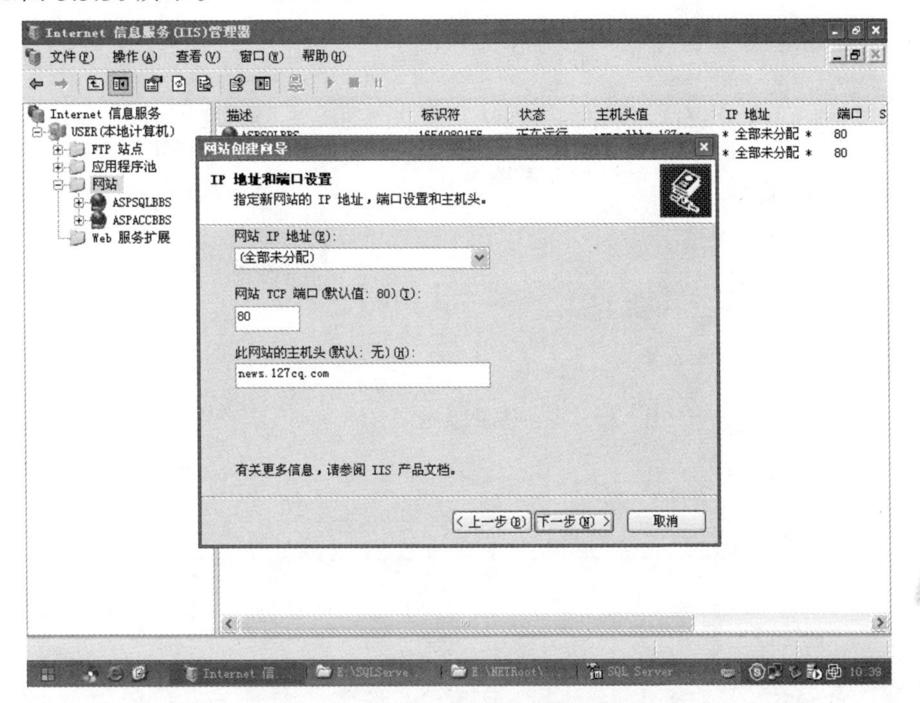

图 3.3.36　网站 IP 地址和端口设置

（7）设置网站文件的路径，通过“浏览”选择“news”，也可以直接输入对应的目录，如图 3.3.37 所示。

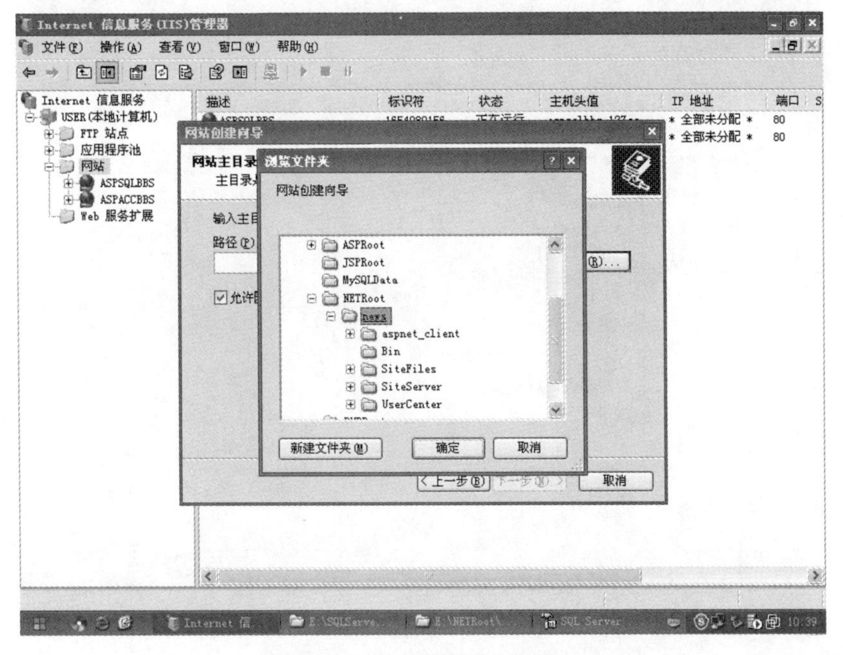

图 3.3.37　浏览站点目录

（8）确定网站路径为“E：\NETRoot\news”，点击“下一步”，如图 3.3.38 所示。

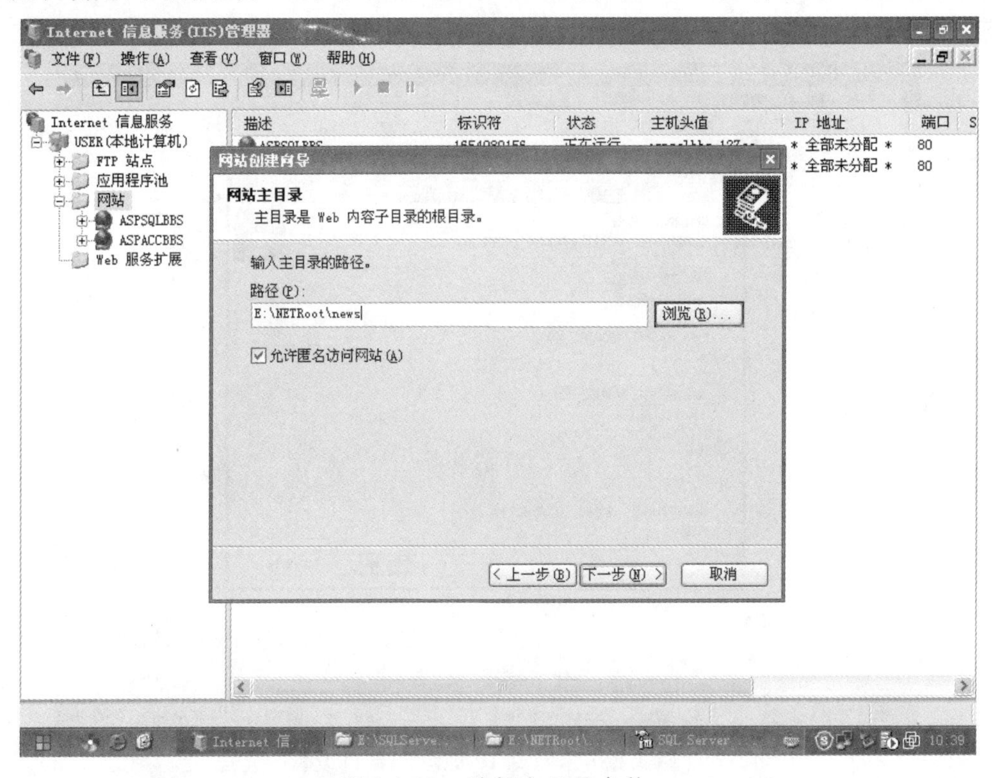

图 3.3.38　选择主目录文件

（9）设置网站访问权限，选择“读取”和“运行脚本（如 ASP）”，如图 3.3.39 所示。

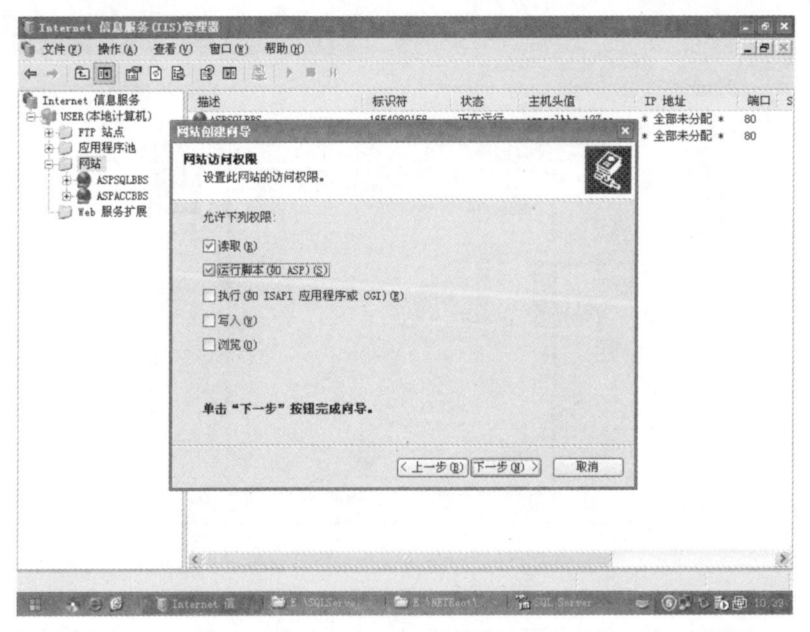

图 3.3.39　网站访问权限

（10）点击“完成”确定网站建立，如图 3.3.40 所示。

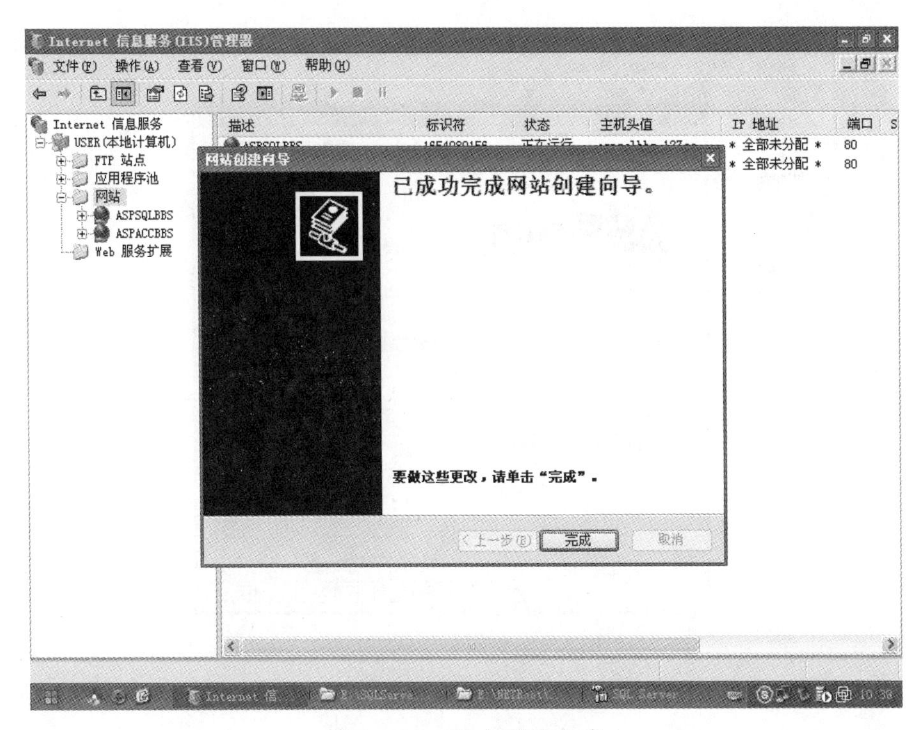

图 3.3.40　站点创建完成

（11）选中网站“NEWS”，单击右键，选择“属性”，如图 3.3.41 所示。

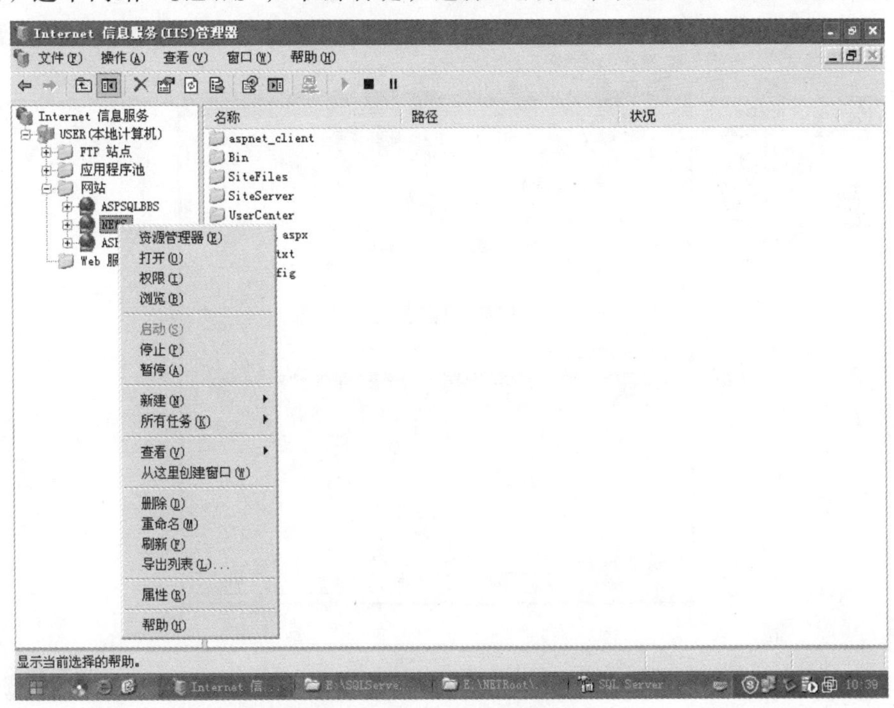

图 3.3.41　修改站点属性

（12）修改 ASP.NET 版本为“2.0.50727”，点击“确定”，如图 3.3.42 所示。

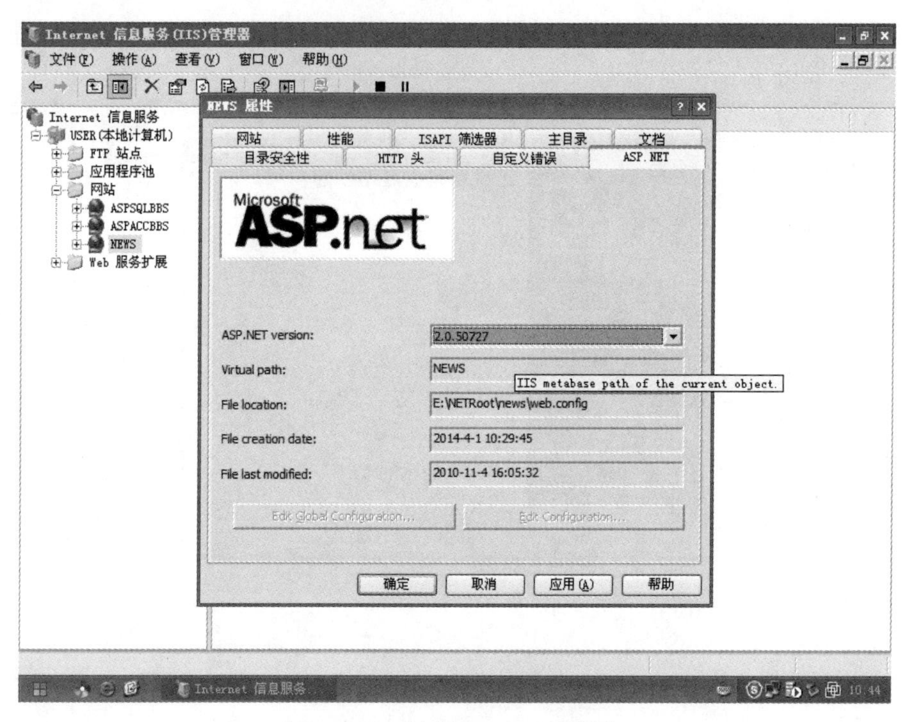

图 3.3.42　选择 ASP.NET 版本

（13）添加文档“index.html”并上移至顶端，如图 3.3.43 所示。

图 3.3.43　添加首页文档

（14）进入“主目录”，点击“配置”，进入“选项”中勾选“启用父路径”，如图 3.3.44 所示。

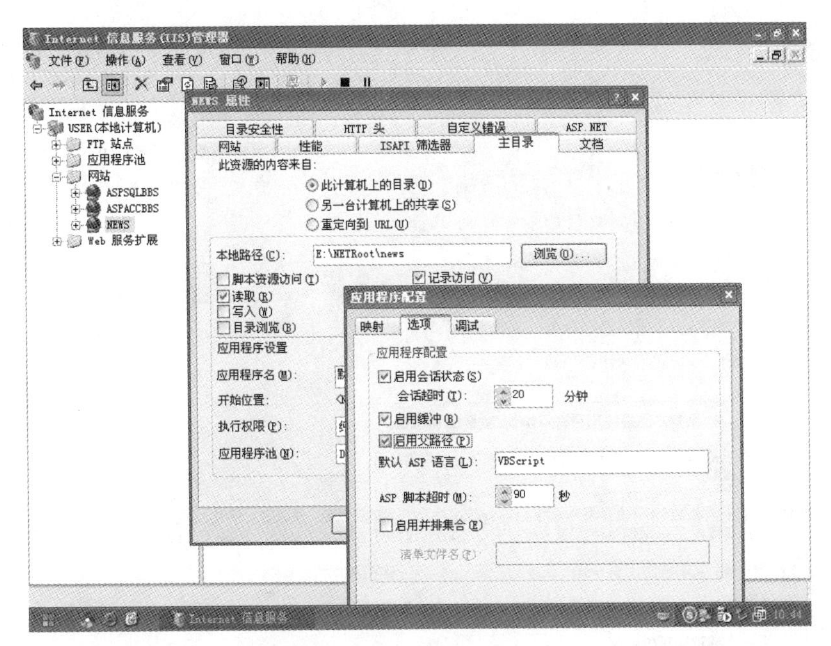

图 3.3.44　修改配置选项

（15）修改网站“NEWS”权限，添加用户组“Internet 来宾账户”，修改、读取和运行、读取选项都勾选，如图 3.3.45 示。

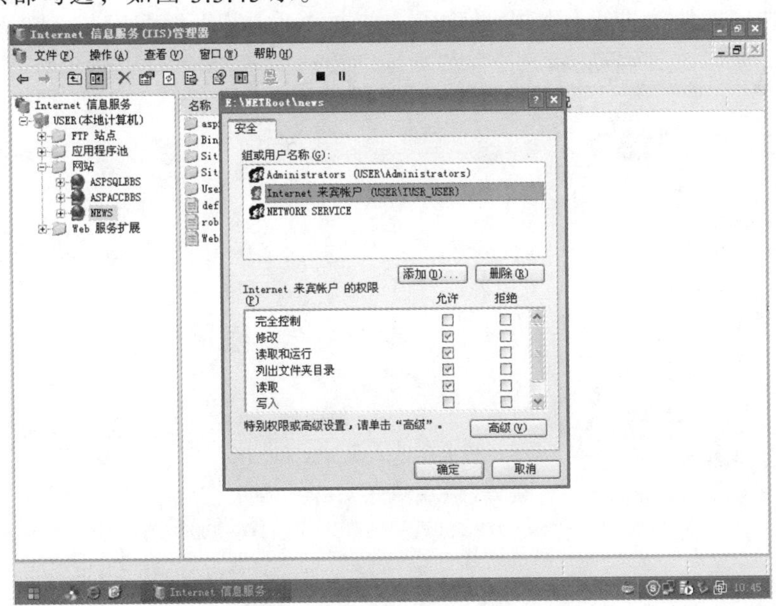

图 3.3.45　修改用户权限

5. 配置 SiteServer CMS 网站内容管理系统

（1）下载 SiteServer CMS 安装包（下载地址：http://cms.siteserver.cn/download.html）。

打开 SiteServer CMS 源文件并解压到前面我们配置的网站目录，在浏览器中输入网站域名，如“http://news.127cq.com/siteserver”进入 SiteServer 产品安装向导，如图 3.3.46 所示。

图 3.3.46 安装 SiteServer

（2）勾选同意协议进入环境检测阶段，点击“下一步”继续安装，如图 3.3.47 所示。

图 3.3.47 安装继续

（3）选择数据库类型为“Microsoft SQL Server”，选择数据库为“newsdb”，点击“下一步”继续，如图 3.3.48 所示。

图 3.3.48　选择数据库

（4）勾选“SiteServer CMS 内容管理系统”，设置管理员用户为 admin 并设置密码，如图 3.3.49 所示。

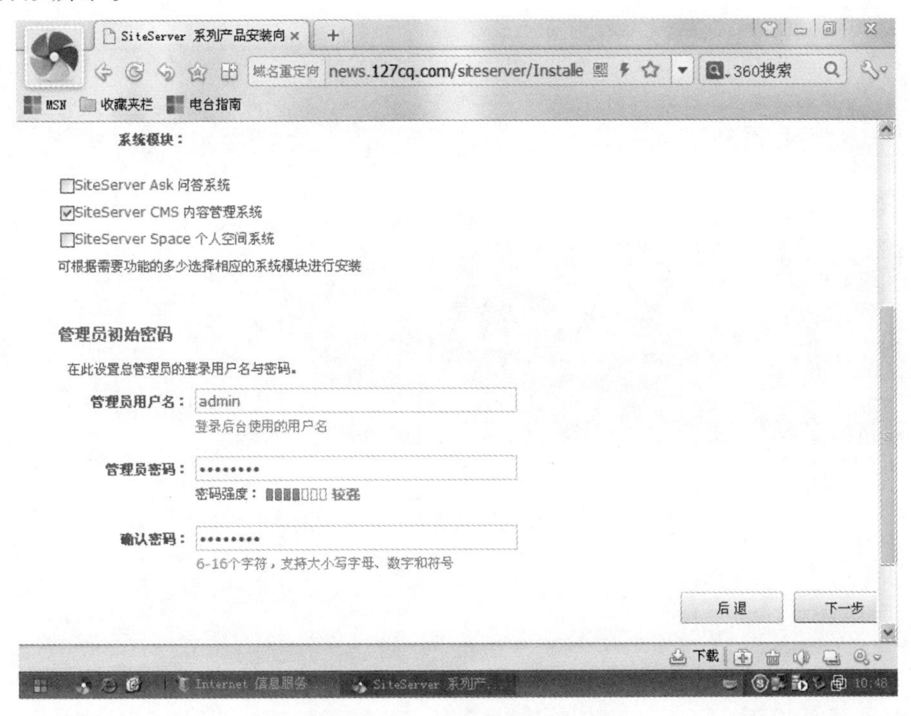

图 3.3.49　设置管理员密码

（5）完成安装，如图 3.3.50 所示。

图 3.3.50　安装完成

（6）点击“进入后台”进入管理员登录界面，输入用户名和密码进行登录。如图 3.3.51 所示。

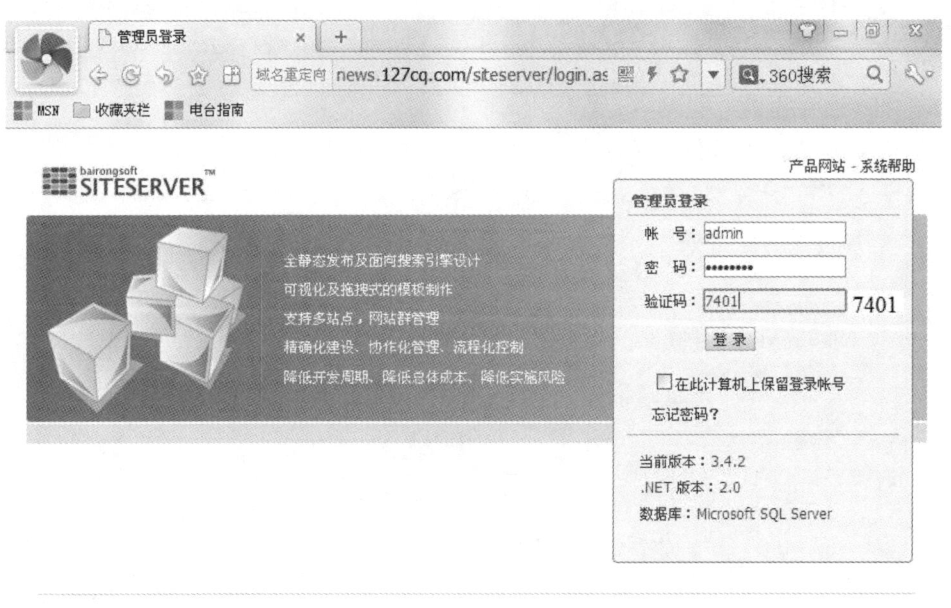

图 3.3.51　管理员登录

（7）选择模板“T-dcgw”，如图 3.3.52 所示。

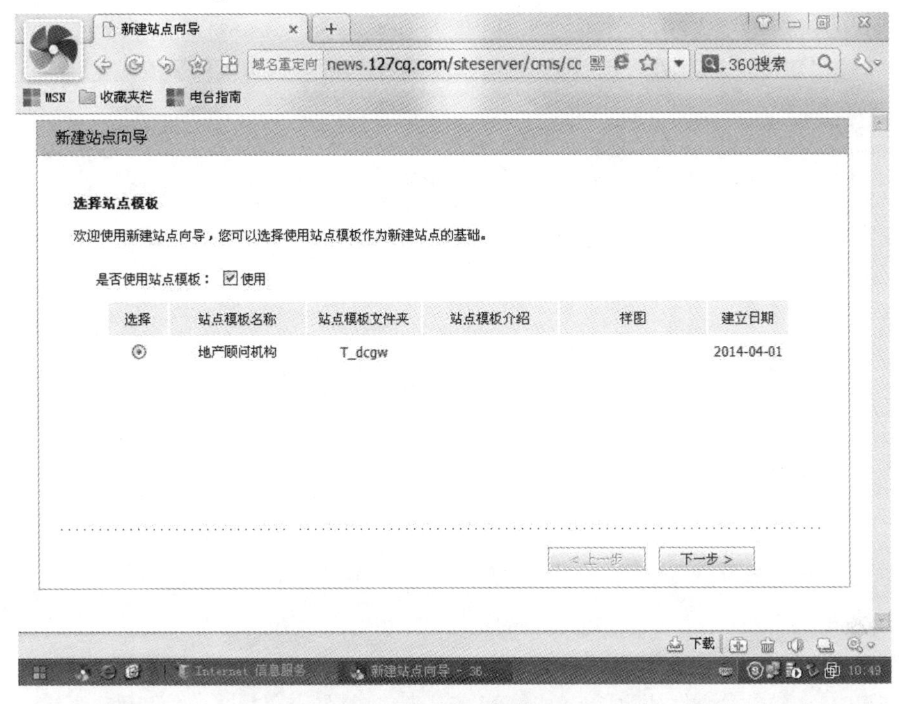

图 3.3.52　选择模板

（8）网上下载模板“T-dzsw”进行解压，如图 3.3.53 所示。

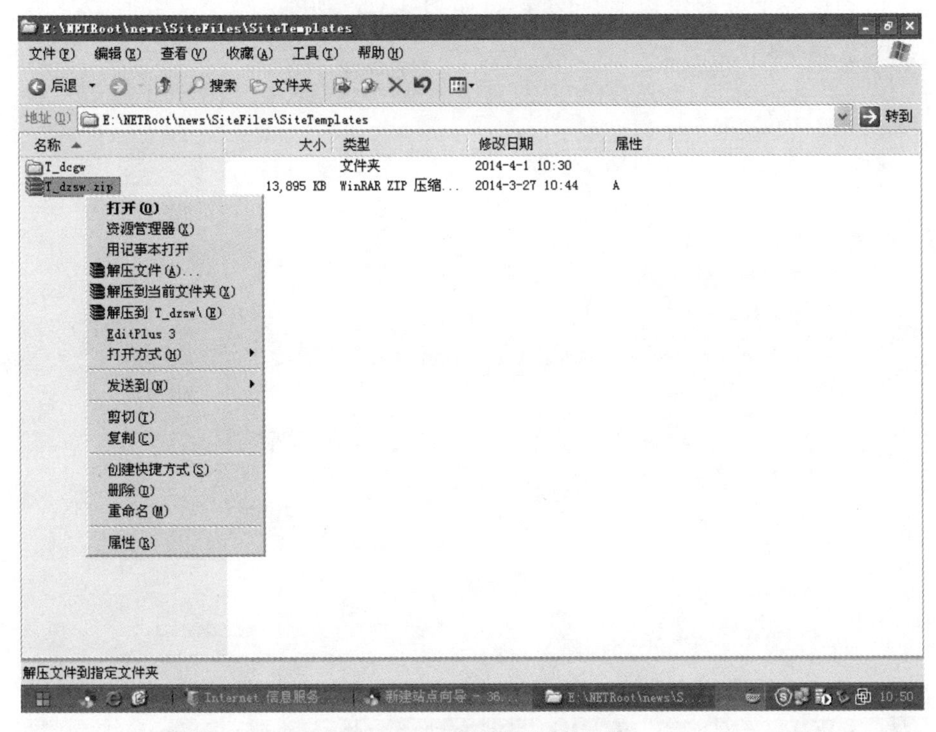

图 3.3.53　解压缩模板文件

（9）解压后的模板“T-dzsw”放在模板目录里面，目录为“E: \NETRoor\news\SiteFiles\SiteTemplates”，如图 3.3.54 所示。

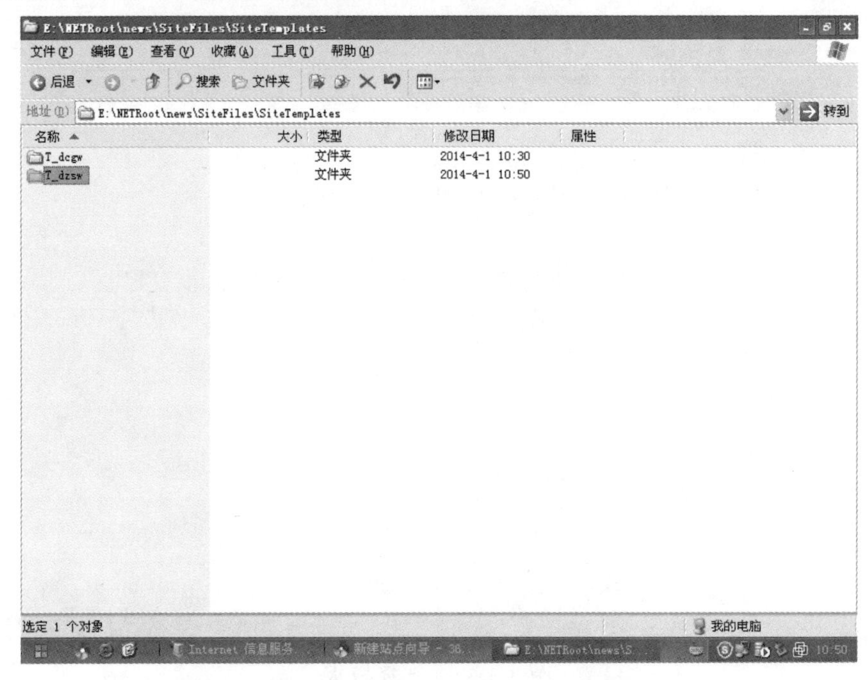

图 3.3.54　添加模板文件 T-dssw

（10）选择已经下载的模板“T-dzsw”，如图 3.3.55 所示。

图 3.3.55　选择模板

（11）修改站点名称为“精品课程网”，如图 3.3.56 所示。

图 3.3.56 加载新模板文件

（12）网站创建成功，如图 3.3.57 所示。

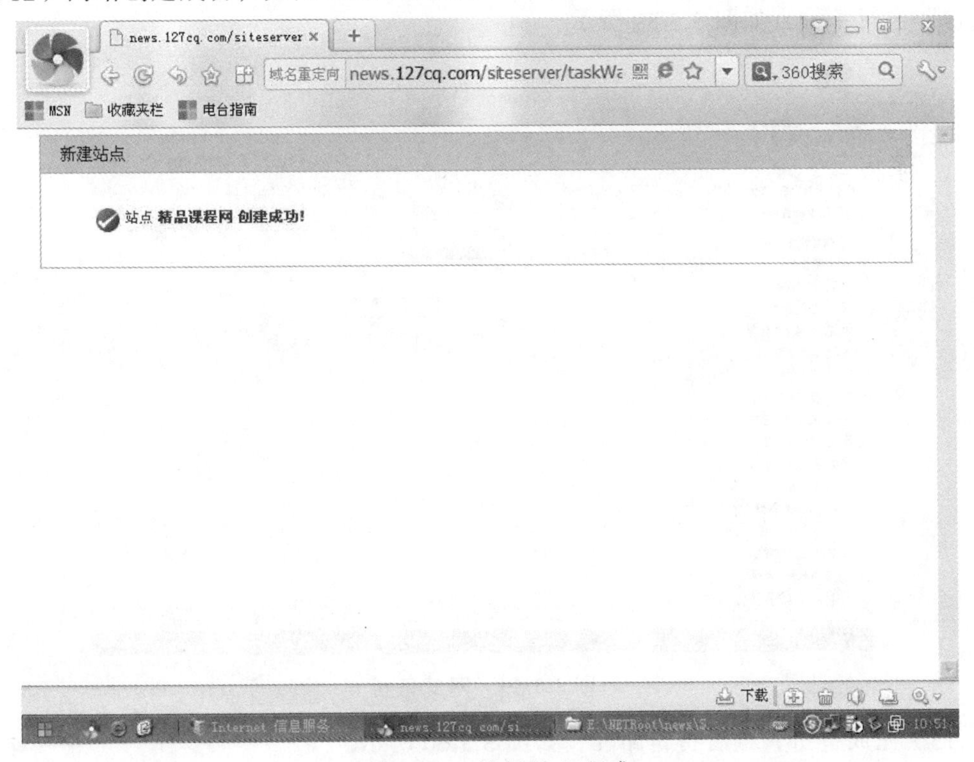

图 3.3.57 模板站点完成

（13）进入网站后台，进行网站内容和栏目管理，如图 3.3.58 所示。

图 3.3.58　管理网站信息

（14）点击左边导航栏，打开“数据备份恢复”，设置备份类型为“整站”，点击“开始备份”进行备份，如图 3.3.59 所示。

图 3.3.59　网站备份

（15）完成备份，查看备份路径，如图 3.3.60 所示。

图 3.3.60　网站备份完成

（16）选择“数据恢复”浏览备份文件路径，点击“开始恢复”，如图 3.3.61 所示。

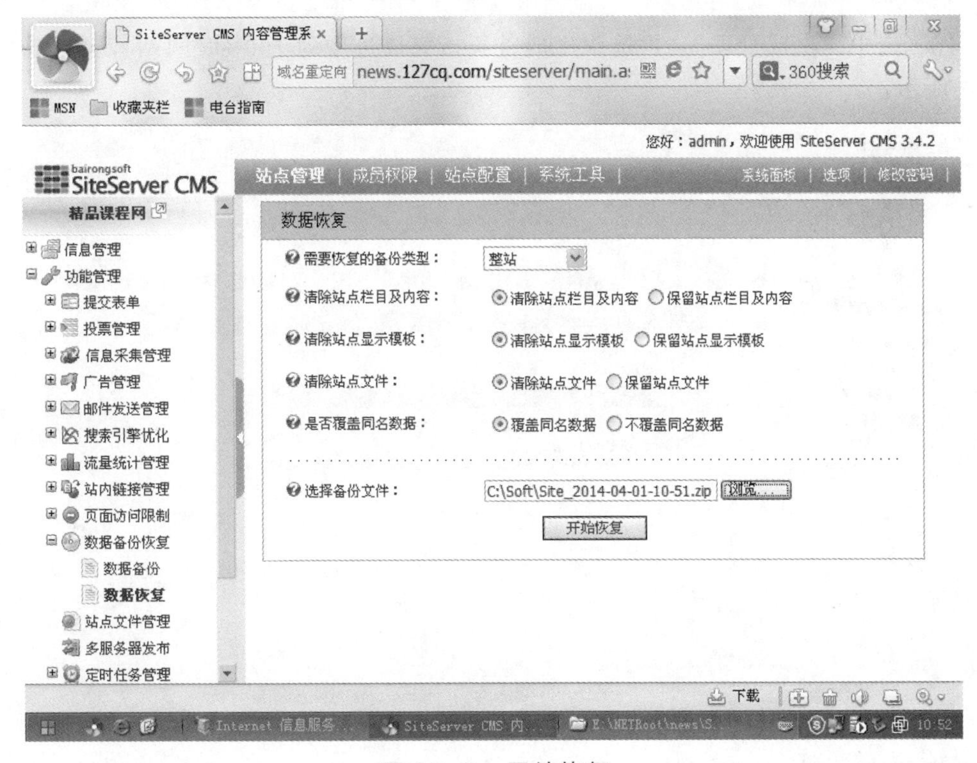

图 3.3.61　网站恢复

（17）恢复数据成功，如图 3.3.62 所示。

图 3.3.62　网站恢复成功

（18）选中“生成管理”，再选中生成首页，完成进度为 100%时网站首页生成，如图 3.3.63 所示。

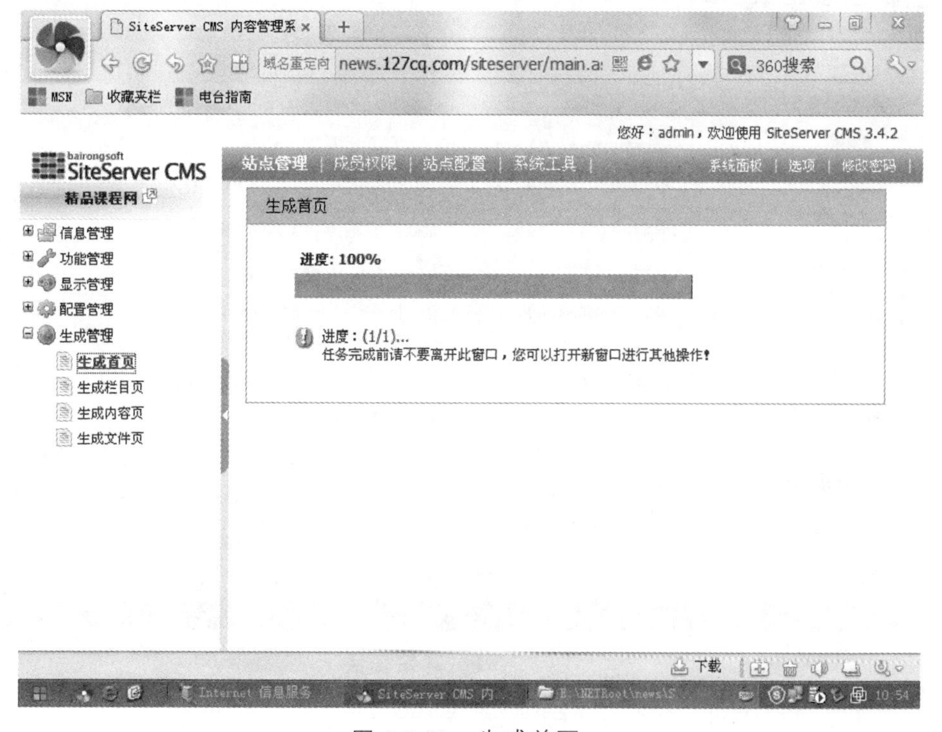

图 3.3.63　生成首页

任务 4　搭建 PHP+MySQL 网站

4.1　任务说明

搭建一个通用的 PHP 调试环境，对初学者需要在 Windows 下环境配置是一件比较困难的事；对熟悉的人来说也是一件烦琐的事。在这里我们选择 phpstudy 2016 这个软件来快速搭建我们的网站。phpstudy 2016 全面适合 Win2000/XP/2003/win7/win8/win2008 操作系统，支持 Apache、IIS、Nginx 和 LightTPD，能满足我们基本功能。

4.2　任务分析

下载 http：//www.phpstudy.net/a.php/208.html，phpStudy 是目前网络上最优秀的一款 php 环境集成包，帮助用户可以更好的配置 php 环境；下载 MySQL 管理工具 Navicat for MySQL。Navicat for MySQL 是一套类似于 phpMyAdmin、Mysql-Front 的 MySQL 数据库管理工具，适用于 MySQL 数据库系统的图形化数据库管理、报告以及监控的等。

4.3　任务实施

1. 安装 phpStudy 2016

双击下载好的 phpStudy 安装程序，弹出“phpStudy 自解压文件”，如图 3.4.1 所示，根据自己的情况安装在哪个目录，我们默认安装到 D 盘，选择“确定”按钮，一段时间后 phpStudy 自解压文件完成，弹出“确认”对话框，点击“是”按钮，开始自动完成安装，如图 3.4.2 所示。

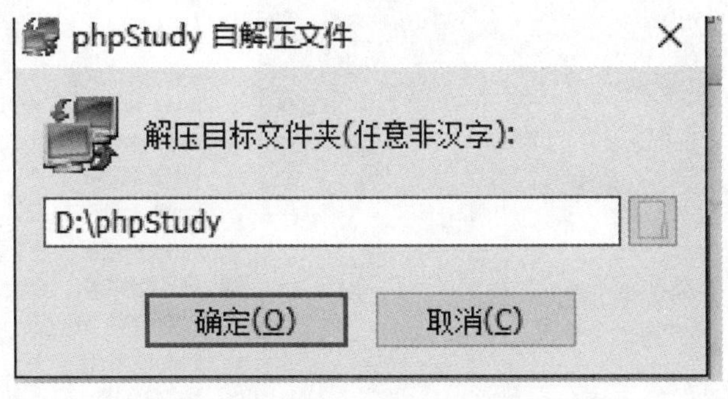

图 3.4.1　自解压文件

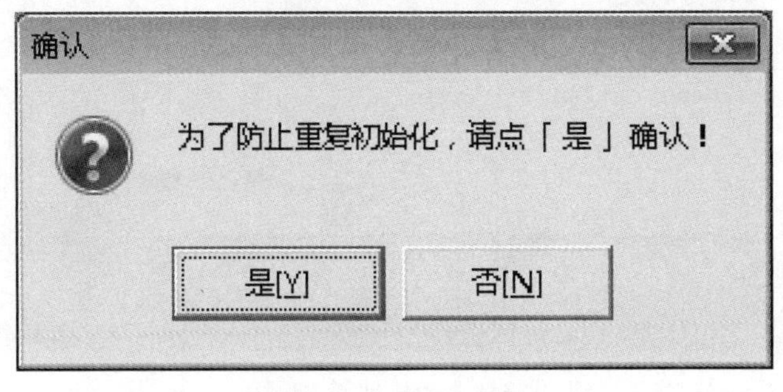

图 3.4.2　确认安装

2. 配置 phpStudy 2016

(1)双击桌面 phpStudy 快捷图标，运行 phpStudy 2016 程序，点击右下角“其他选项菜单”按钮，如图 3.4.3 所示，在弹出菜单中找到“站点域名管理”，如图 3.4.4 所示。

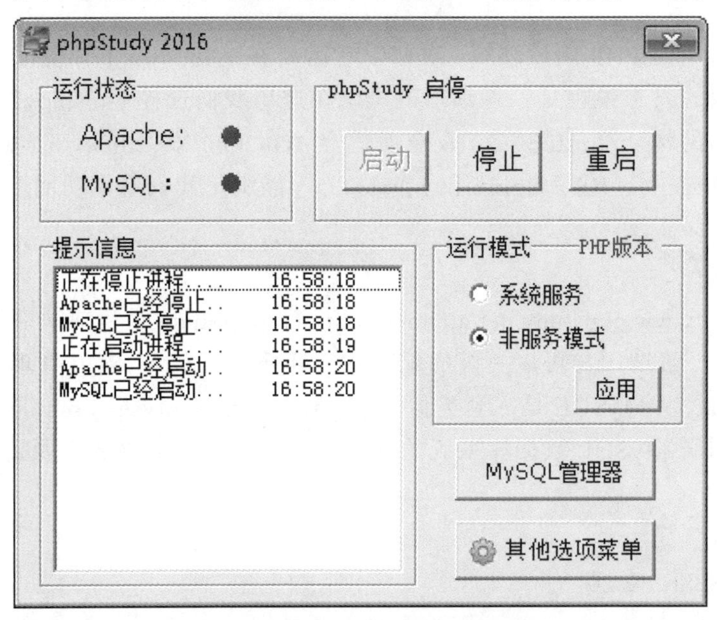

图 3.4.3 phpStudy 2016 程序主界面

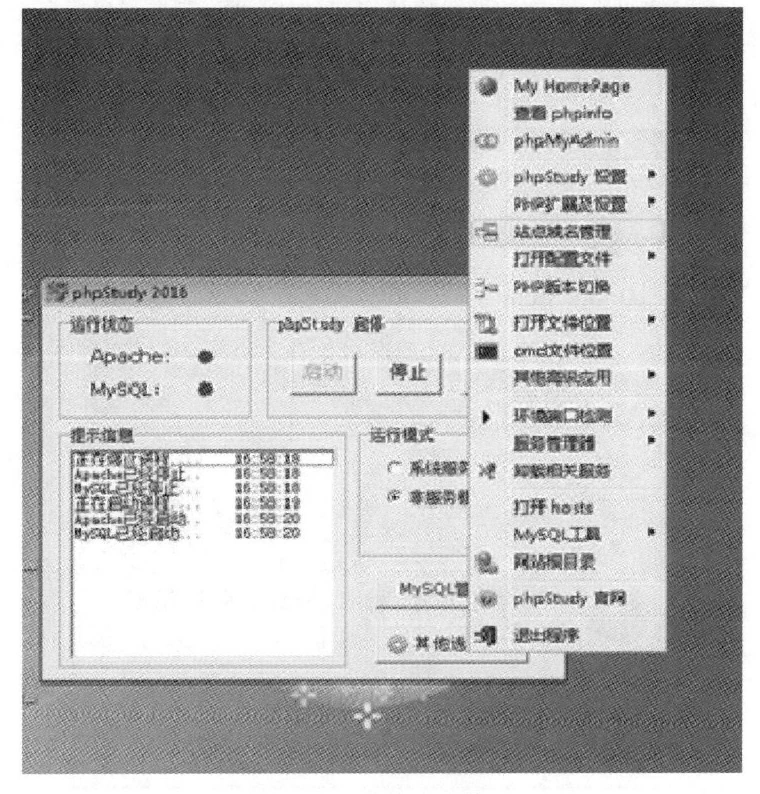

图 3.4.4 其他选项菜单

（2）在弹出“站点域名设置”对话框找到“站点管理”中设置“网站域名”，用户填写自己的域名，我们这里设置成 www.cxp.com，其他用默认设置即可，点击“保存设置并生成配置文件”，如图 3.4.5 所示。

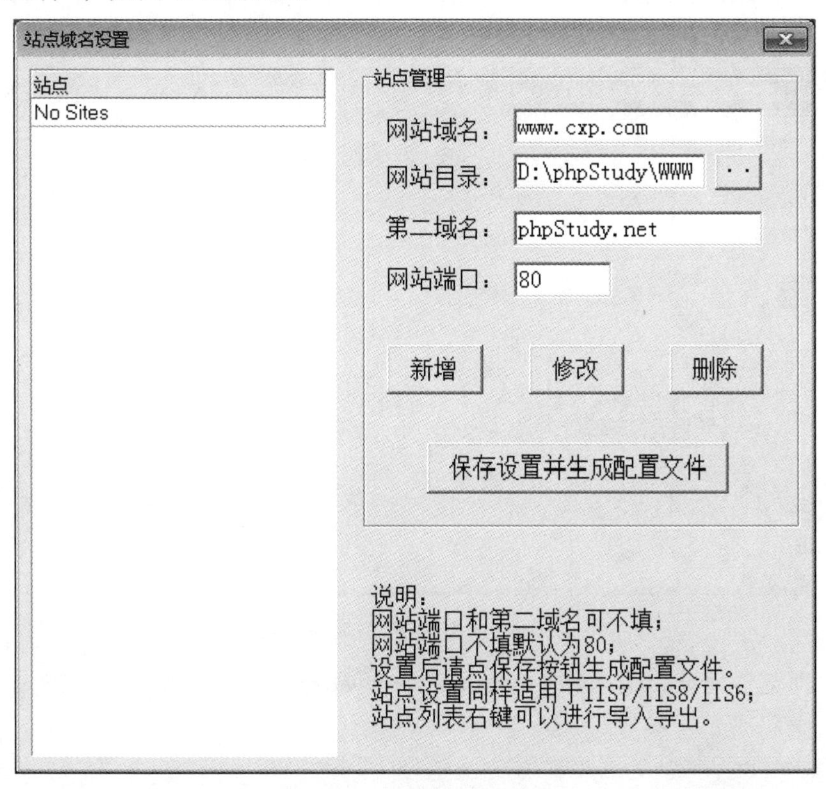

图 3.4.5　站点域名设置

（3）单击“其他选项菜单”按钮，点击“打开 hosts”选项，在记事本文档最后一行另起一行输入“127.0.0.1 www.cxp.com”，如图 3.4.6 所示，保存退出。

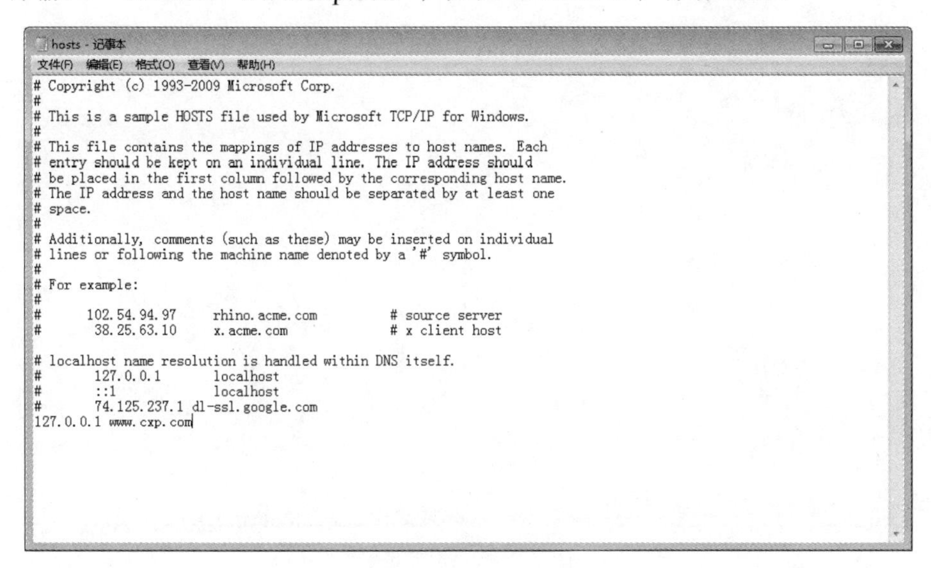

图 3.4.6　设置 hosts

3. 测试 phpStudy 2016

（1）打开默认网站路径“D：\phpStudy\www”文件夹，新建一个文本文档，输入如图 3.4.7 所示内容后保存退出，修改刚新建文本的文件名和后缀名为 index.php，如图 3.4.7 所示。

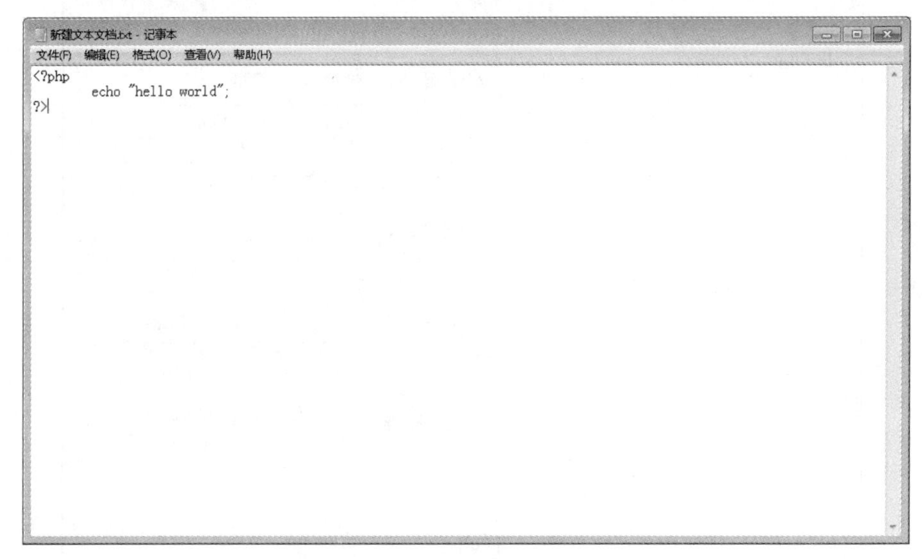

图 3.4.7 添加网页显示内容

（2）在浏览器地址栏输入网址“http：//www.cxp.com”打开网站，测试成功，如图 3.4.8 所示。

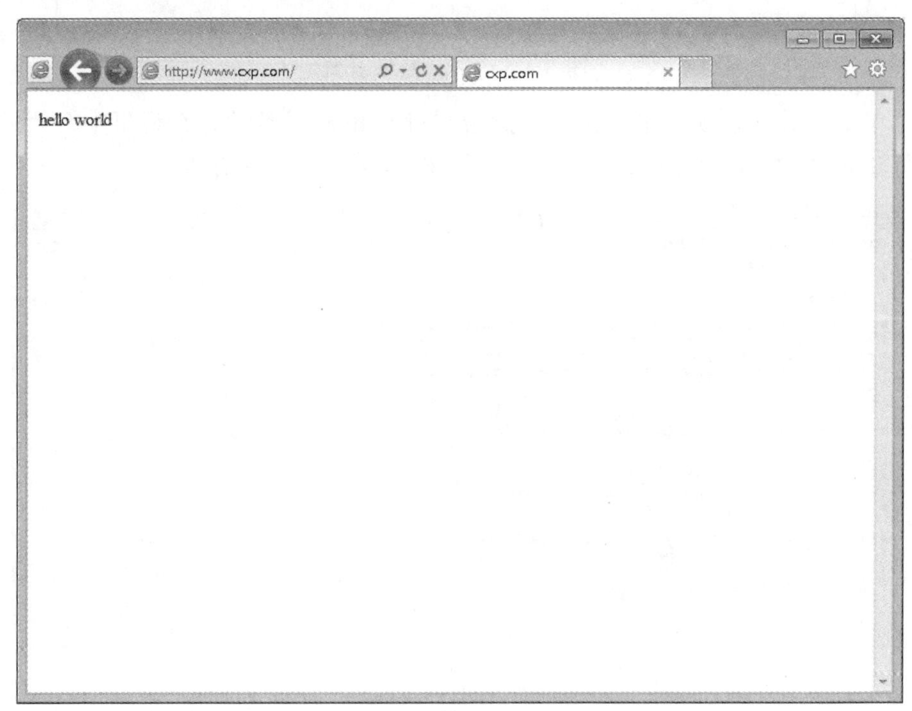

图 3.4.8 测试效果

4. 安装 MySQL 管理工具

（1）首先打开解压压缩包，运行 Navicat for MySQL 主安装程序，按“下一步”按钮开始安装程序，如图 3.4.9 所示。

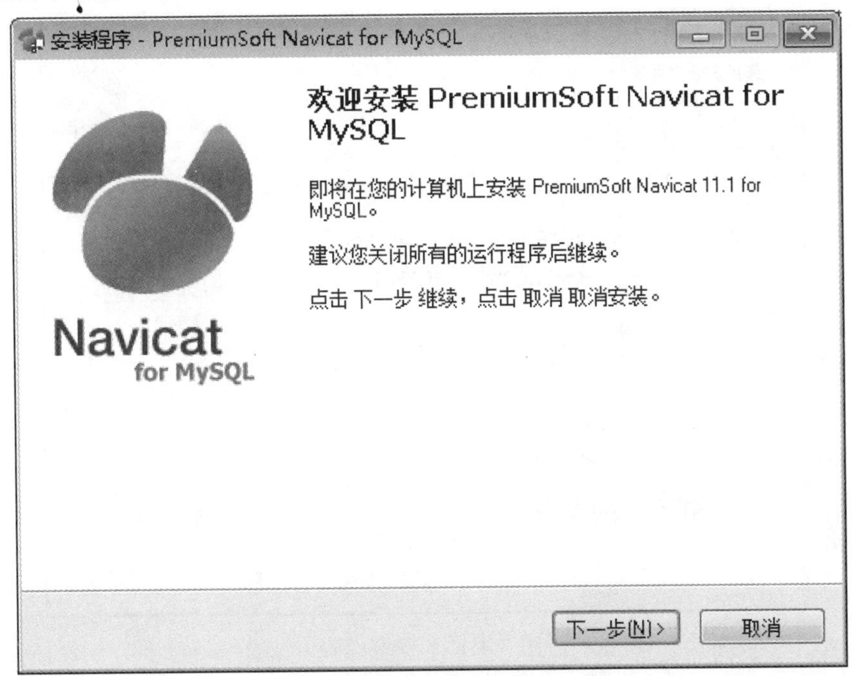

图 3.4.9　欢迎向导

（2）进入如图 3.4.10 所示界面，点击“我同意”后，按“下一步”。

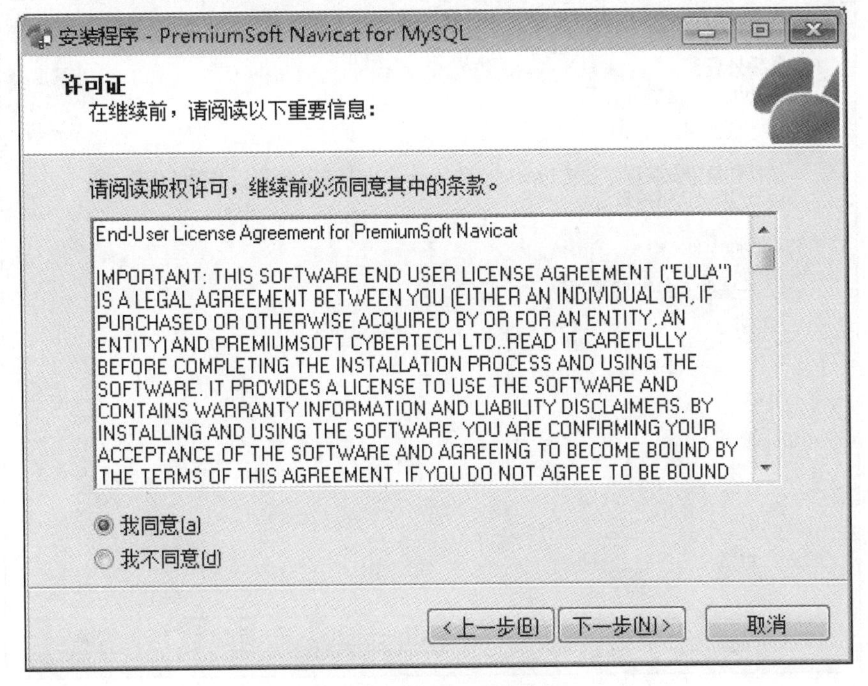

图 3.4.10　许可证选择

（3）进入如图 3.4.11 所示界面，点击选择应用程序安装位置，可以默认选择，点击“下一步”进入选择安装程序将要创建快捷方式的位置，在这里我们选择默认路径，选择“下一步”。

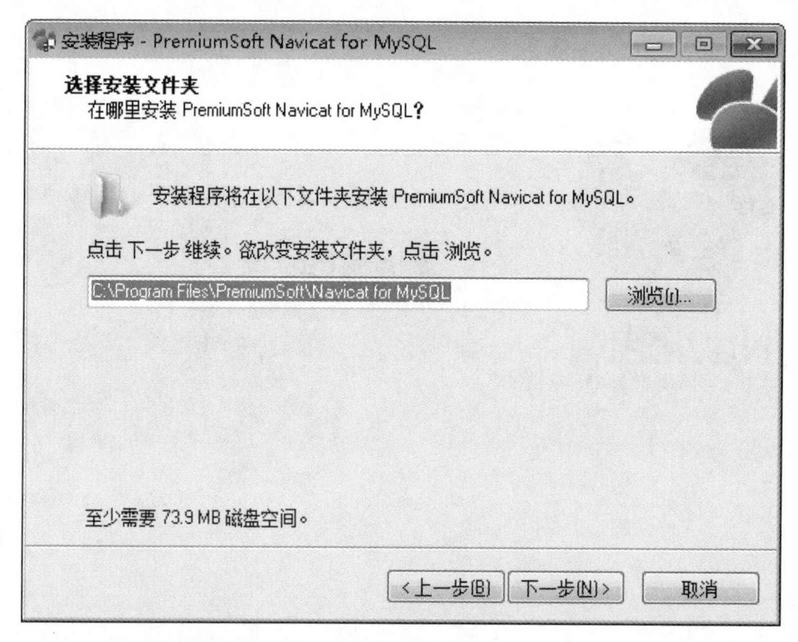

图 3.4.11　安装路径

（4）选择好安装位置后进入如图 3.4.12 所示界面，点击“下一步”，再点击“安装”直至安装完成，如图 3.4.13 所示。

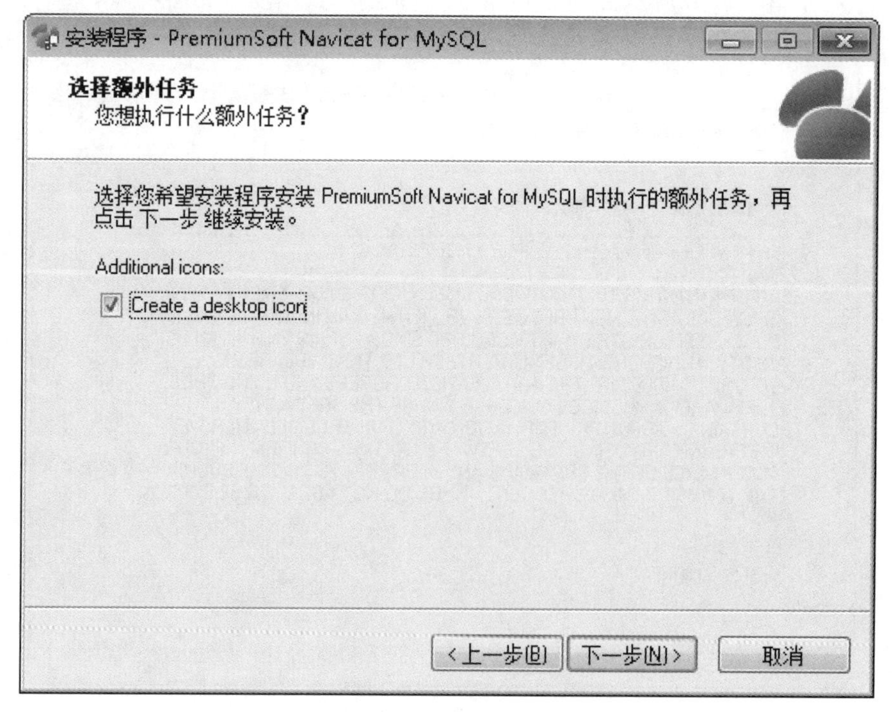

图 3.4.12　选择额外任务

图 3.4.13　安装完成

5. 配置 Navicat for MySQL 管理工具

（1）打开 Navicat for MySQL 程序，弹出管理界面，如图 3.4.14 所示。

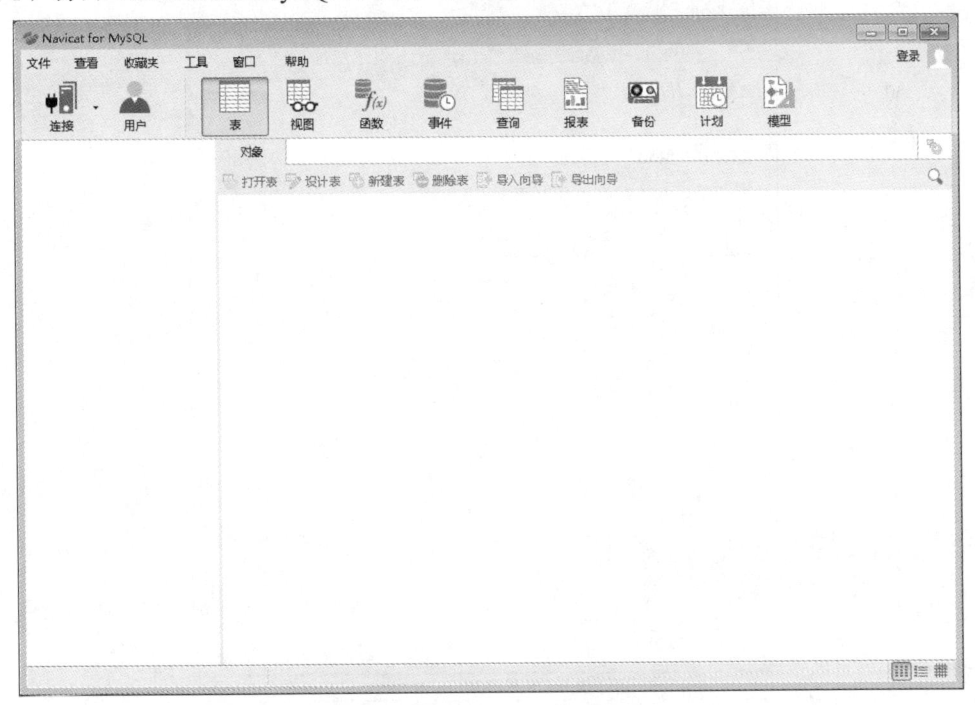

图 3.4.14　Navicat for MySQL 主界面

（2）在左上角单击“连接”按钮，在下拉菜单选择 MySQL，如图 3.4.15 所示。

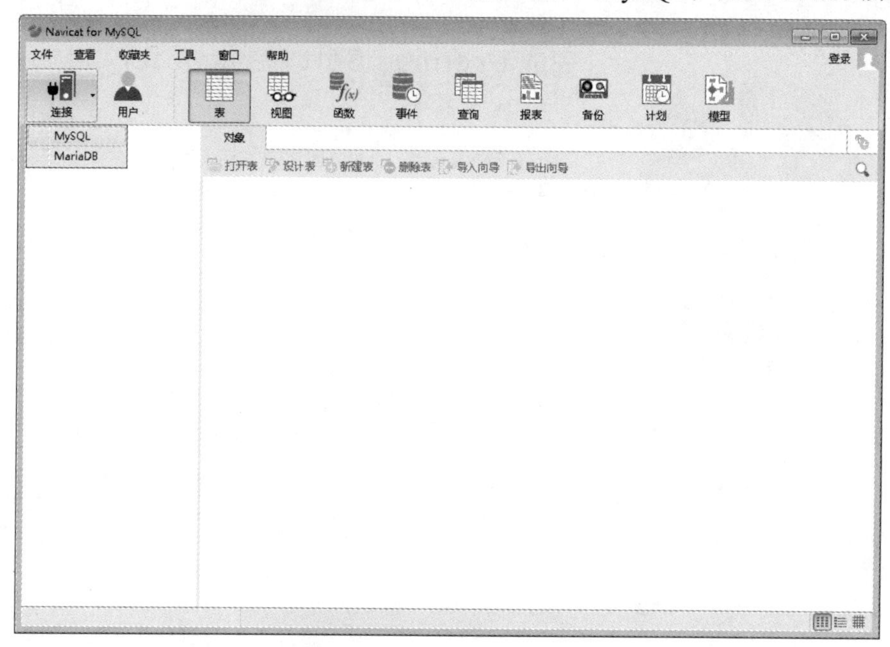

图 3.4.15　选择 MySQL

（3）我们安装的 MySQL 数据库默认用户名：root，密码：root，也可以重新设置密码。输入用户名和密码，点击如图 3.4.16 所示“测试连接”看是否弹出“连接成功”，再单击“确定”按钮完成配置，如图 3.4.17 所示。

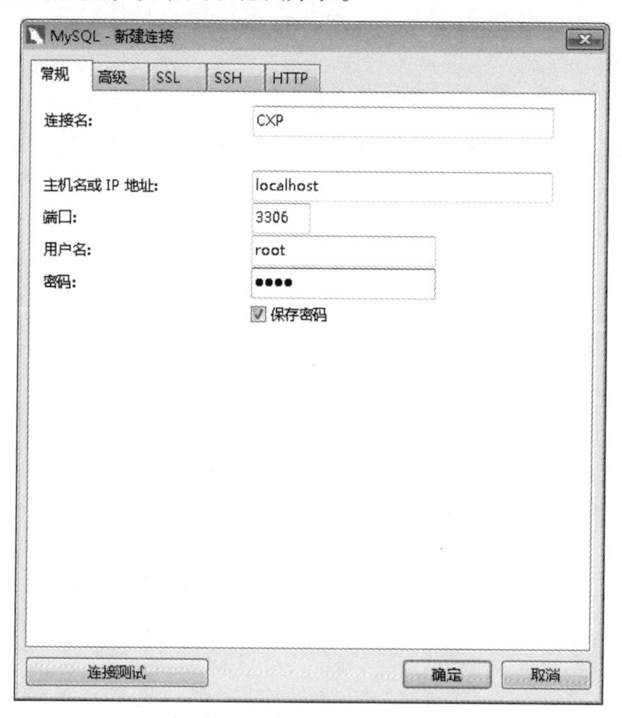

图 3.4.16　MySQL 新建连接

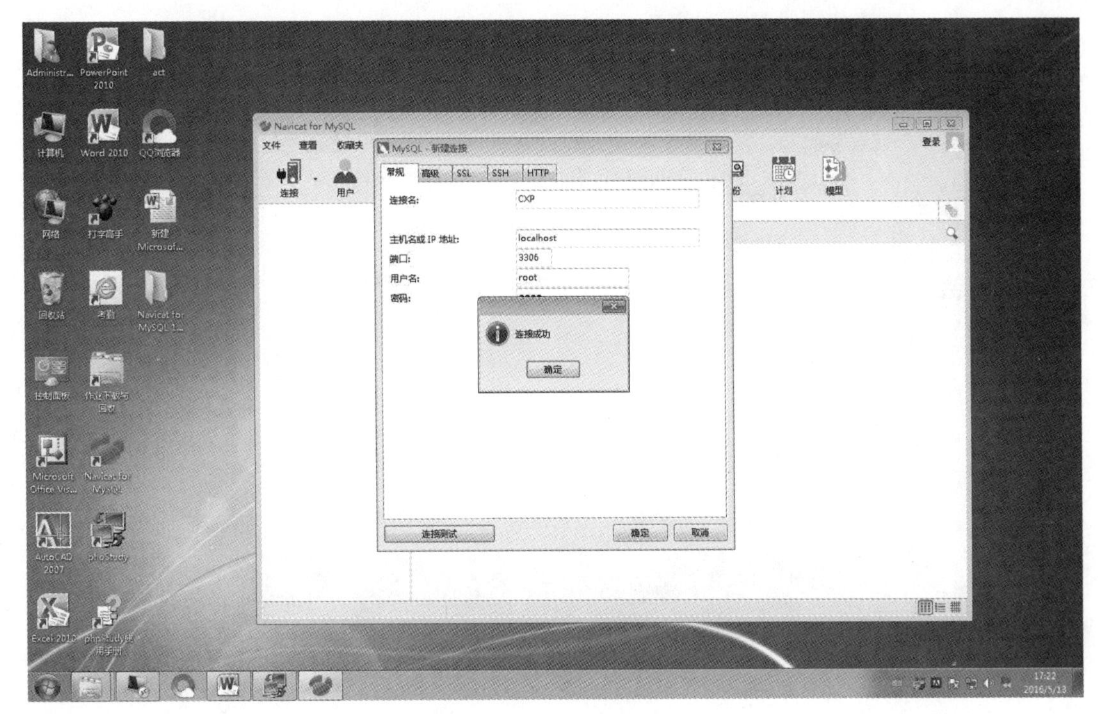

图 3.4.17　测试成功

任务 5　搭建 JSP+MySQL 网站

5.1　任务说明

某单位的网站是采用 JSP+MySQL 技术开发。现要求将该网站架设到公司 Windows 2003 Server 服务器上，并通过域名 jsp.127cq.com 访问。

5.2　任务分析

搭建 JSP+MySQL 网站首先准备安装几个软件，如 JDK、Tomcat、JEECMS。本节首先对 Tomcat 服务器做一个简单介绍，然后搭建 Tomcat 的运行环境 JDK，接着搭建 Tomcat 服务器，最后结合 MySQL 数据库将基于 MySQL 数据库的 JSP 页面部署到 Tomcat 服务器上，其实原理跟在 Windows 上部署是一样的，都是把 JSP 的页面内容放到 Tomcat 服务器的 webapps 目录下，然后把 JSP 源码的数据库文件放到 mysql 服务器以存放数据库的目录中。

5.3　任务实施

1. 安装软件 JDK

（1）jdk 既是 Java 程序的编译环境，也是运行环境。JSP 程序也是 Java 程序，安装它才能正常使用后面的其他所有软件。运行安装程序，点击“下一步”按钮，如图 3.5.1 所示。

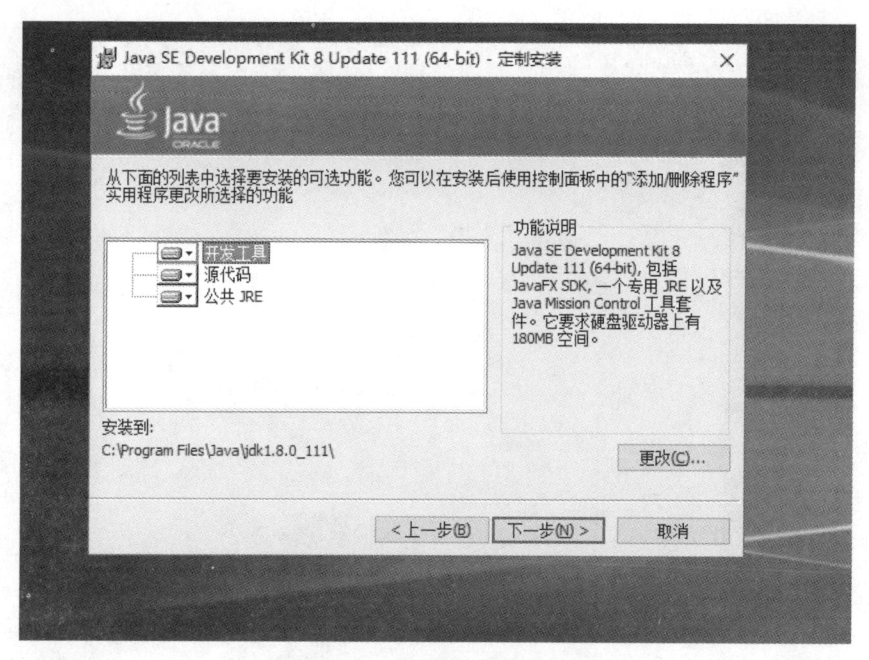

图 3.5.1　选择安装的功能

（2）默认情况下 jdk 被安装在系统的“C：\Program files\Java”目录下，用户也可以将 jdk 安装在其他盘符下，如 D 盘，在重装操作系统后，只要 D 盘没有被格式化，jdk 可以不用再安装，只要按照后面的介绍步骤配置一下系统的 path 和 classpath 变量即可。这里选择默认安装，如图 3.5.2 所示。

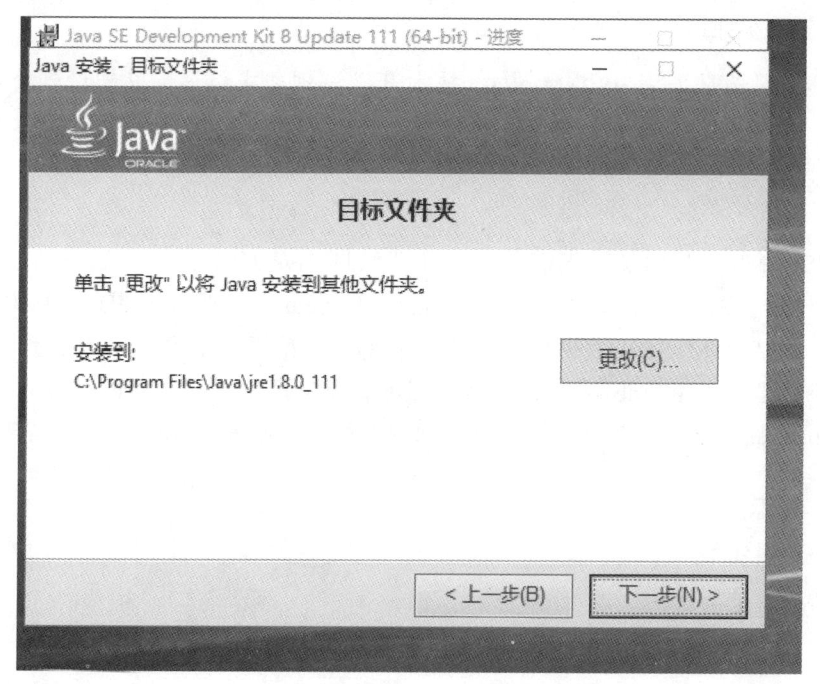

图 3.5.2　自定义 jdk 的安装路径

（3）用鼠标左键双击 JDK 安装包，会出现如图 3.5.3 所示的安装界面。

图 3.5.3　安装 Java

（4）点击“下一步”会出现安装完成的提示。当然这步需要注意的是，360 安全卫士可能会提示木马防火墙，大家要选择“允许程序的所有操作”，否则可能会造成 JDK 安装不完整，如图 3.5.4 所示。

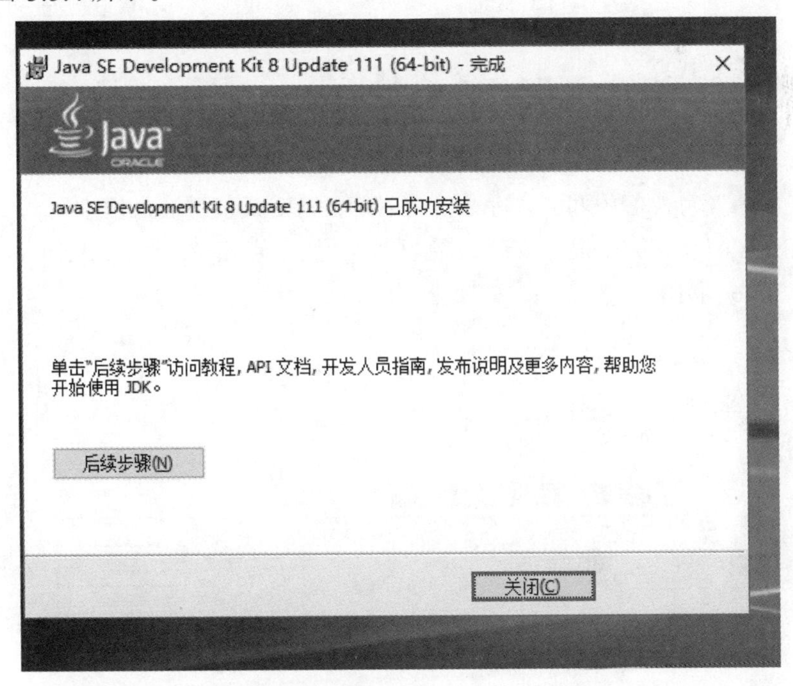

图 3.5.4　完成安装

2. JDK 环境变量配置

完成了第一步，只是把 JDK 环境安装完成了。这时还要通过一系列的环境变量配置才能使用 JDK 环境进行 JAVA 开发。配置环境变量包括 java_home、path 和 classpath 三个部分。

（1）用鼠标右击“我的电脑”，选择“属性”/“高级”/“环境变量”/“系统变量”/“新建”，如图 3.5.5 所示。

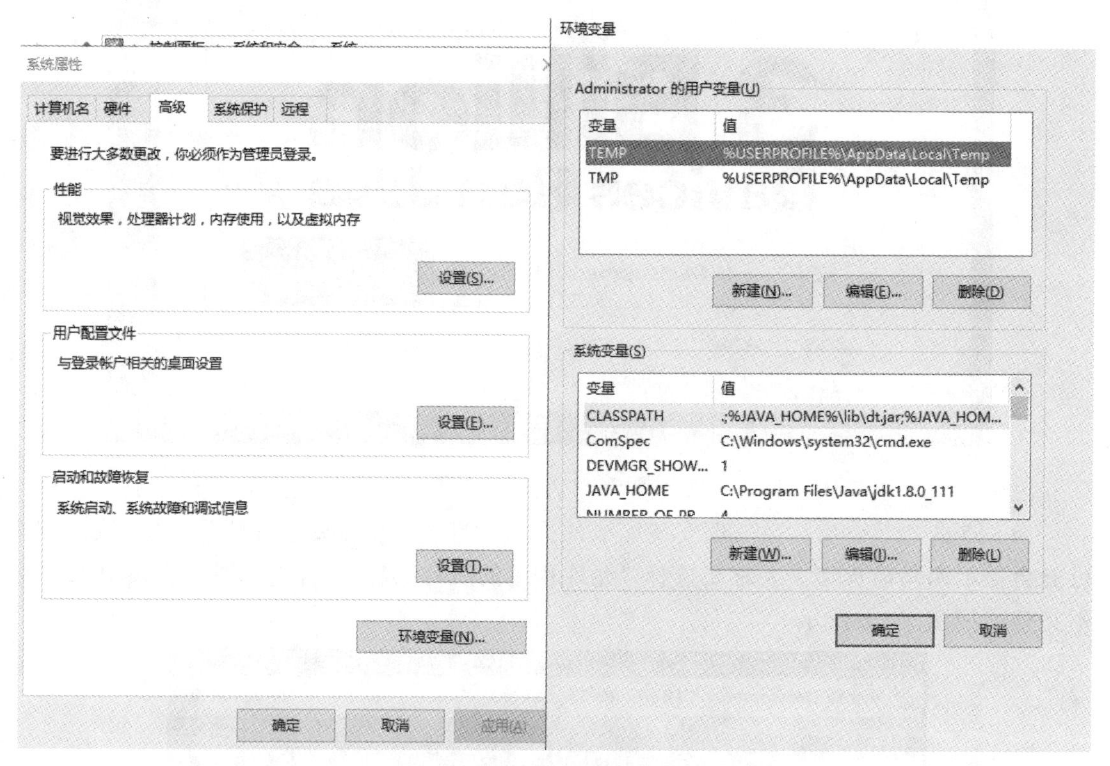

图 3.5.5　新建环境变量

（2）“变量名”输入框中写入“java_home”，在“变量值”输入框中写入“C：\Program Files\Java\jdk1.8.0_111”（根据安装路径填写），然后点击“确定”，java_home 就设置完成了，如图 3.5.6 所示。

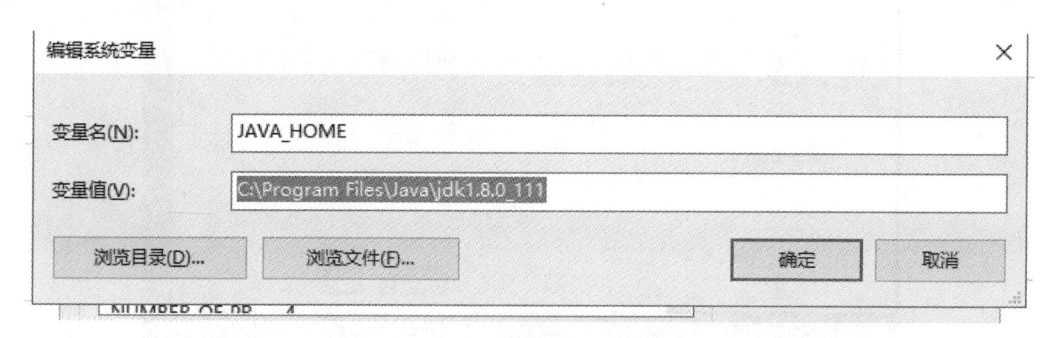

图 3.5.6　编辑用户变量

（3）下面开始配置“classpath”。选中“系统变量”查看是否有 classpath 项目，如果没有就点击“新建”，如果已经存在就选中 classpath 选项，点击“编辑”按钮，然后在“变量名”中填写“classpath”，在“变量值”中填写.;%JAVA_HOME%\lib\dt.jar;%JAVA_HOME%（根据安装路径填写），如图 3.5.7 所示。

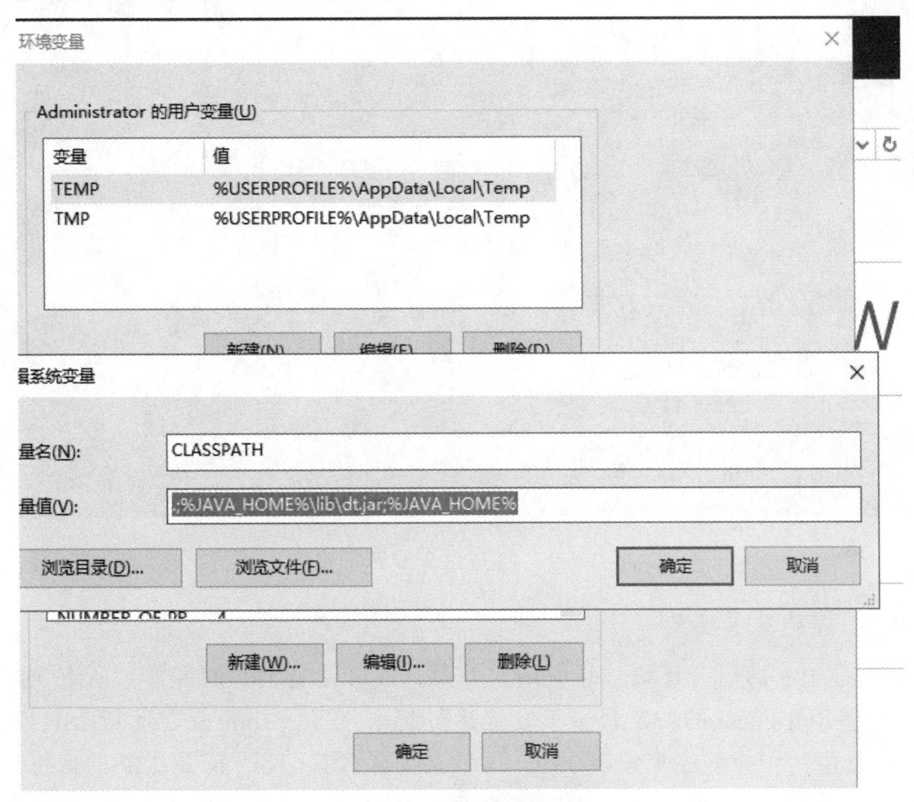

图 3.5.7　编辑系统变量

（4）再配置“path”。同上在“classpath”设定时类似，“变量名”输入框填写“path”，“变量值”输入框填写“%JAVA_HOME%\bin; %JAVA_HOME%\jre\bin”（根据安装路径填写），如图 3.5.8 所示。

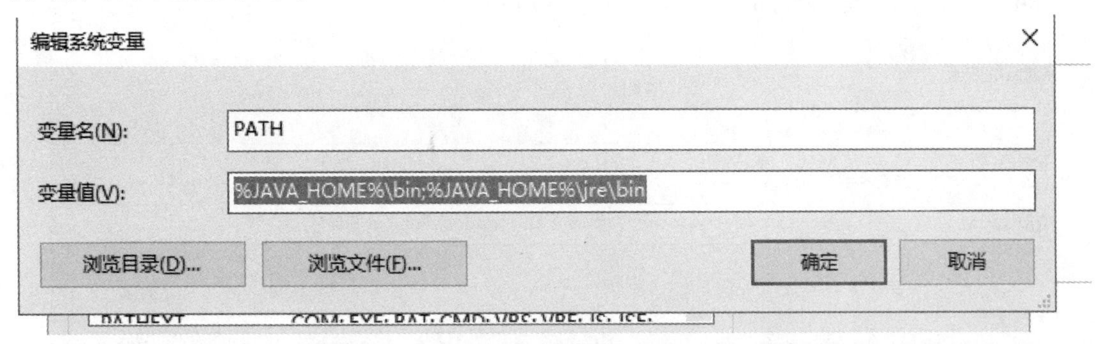

图 3.5.8　编辑系统变量

（5）JDK 的环境变量已经配置完成，可以通过打开命令提示符窗口，输入命令“java -version”，看到 Java 版本的信息，来确定安装是否成功。首先点击“开始”，然后点击“运行”，如图 3.5.9 所示。

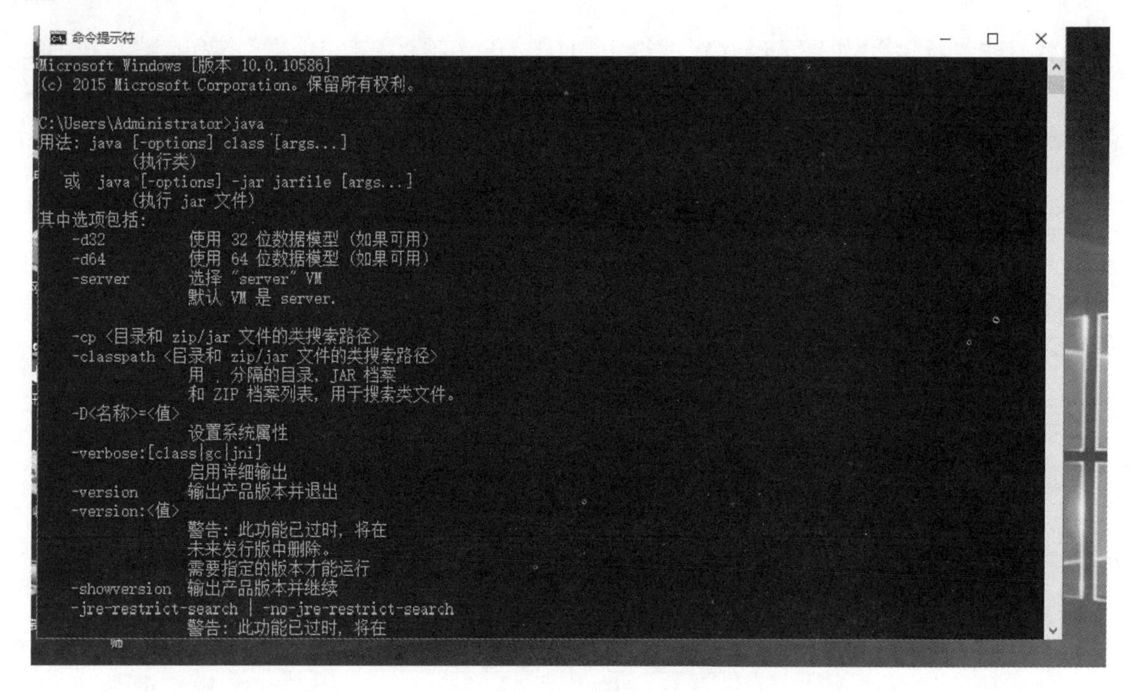

图 3.5.9 打开命令提示符窗口

3. Tomcat 的简易安装

Tomcat 是 JSP 的运行环境，是应用服务器，或者说是 JSP 的容器，所有 JSP 的程序文件都必须置于 Tomcat 的特定目录下才能运行起来。当然，Tomcat 在运行 JSP 程序之前，需要调用 jdk 中的相应程序来编译 JSP，这就是为什么我们说 jdk 是 JSP 的运行环境，又说 Tomcat 也是 JSP 的运行环境，反正都需要安装就是了。这个版本的 Tomcat 是不用安装的，直接解压配置即可，同样也解压到 C 盘上，为后面的叙述方便，我们假定解压后的目录为 C：\Tomcat8.5，如果解压后的目录名不是这样，那就将那个解压的目录重命名为 Tomcat8.5。

（1）安装后配置 Tomcat8.5，如图 3.5.10 所示。

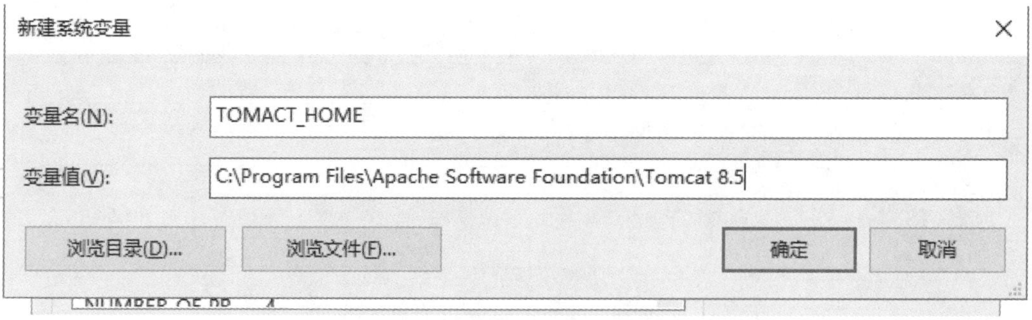

新建系统变量

变量名(N): TOMACT_HOME

变量值(V): C:\Program Files\Apache Software Foundation\Tomcat 8.5

浏览目录(D)... 浏览文件(F)... 确定 取消

图 3.5.10 新建系统变量

（2）在 bin 目录下找到 startup，运行 Tomcat 就可以了，如图 3.5.11 所示。

图 3.5.11　运行 startup 批处理文件

4. 安装并启动 MYSQL

MySQL 是数据库服务器，JSP、PHP、ASP 是三大主流的动态网页技术，而所谓的动态网页，其中的“动态数据”主要来源于数据库，而其中 MySQL 是比较流行的一种。数据库服务器可以不必与应用服务器安装在同一台机器上，但为了简单起见，我们假定也用这台机器来做数据库服务器。当然，JSP 的开发、编译和运行并不需要 MySQL，但装上便于以后开发数据库相关的 Web 应用。MySQL 有无须安装的 MySQL 版本，解压配置即可使用，我们这里使用安装版，下载为版本“mysql-installer-community-5.7.3.0”。

（1）双击 MySQL 安装文件，如图 3.5.12 所示。

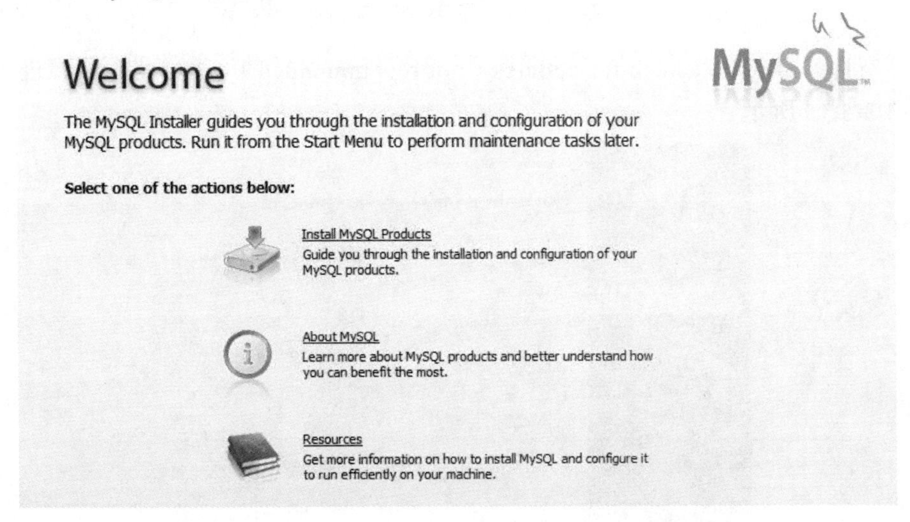

图 3.5.12　进入安装向导

（2）点击上图红框“Install MySQL Products”进入安装界面，如图 3.5.13 所示。

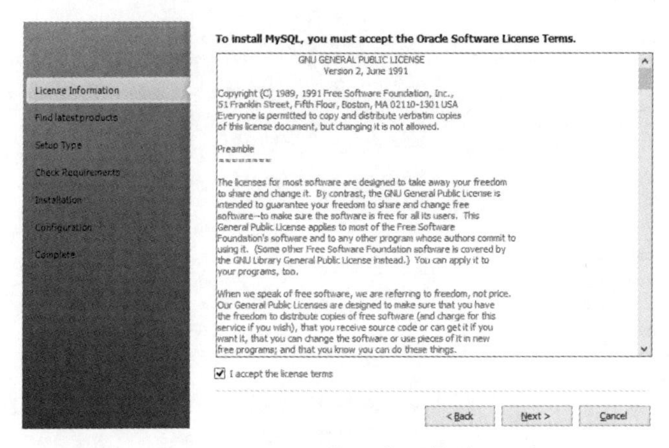

图 3.5.13　接受许可协议

（3）勾选“I accept the license terms”接受许可协议，点击“Next”，进入如图 3.5.14 所示界面。

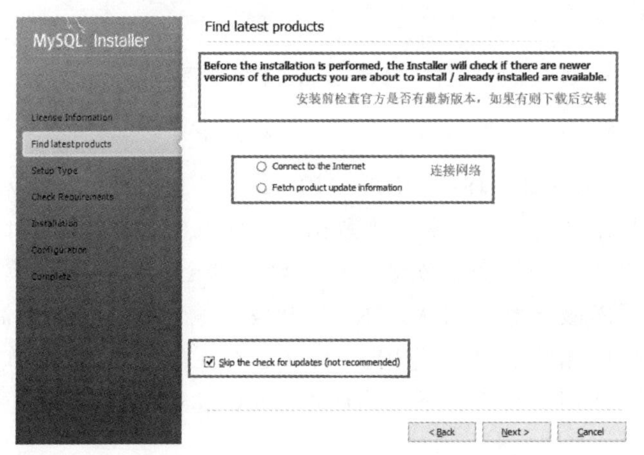

图 3.5.14　是否检查新版本

（4）勾选“Skip the check for updates（not recommended）”跳过此步骤，进入设置界面，如图 3.5.15 所示。

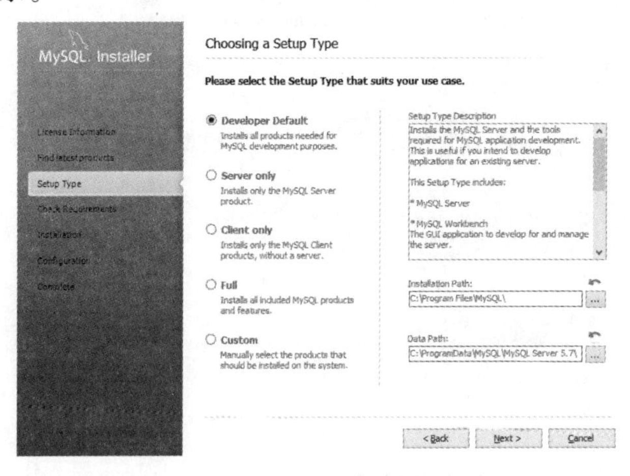

图 3.5.15　选择安装模式

（5）在原来旧的版本当中，安装类型有 3 种：Typical（典型安装）、Complete（完全安装）和 Custom（定制安装）。Typical（典型安装）安装只安装 MySQL 服务器、mysql 命令行客户端和命令行实用程序。命令行客户端和实用程序包括 mysqldump、myisamchk 和其他几个工具来帮助用户管理 MySQL 服务器。Complete（完全安装）安装将安装软件包内包含的所有组件。完全安装软件包包括的组件有嵌入式服务器库、基准套件、支持脚本和文档。Custom（定制安装）安装允许用户完全控制用户想要安装的软件包和安装路径。

在新版本当中，选项有所不同，分别为：Developer Default 为默认安装类型，Server only 为仅作为服务器，Client only 为仅作为客户端，Full 为完全安装类型，Custom 为用户自定义安装类型。这里选择 Developer Default，如图 3.5.16 所示。

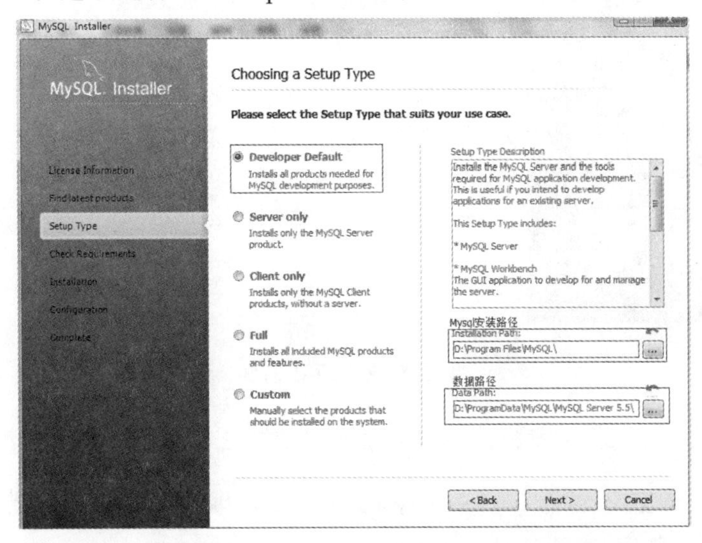

图 3.5.16　选择默认安装

（6）进入安装前环境验证，以检查是否满足安装需求，如图 3.5.17 所示。

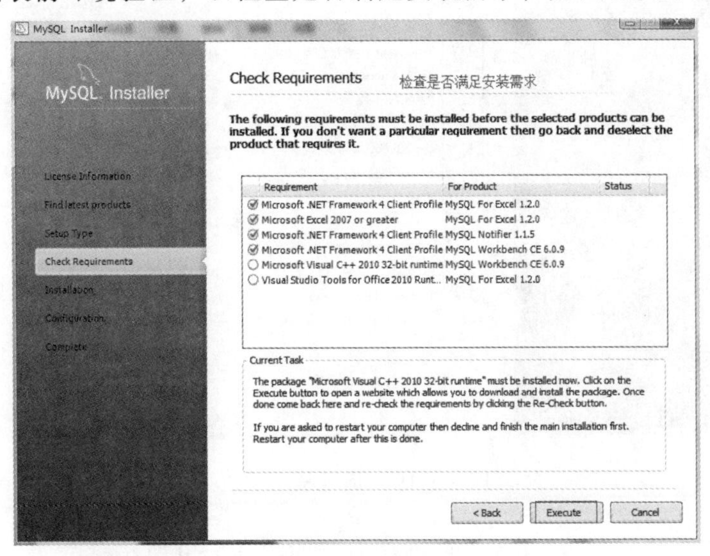

图 3.5.17　环境验证

（7）点击“Execute”按钮后，可能会下载一些程序，到时用户自己点击安装就行了，直到所有安装完成，如图 3.5.18 所示。

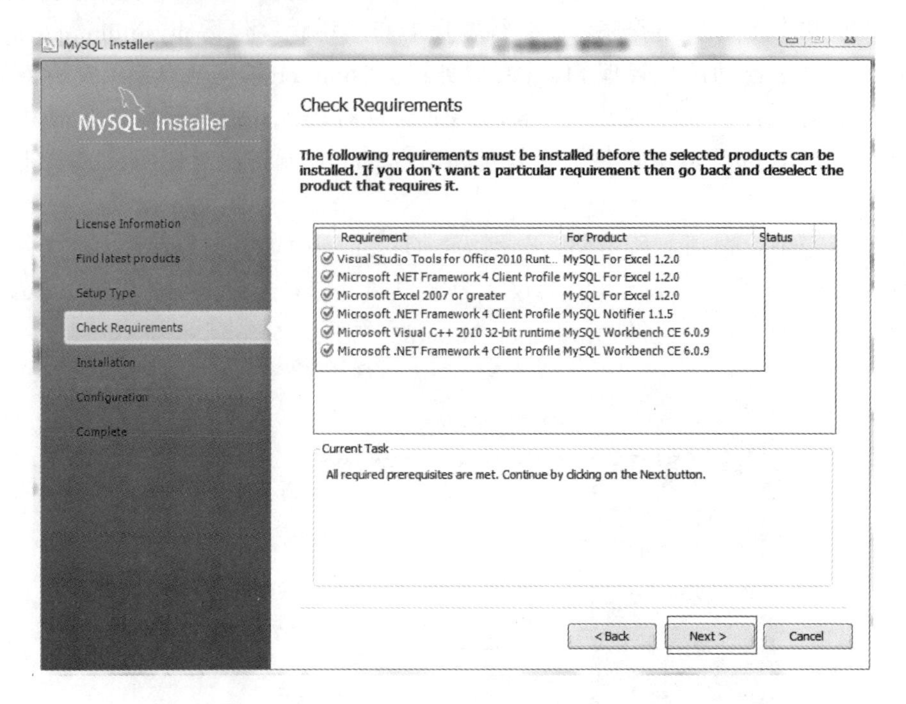

图 3.5.18　下载插件

（8）点击“Next”进入安装，当安装完成，如图 3.5.19 所示。

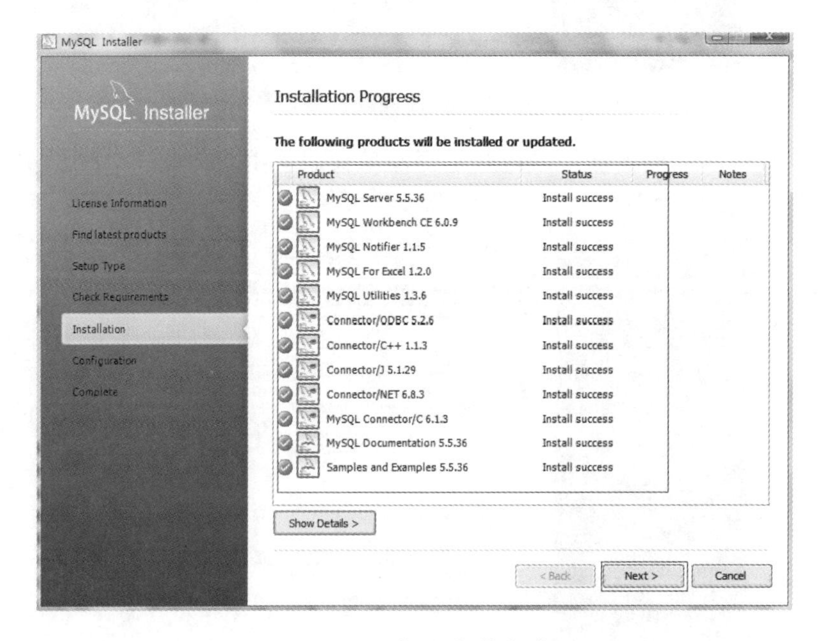

图 3.5.19　插件安装完成

（9）接着选择“Next”，配置下面的产品，如图 3.5.20 所示。

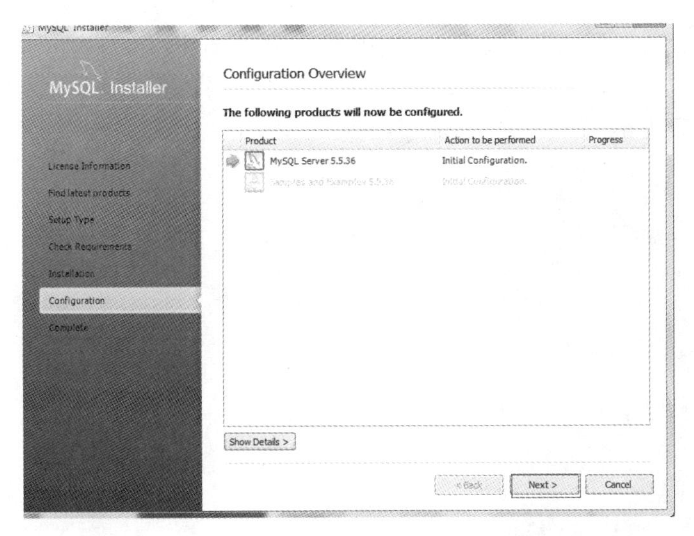

图 3.5.20　配置下列产品

（10）弹出对话框中有 3 种服务器类型，选择哪种服务器将影响到 MySQL Configuration Wizard（配置向导）对内存、硬盘和过程或使用的决策。

Developer Machine（开发机器）：该选项代表典型个人用桌面工作站。假定机器上运行着多个桌面应用程序，将 MySQL 服务器配置成使用最少的系统资源。

Server Machine（服务器）：该选项代表服务器，MySQL 服务器可以同其他应用程序一起运行，例如 FTP、Email 和 Web 服务器。MySQL 服务器配置成使用适当比例的系统资源。

Dedicated MySQL Server Machine（专用 MySQL 服务器）：该选项代表只运行 MySQL 服务的服务器。

假定没有运行其他应用程序，MySQL 服务器配置成使用所有可用系统资源，如图 3.5.21 所示。

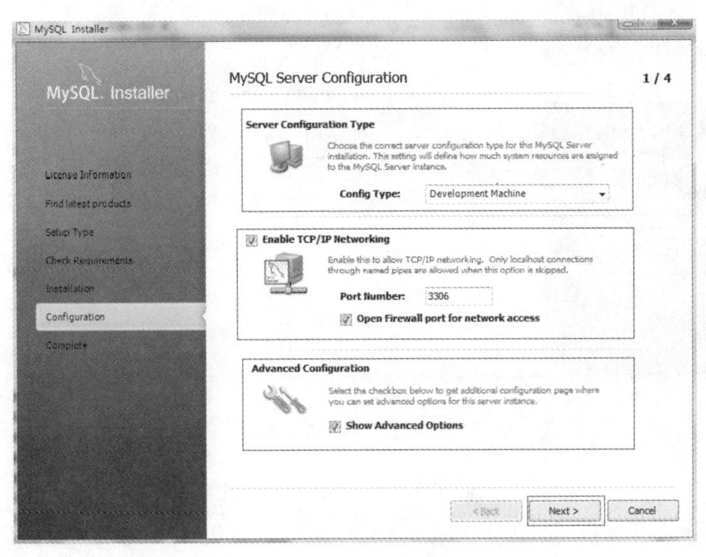

图 3.5.21　选择服务类型

（11）点击“Next”按钮，设置 MySQL 密码和添加用户，如图 3.5.22 所示。

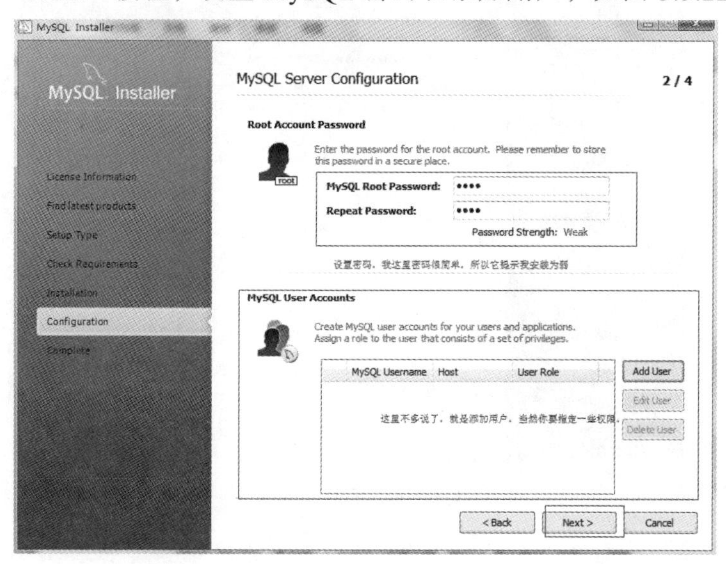

图 3.5.22　配置 MySQL 密码

（12）点击“Next”进入系统服务 MySQL 配置，如图 3.5.23 所示。

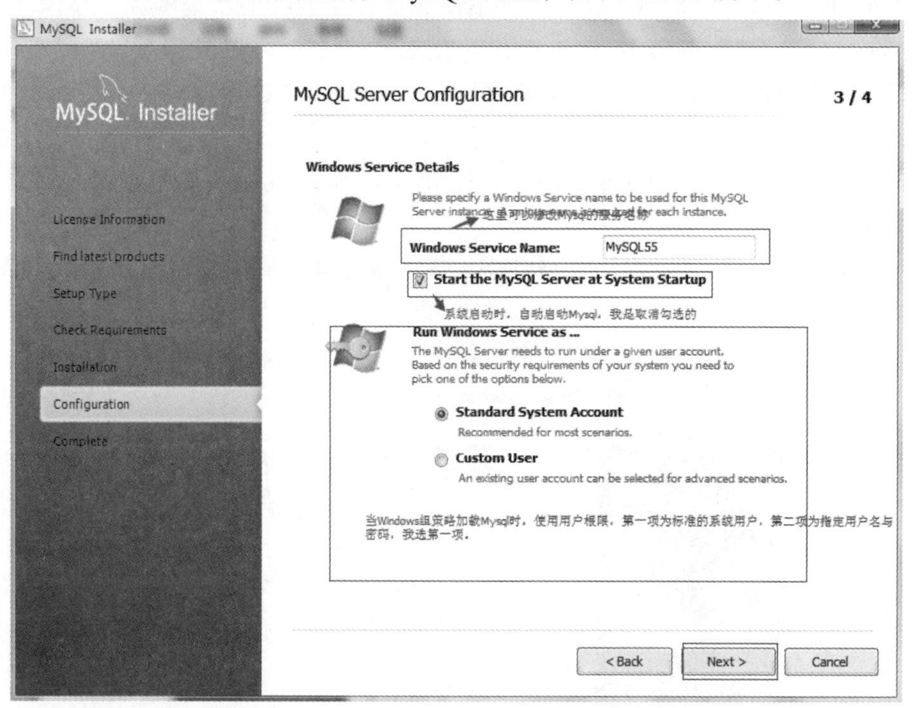

图 3.5.23　设置启动方式

（13）点击“Next”进入日志配置界面，如图 3.5.24 所示。

（14）这里简单配置错误日志存放路径，如果不想进入日志配置，那就在“服务器配置”那里不选高级配置，如图 3.5.25 所示。

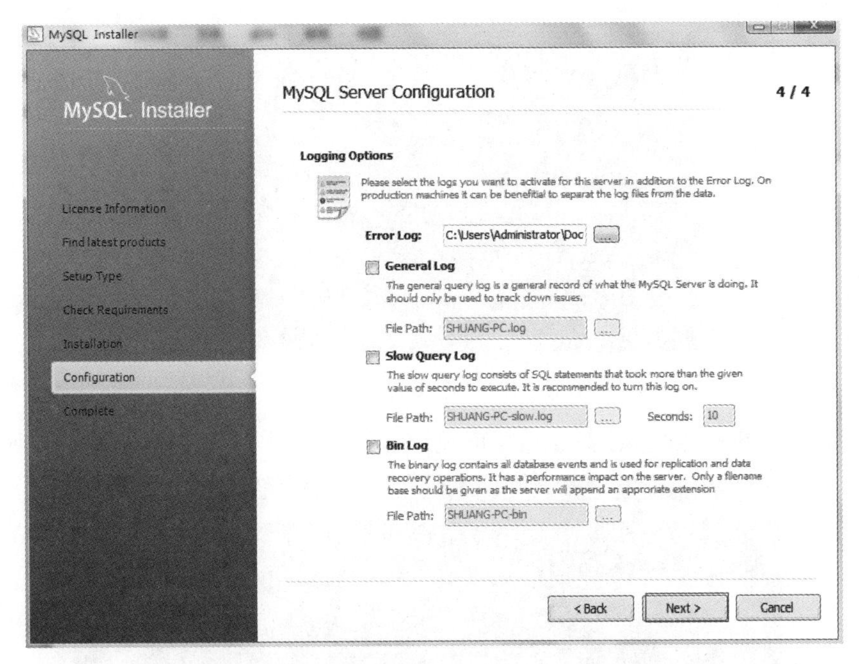

图 3.5.24　日志配置

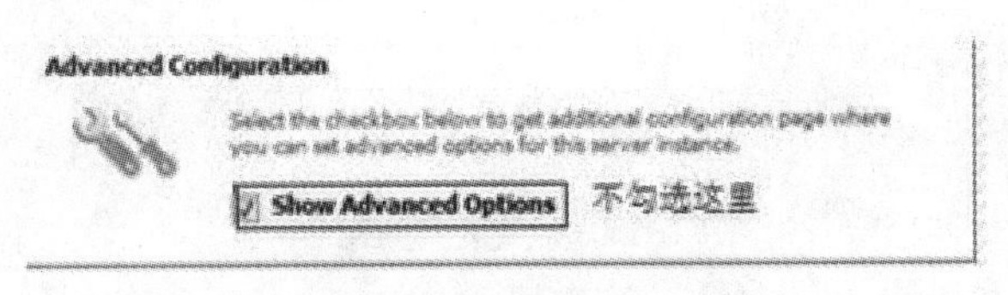

图 3.5.25　高级配置

（15）配置日志后点击“Next”进入最后配置，如图 3.5.26 所示。

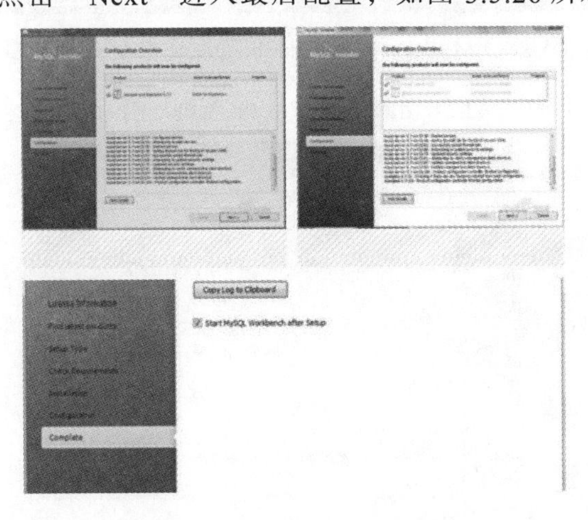

图 3.5.26　完成配置

（16）MySQL 安装完成，准备验证 MySQL 是否工作正常。打开 Windows 程序菜单，运行 MySQL 目录下面的 MySQL 命令 DOS 窗口，输入前面图 3.5.22 配置的 MySQL 密码回车，再输入显示所有数据库命令：show databases；一定要有分号，并按回车，看是否可以正常使用，如图 3.5.27 所示。

```
mysql> show databases;
+--------------------+
| Database           |
+--------------------+
| information_schema |
| mysql              |
| performance_schema |
| sakila             |
| test               |
| world              |
+--------------------+
6 rows in set (0.00 sec)
```

图 3.5.27　完成 MySQL 验证

（17）或者使用 MySQL Workbench 可视化数据库设计工具，如图 3.5.28 所示。

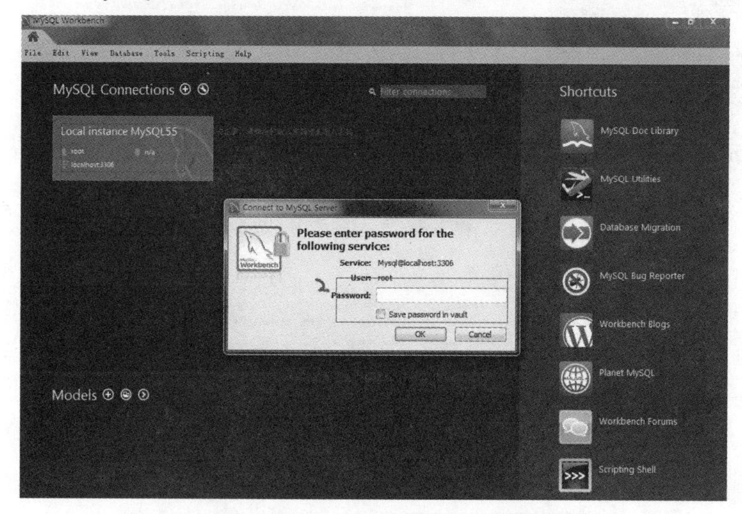

图 3.5.28　MySQL Workbench 可视化数据库设计工具

（18）输入密码后，输入 show databases；再查询一下，如图 3.5.29 所示。

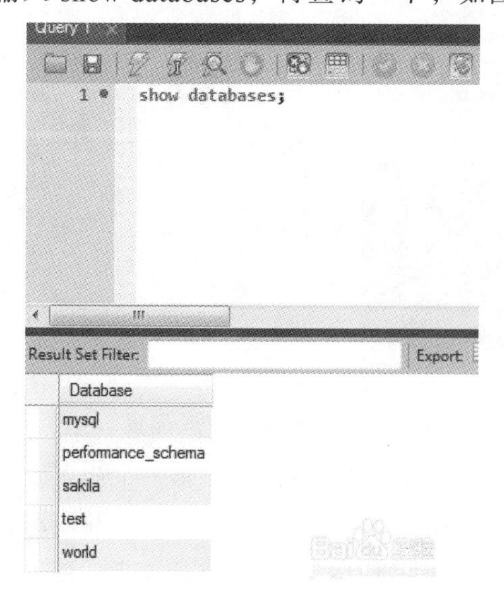

图 3.5.29　安装完成

5. 安装JEECMS内容管理系统

JEECMS是一款支持微信小程序、微信公众号/服务号、栏目模型、内容模型交叉自定义以及具备支付和财务结算的内容电商为一体的内容管理系统。用户只要通过后台的简单设置即可自定义出集新闻管理、图库管理、视频管理、下载系统、文库管理、政务公开、作品管理、产品发布、供求信息、房屋租售、招聘信息、网络问卷调查及留言板于一体的综合性且不失个性化门户网站。

（1）打开JEECMS官方网站，下载JEECMS程序并解压，找到ROOT文件夹，复制BOOT文件夹替换掉tomcat安装目录下webapps文件夹下的ROOT文件夹。启动tomcat，在地址栏上输入http：//localhost：8080（端口和部署路径视安装设置而定），请根据安装向导填写安装信息，安装完成后重启tomcat，如图3.5.30所示。

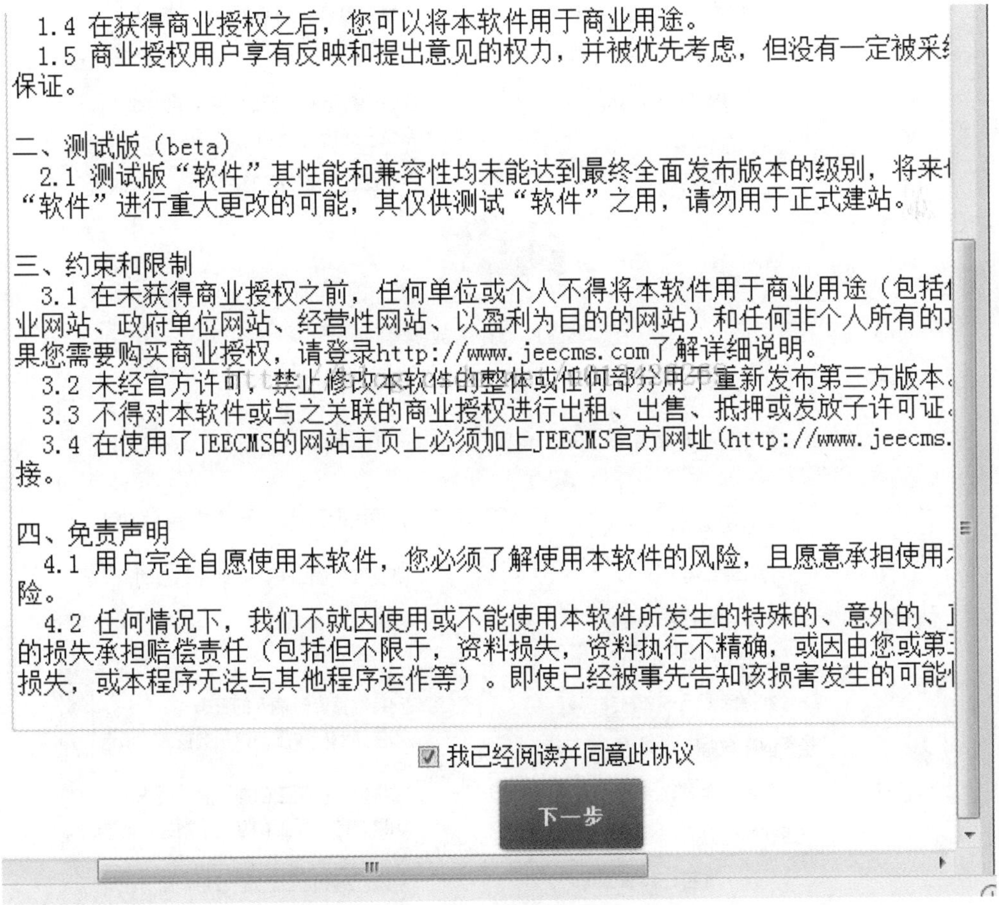

1.4 在获得商业授权之后，您可以将本软件用于商业用途。
1.5 商业授权用户享有反映和提出意见的权力，并被优先考虑，但没有一定被采
保证。

二、测试版（beta）
2.1 测试版“软件”其性能和兼容性均未能达到最终全面发布版本的级别，将来
“软件”进行重大更改的可能，其仅供测试“软件”之用，请勿用于正式建站。

三、约束和限制
3.1 在未获得商业授权之前，任何单位或个人不得将本软件用于商业用途（包括
业网站、政府单位网站、经营性网站、以盈利为目的的网站）和任何非个人所有的
果您需要购买商业授权，请登录http://www.jeecms.com了解详细说明。
3.2 未经官方许可，禁止修改本软件的整体或任何部分用于重新发布第三方版本。
3.3 不得对本软件或与之关联的商业授权进行出租、出售、抵押或发放子许可证。
3.4 在使用了JEECMS的网站主页上必须加上JEECMS官方网址（http://www.jeecms.
接。

四、免责声明
4.1 用户完全自愿使用本软件，您必须了解使用本软件的风险，且愿意承担使用
险。
4.2 任何情况下，我们不就因使用或不能使用本软件所发生的特殊的、意外的、
的损失承担赔偿责任（包括但不限于，资料损失，资料执行不精确，或因由您或第
损失，或本程序无法与其他程序运作等）。即使已经被事先告知该损害发生的可能

我已经阅读并同意此协议

下一步

图3.5.30　同意此协议

（2）同意协议后点击“下一步”，设置系统相关参数，可以根据自己情况来填写数据库的信息，如图3.5.31所示。

（3）填写完毕后点击“提交”，等待数据库安装完成，如图3.5.32所示。

（4）系统安装成功后重启Tomcat服务，如图3.5.33所示。

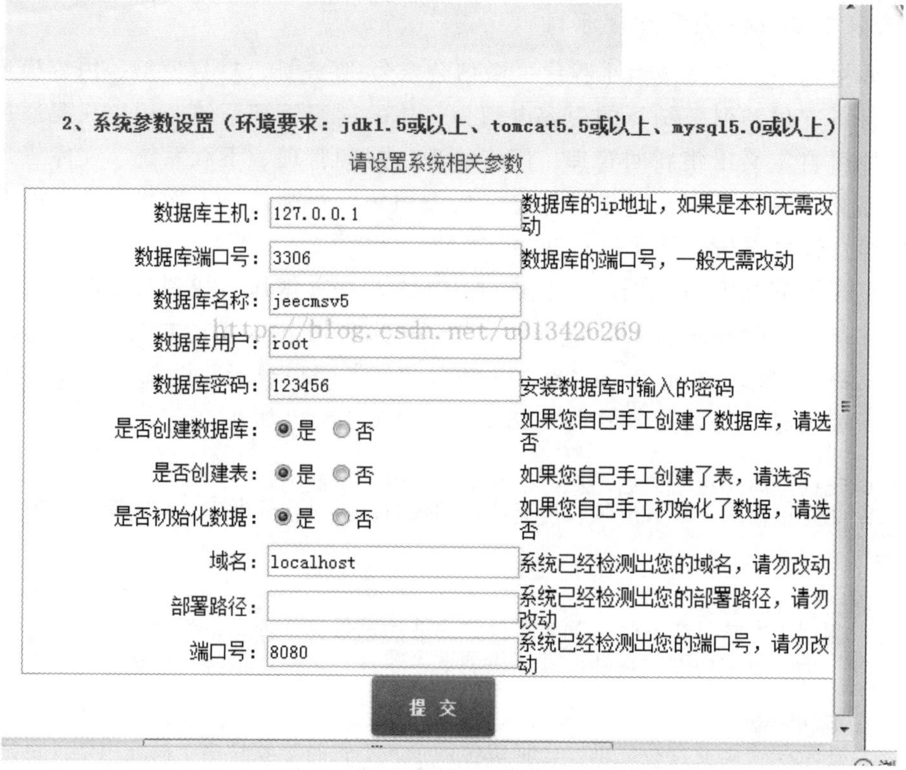
2、系统参数设置（环境要求：jdk1.5或以上、tomcat5.5或以上、mysql5.0或以上）
请设置系统相关参数
数据库主机：
127.0.0.1
数据库的ip地址，如果是本机无需改动
数据库端口号：
3306
数据库的端口号，一般无需改动
数据库名称：
jeecmsv5
http://blog.csdn.net/u013426269
数据库用户：
root
数据库密码：
123456
安装数据库时输入的密码
是否创建数据库：
是 否
如果您自己手工创建了数据库，请选否
是否创建表：
是 否
如果您自己手工创建了表，请选否
是否初始化数据：
是 否
如果您自己手工初始化了数据，请选否
域名：
localhost
系统已经检测出您的域名，请勿改动
部署路径：
系统已经检测出您的部署路径，请勿改动
端口号：
8080
系统已经检测出您的端口号，请勿改动
提 交

图 3.5.31　设置数据信息

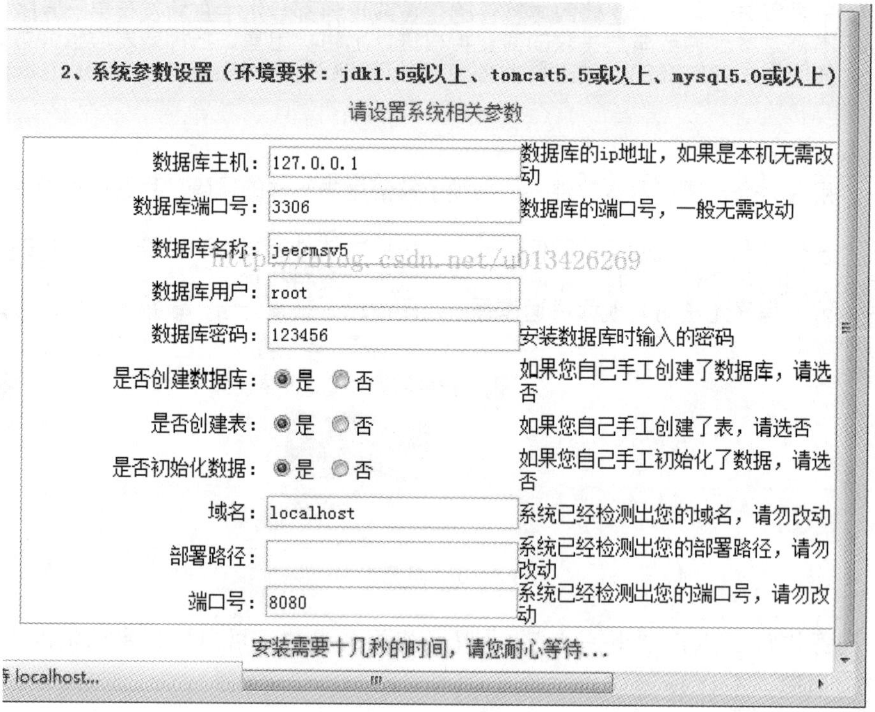
2、系统参数设置（环境要求：jdk1.5或以上、tomcat5.5或以上、mysql5.0或以上）
请设置系统相关参数
数据库主机：
127.0.0.1
数据库的ip地址，如果是本机无需改动
数据库端口号：
3306
数据库的端口号，一般无需改动
数据库名称：
jeecmsv5
http://blog.csdn.net/u013426269
数据库用户：
root
数据库密码：
123456
安装数据库时输入的密码
是否创建数据库：
是 否
如果您自己手工创建了数据库，请选否
是否创建表：
是 否
如果您自己手工创建了表，请选否
是否初始化数据：
是 否
如果您自己手工初始化了数据，请选否
域名：
localhost
系统已经检测出您的域名，请勿改动
部署路径：
系统已经检测出您的部署路径，请勿改动
端口号：
8080
系统已经检测出您的端口号，请勿改动
安装需要十几秒的时间，请您耐心等待...
localhost...

图 3.5.32　开始安装

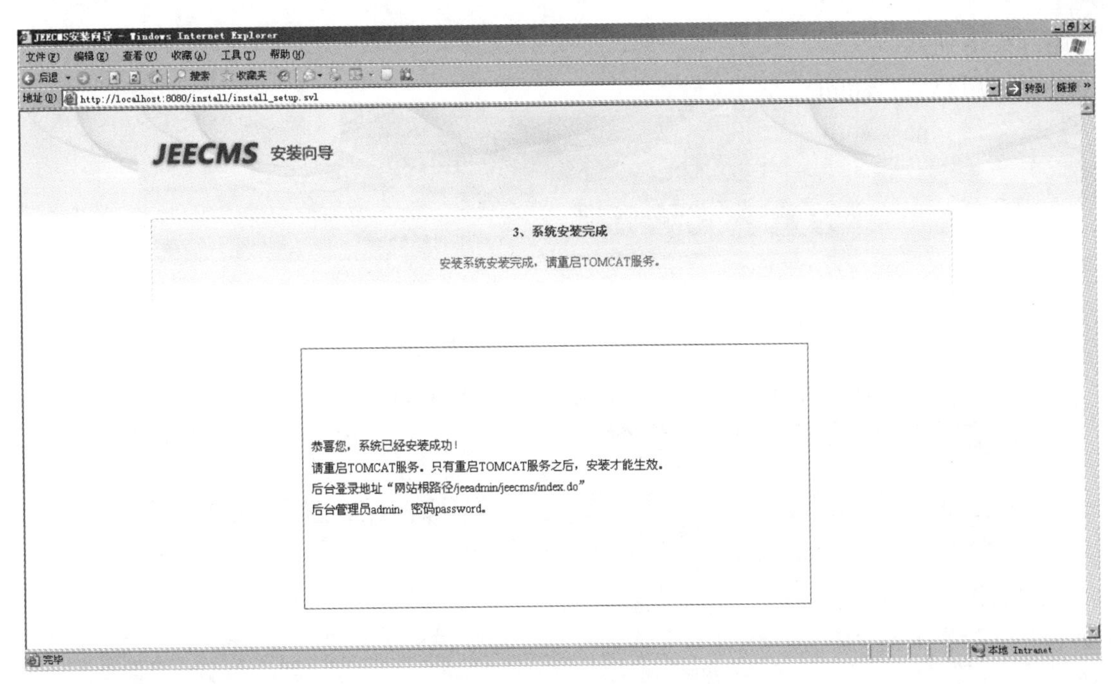

图 3.5.33　完成安装向导

（5）在浏览器的地址栏中输入 http：//localhost：8080，若系统正常将显示网站首页，表示本系统顺利安装完成（如修改 ROOT 名称为 jeecms，则访问路径为 http：//localhost：8080/jeecms），如图 3.5.34 所示。

图 3.5.34　JEECMS 前台页面

（6）后台管理路径为 http：//localhost：8080/jeeadmin/jeecms/index.do（如修改 ROOT 名称为 jeecms，则访问路径为 http：//localhost：8080/jeecms/jeeadmin/jeecms/index.do），

如图 3.5.35 所示。

默认用户名：admin

密　码：password

图 3.5.35　后台管理登录界面

（7）进入后台管理界面，用户可以根据自己的情况做相应修改，如图 3.5.36 所示。

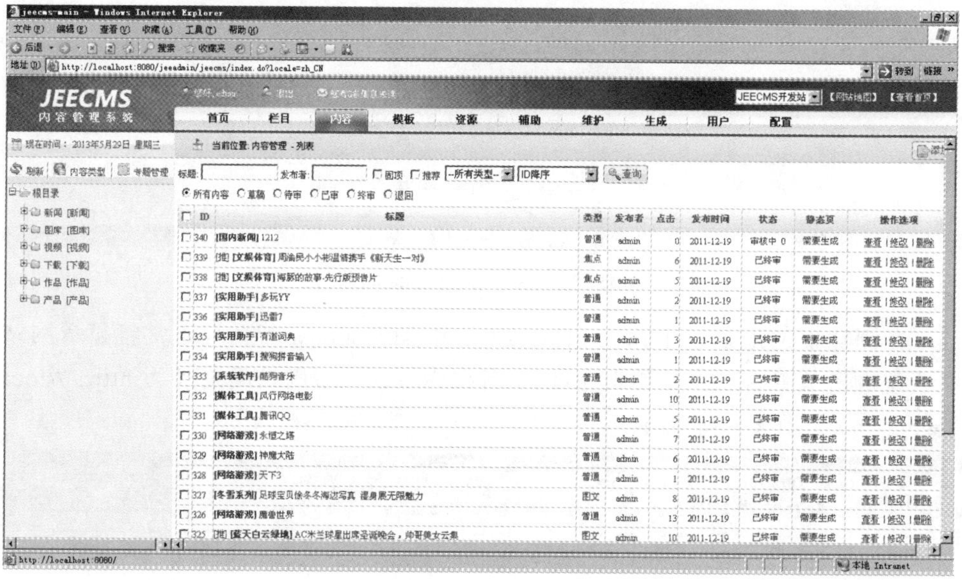

图 3.5.36　JEECMS 界面

最后补充一点，凡是涉及配置文件的改动，都必须重启相关的服务器，比如 MySQL 服务器、Tomcat 服务器。所谓的重启就是先关闭，再开启。说起来容易，但是真正在实践的时候很容易就会犯这么低级的错误，最后导致反反复复修改不应该修改的地方，恶性循环，所以大家在操作的过程中一定要注意。

项目四　网站数据维护

【项目简介】

随着信息时代和互联网技术的飞速发展，企业的信息数据量急剧增长，而目前黑客攻击、病毒袭击已成家常便饭，硬件故障和人为误操作也时有发生，由此发生数据损坏或丢失，造成的损失可能是巨大的，有的可能是灾难性的。这种风险对于电子商务网站来说尤为明显。与此同时，电子商务网站还有很多商品等相关数据需要批量处理，因此做好数据的维护工作就成了必不可少的一个环节。本项目将通过对网站用户的管理、数据的导入/导出和数据库的备份和恢复，来完成对相应数据的维护工作。

【知识目标】

（1）了解数据导入和导出的作用。
（2）了解数据导入和导出中相应的文件格式。
（3）了解数据库备份的重要性。
（4）熟悉数据库的基本概念。
（5）掌握数据库备份的原则。
（6）掌握数据库备份、还原和恢复的方法。

【能力目标】

（1）能根据需求导入和导出数据。
（2）能按要求备份数据库。
（3）能够用数据库备份文件还原数据库。

任务 1　数据的导入与导出

1.1　任务说明

对于一个电子商务网站而言，经常会有批量的数据需要处理，例如新来了一个系列的产品，或者需要对某个系列的产品价格进行调整。通过完成本任务，读者能够学会如何将批量的数据导入到相应的数据表中，也能够将数据表中的数据导出，进行集中处理后再导入数据表中，完成对数据的批量维护工作。

1.2　任务分析

数据库如果还没有数据，请先创建新的数据源再导入。一次性导入几个表的数据，需要先读取 Excel 获取各个 Sheet（工作表）的数据，然后把它转换为 DataTable 的数据对象，这样我们就可以根据它的字段赋值给对应的实体类，然后调用业务逻辑处理将数据写入数据库即可。导出操作，我们根据用户的选择，可以一次性导出多个 Excel 文件，每个 Excel 文件包含客户的基础信息，也包含相关数据，它们的格式和导入的格式保持一致即可，这样方便数据的交换处理。

1.3 任务实施

1. 批量增加用户（数据导入）

本任务首先要求将一个新的用户数据从 Excel 文件中导入到数据库的用户表中。

（1）向用户表导入数据之前，我们必须先了解用户表的结构。首先打开 SQL Server Enterprise Manager（企业管理器），找到相应的数据库 db_DTS，然后单击数据库 db_DTS 下的“表”选项，如图 4.1.1 所示。

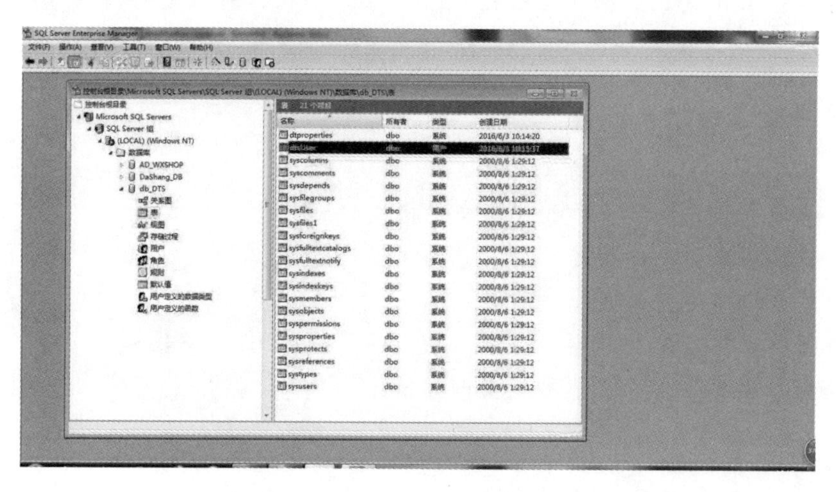

图 4.1.1 打开数据库中的表

（2）找到我们需要导入数据的用户表“dtsUser”，双击查看表属性，查看结果如图 4.1.2 所示。

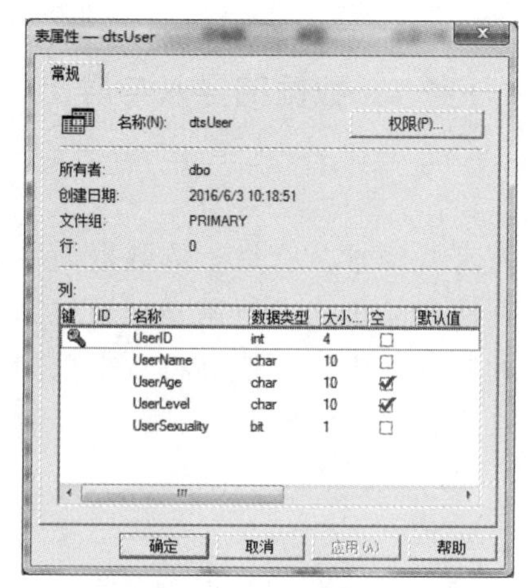

图 4.1.2 表属性

（3）可以看到用户表的结构一共为 5 列，依次为 UserID、UserName、UserAge、UserLevel、UserSexuality，而且了解了各个字段的数据类型，及其该字段是否为空。这些属性对于我们的数据导入是至关重要的，因为如果我们导入的数据不是按照这个格式的话，数据导入将会出错。

了解了用户表的结构后，按照这个格式调整一下 Excel 文件的格式，如图 4.1.3 所示。

	A	B	C	D	E	F
1	1	赵大	21	0	1	
2	2	钱二	22	0	1	
3	3	孙三	21	0	1	
4	4	李四	21	0	1	
5	5	周五	22	0	1	
6	6	吴六	21	0	0	
7	7	郑七	21	0	0	
8	8	王林	22	0	1	
9	9	冯九	21	0	0	
10	10	陈十	23	0	1	
11						

图 4.1.3　需导入的数据

（4）调整完数据格式后，再把文件另存为 CSV 格式（逗号分隔）的文件，即另存为“.csv”结尾的文件格式，如 users.csv。现在要导入的数据文件已经准备好了。

接下来右击用户表 dtsUser，在弹出的菜单中选择“所有任务”/“导入数据”选项，如图 4.1.4 所示。

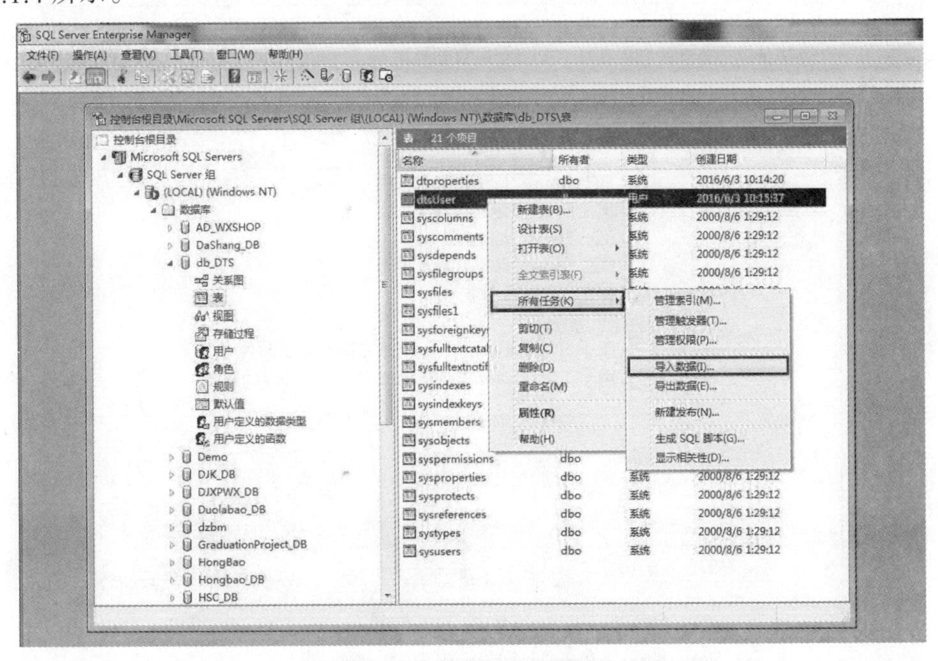

图 4.1.4　选择导入数据功能

（5）选择后出现“数据转换服务导入/导出向导”对话框，如图 4.1.5 所示。

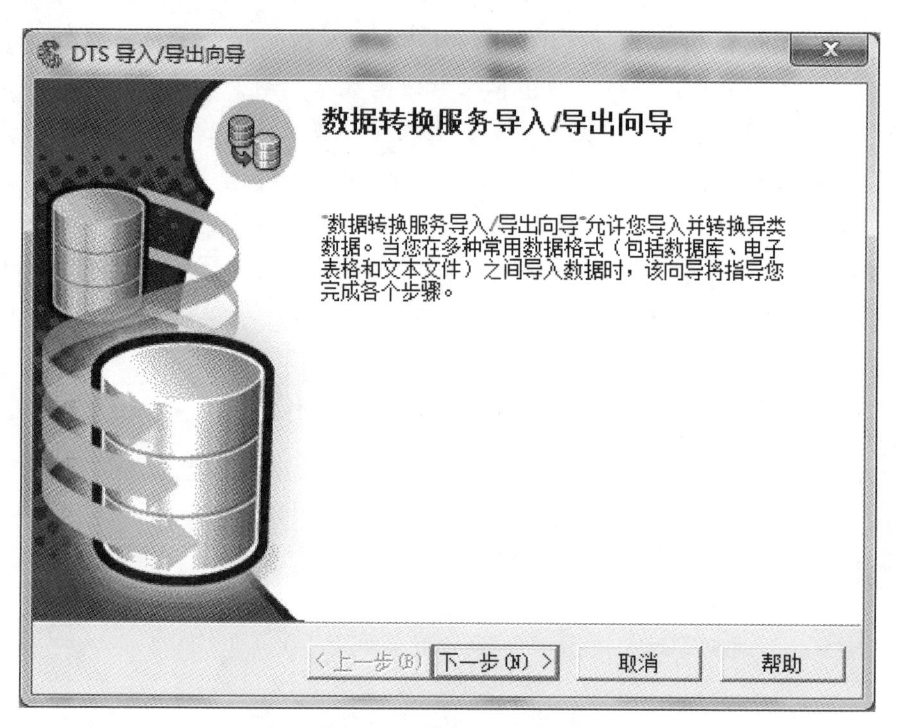

图 4.1.5　数据导入向导

（6）单击“下一步”按钮后，在打开的对话框中选择数据源，如图 4.1.6 所示。选择数据源“文本文件”，下面的“文件名”指定到我们已经准备好的 CSV 文件。

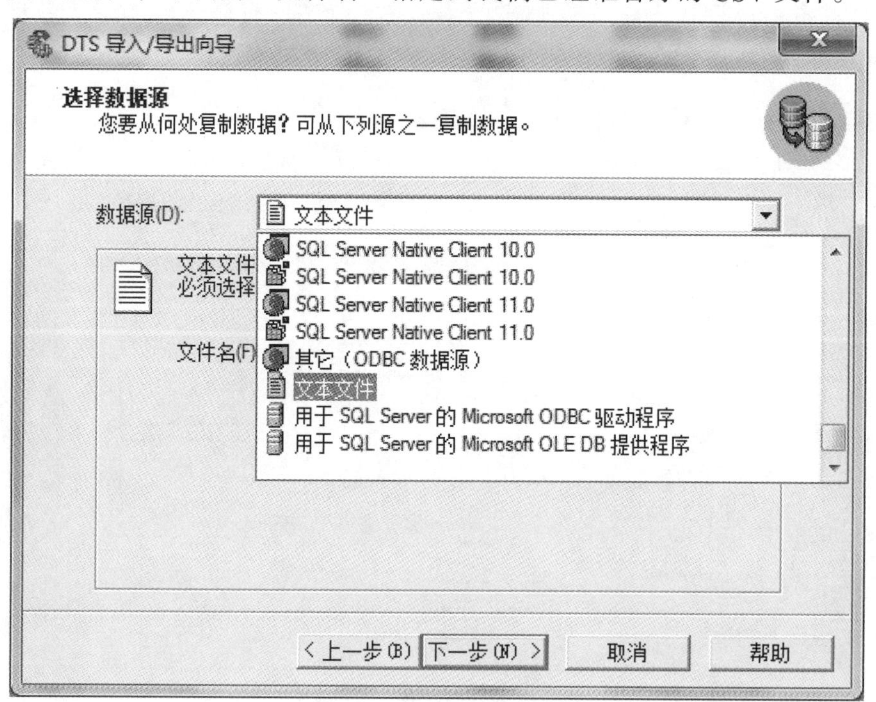

图 4.1.6　选择数据源

（7）选择好数据源后，单击“下一步”按钮，进入下一个对话框，选择文件格式，如图 4.1.7 所示。在“选择文件格式”对话框中选择默认的“带分隔符”，因为保存文件格式是以逗号（,）为分隔符的，所以选择“带分隔符”。

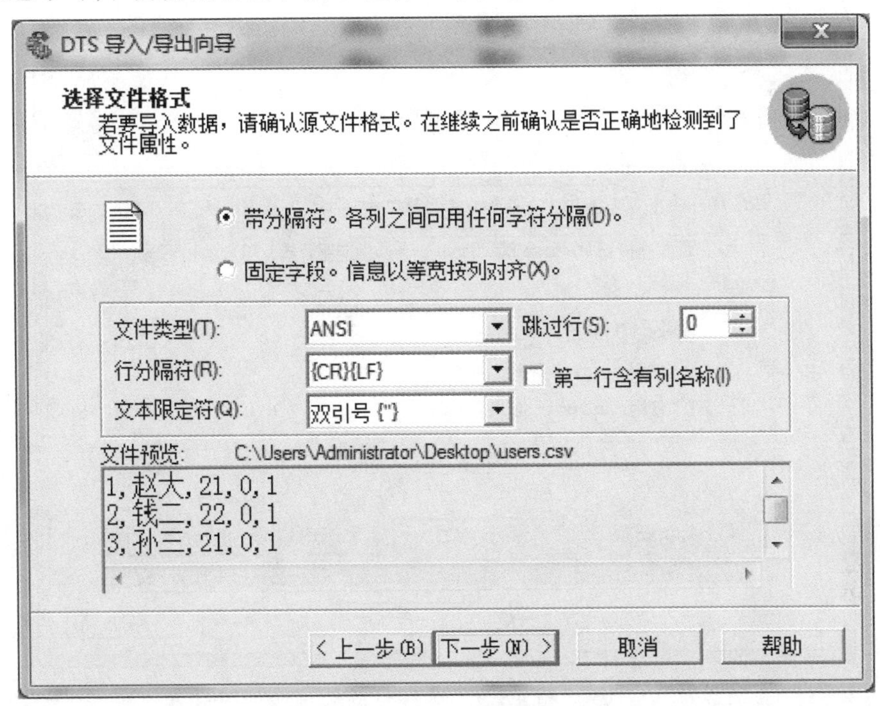

图 4.1.7　选择文件格式

（8）继续单击“下一步”按钮进入“指定列分隔符”对话框，如图 4.1.8 所示。因为我们知道文件格式是用“,”作为分隔符的，所以选择“逗号”单选按钮。

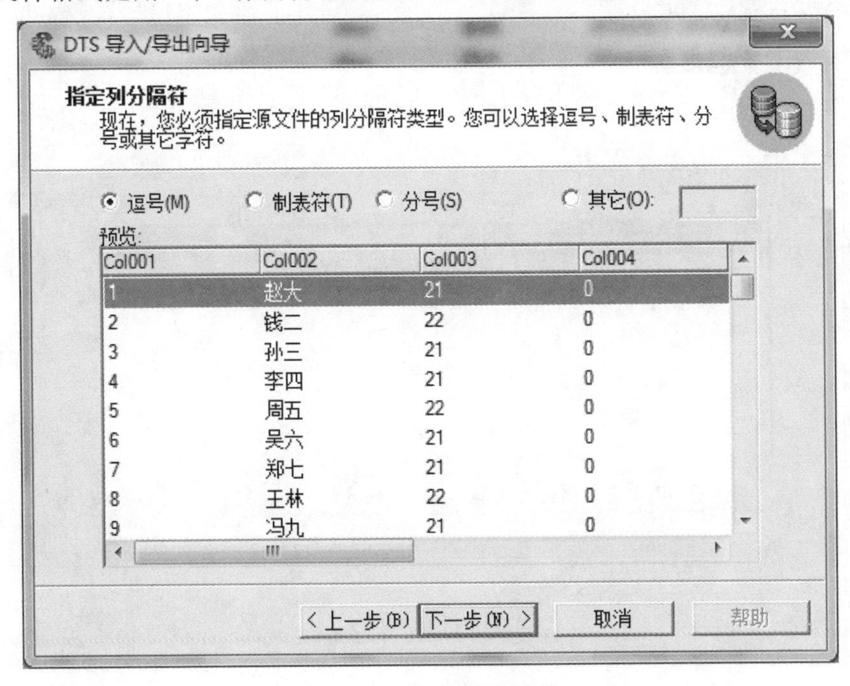

图 4.1.8　指定列分隔符

（9）再单击“下一步”按钮，进入“选择目的”对话框，如图 4.1.9 所示，用户选择需要导入的数据库，这里举例为选择数据库“db_DTS”。

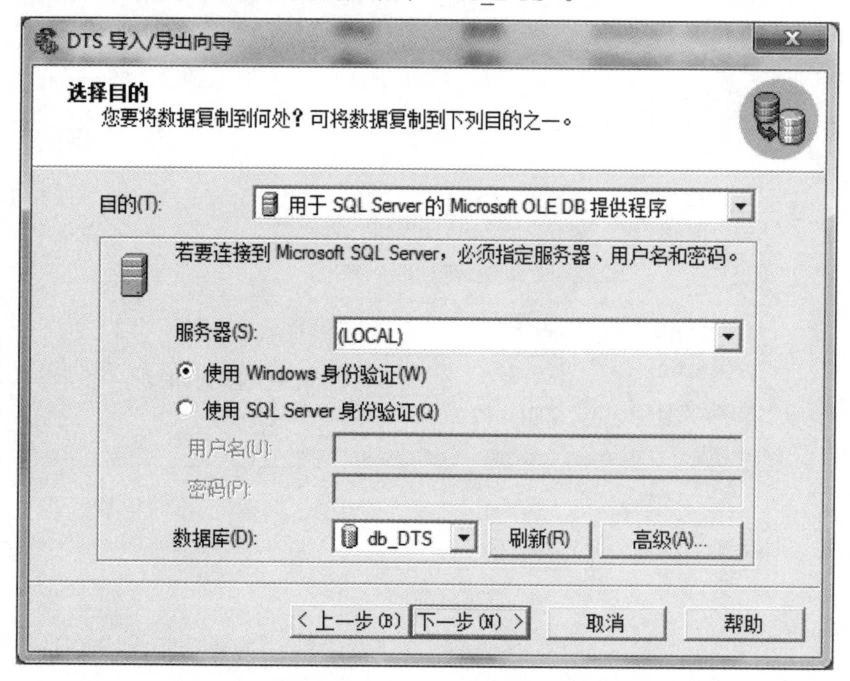

图 4.1.9　选择目的

（10）单击“下一步”按钮，进入"选择源表和视图"对话框，如图 4.1.10 所示。选择“源”为前面已经选定的 CSV 文件，选择“目的”为需要导入的表格“[db_DTS].[dbo].[dtsUser]”。

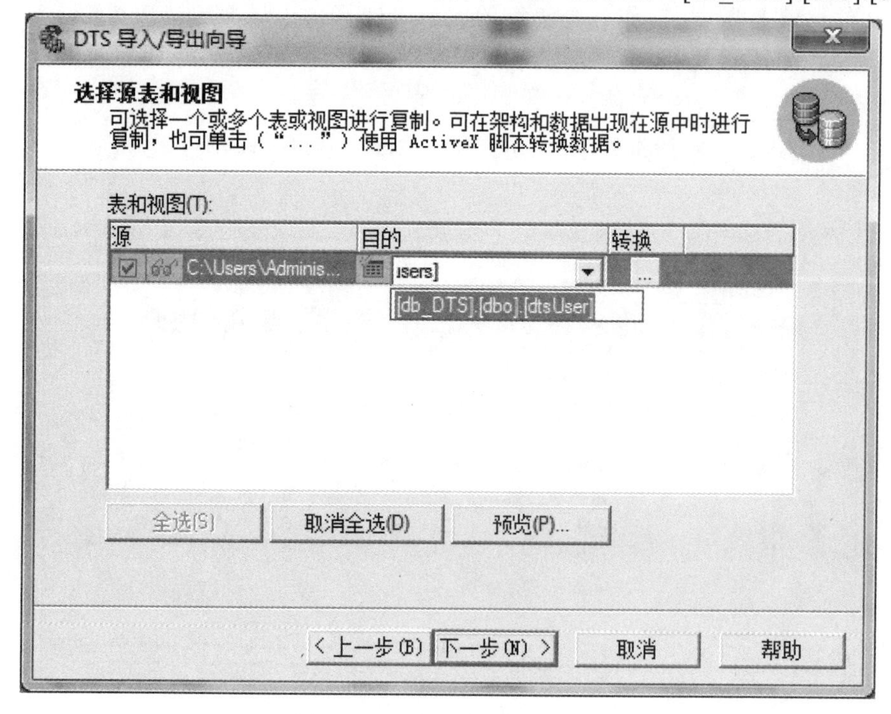

图 4.1.10　选择源表和视图

（11）选择好后单击“下一步”按钮。进入“保存、调度和复制包”对话框，选择“立即运行”复选框，如图 4.1.11 所示。

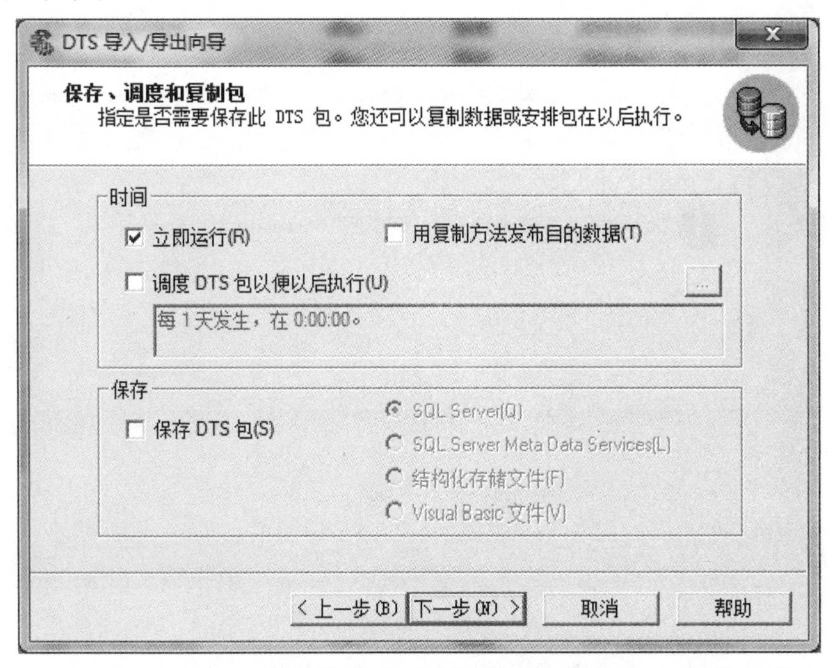

图 4.1.11　保存、调度和复制包

（12）单击“下一步”按钮，弹出确认导入向导对话框，如图 4.1.12 所示，再次确认内容是否正确。检查无误后，单击“完成”按钮。向导开始从 CSV 文件向数据库导入数据，导入完成后会出现如图 4.13 所示的对话框，显示导入数据成功。

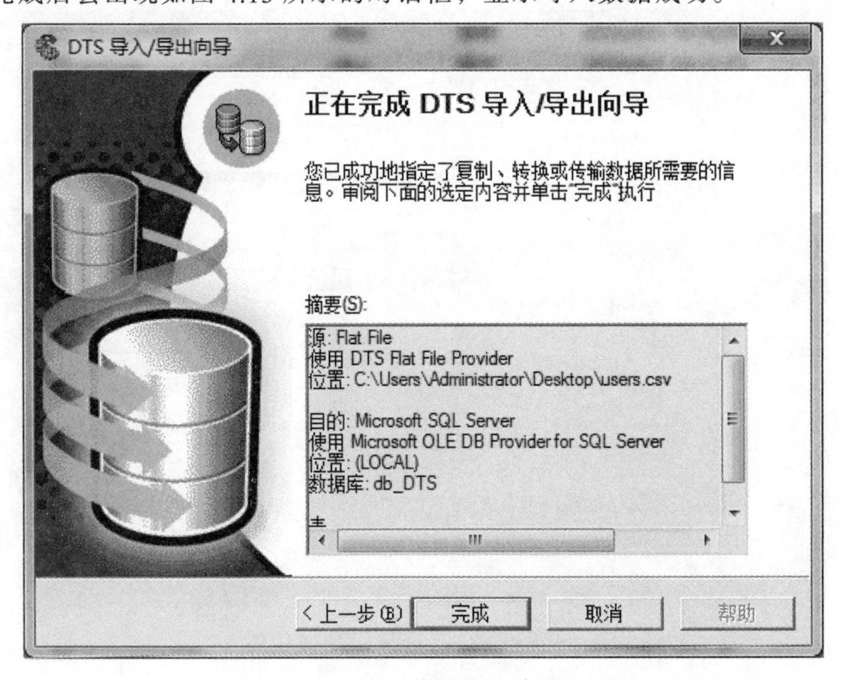

图 4.1.12　确认导入向导

图 4.1.13　数据导入成功

2. 批量修改产品价格（数据导出，修改后再导入）

（1）由于近期商品价格普遍上涨，现要对所有产品的销售价格上调 5%。那么首先我们需要导出产品表中的所有数据，在“企业管理器”中找到相应数据库的产品表 dtsProducts，在右键菜单的“所有任务”中选择“导出数据”选项，如图 4.1.14 所示。

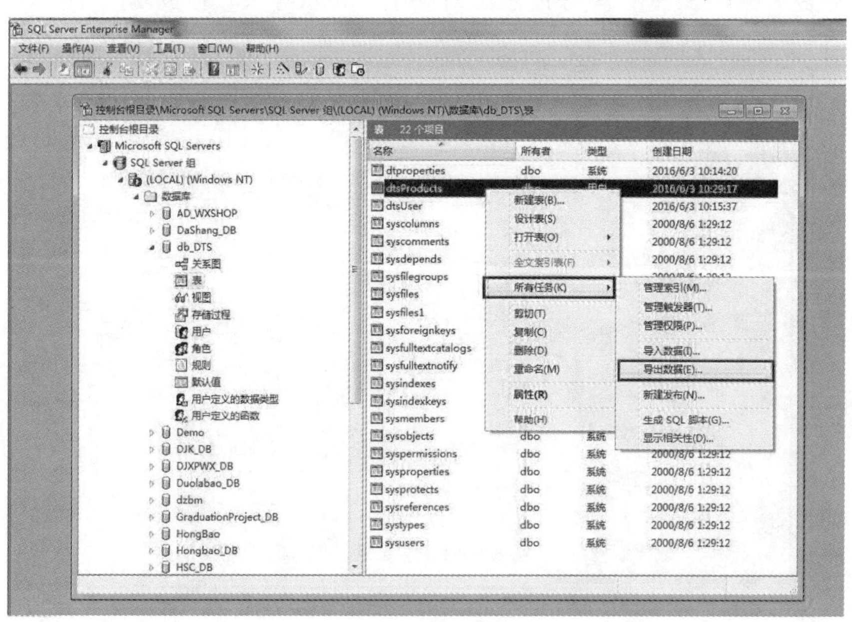

图 4.1.14　选择导出数据功能

（2）进入“选择数据源”对话框。跟之前的数据导入相比，这里的源是数据库，目的是文件，其他的操作大同小异。选择好需要导出表的数据库，如图 4.1.15 所示。

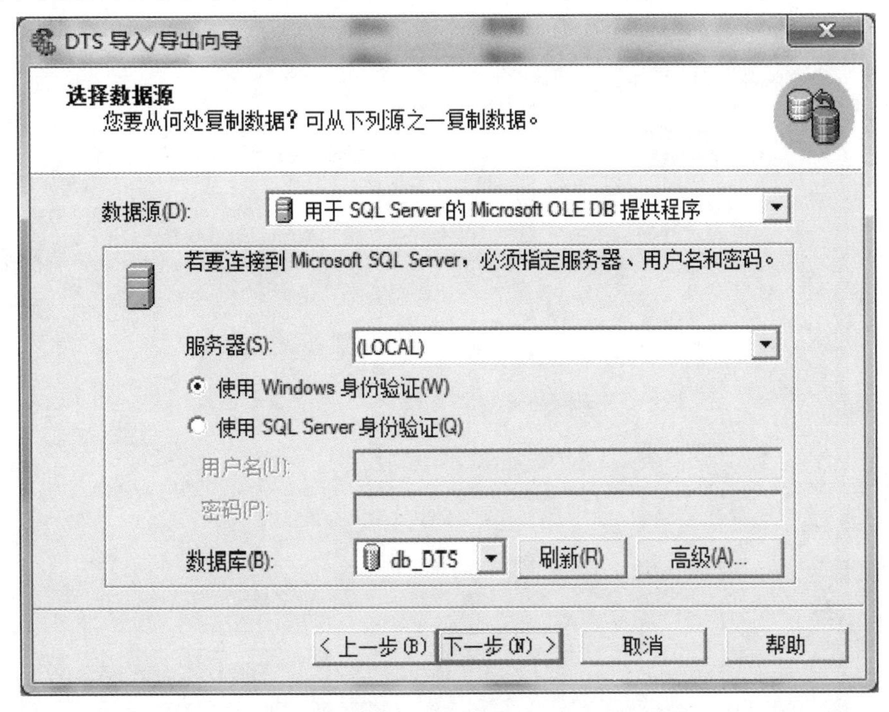

图 4.1.15　选择数据源

（3）选择完数据源以后，选择“目的”中的“文本文件”选项，并选择好文本文件所存放的路径及文件名，如图 4.1.16 所示。

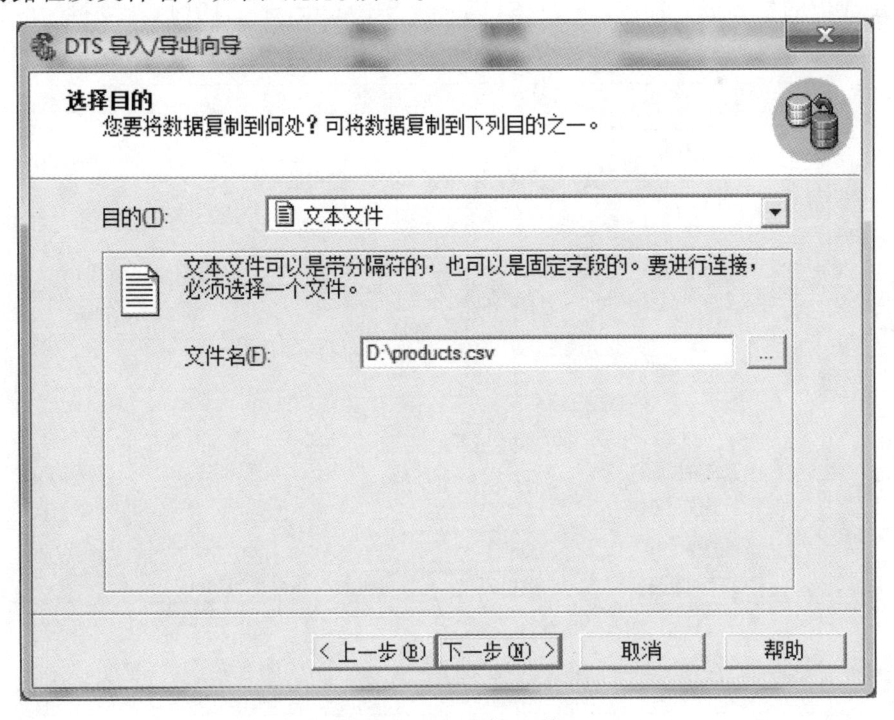

图 4.1.16　选择目的

（4）单击“下一步”按钮，进入“指定表复制或查询”对话框，选择“从源数据库复制表和视图”单选按钮，如图 4.1.17 所示。

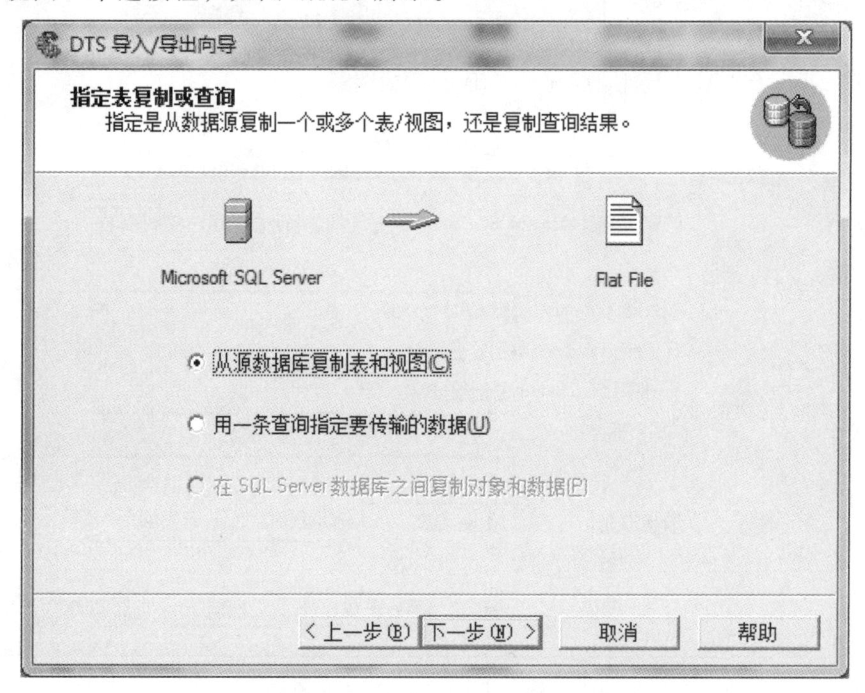

图 4.1.17　指定表复制或查询

（5）单击“下一步”按钮，进入“选择目的文件格式”对话框，在“源”中选择我们所需要导出的产品表，即“[db_DTS].[dbo].[dtsProducts]”，同时选择“带分隔符”单选按钮，如图 4.1.18 所示。

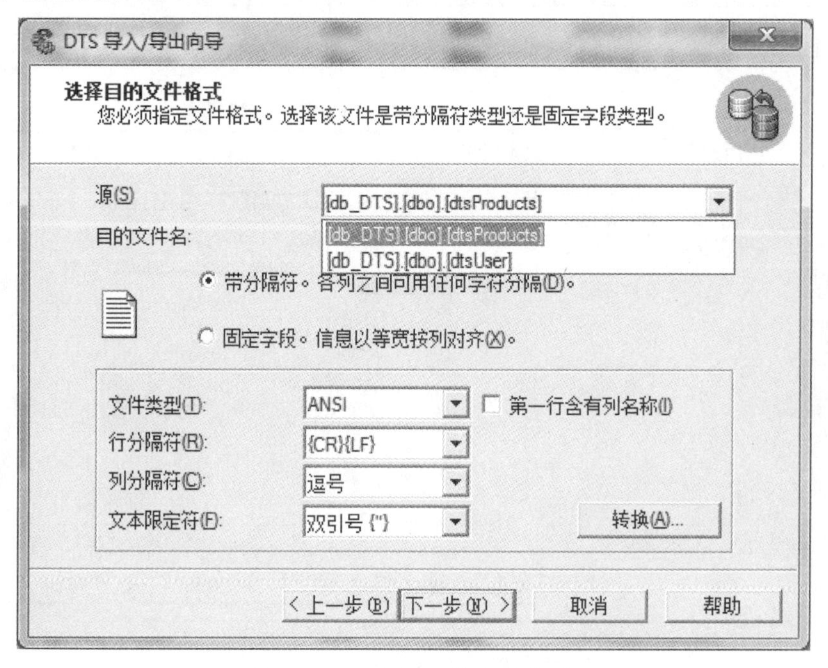

图 4.1.18　选择目的文件格式

（6）单击“下一步”按钮，进入“保存、调度和复制包”对话框，选择“立即运行”复选框。如图 4.1.19 所示。

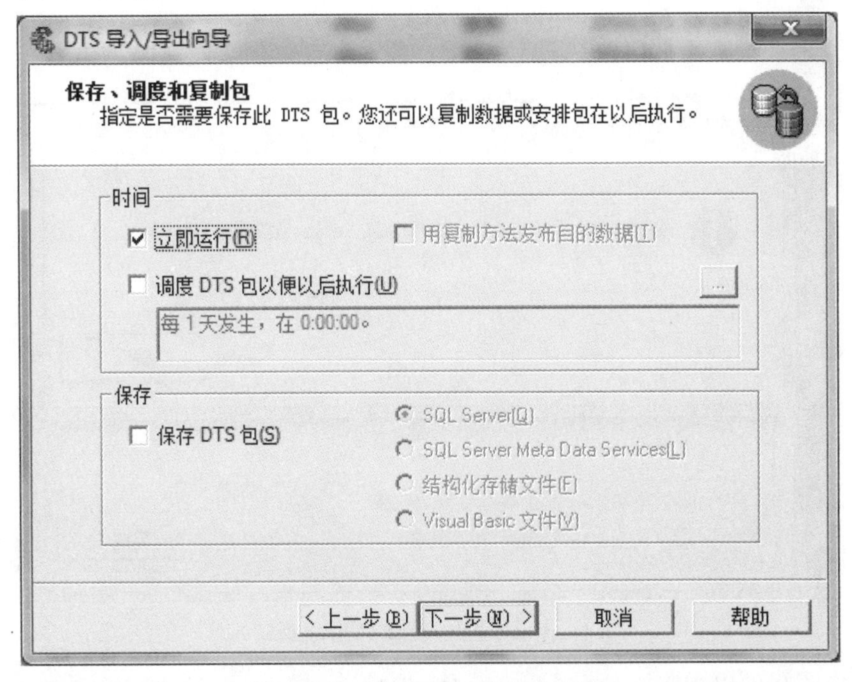

图 4.1.19　保存、调度和复制包

（7）单击“下一步”按钮，显示如图 4.1.20 所示的确认导出向导对话框。确定准确无误后，单击“完成”按钮。

（8）当导出文件完成后，显示如图 4.1.21 所示的对话框，数据导出成功完成。

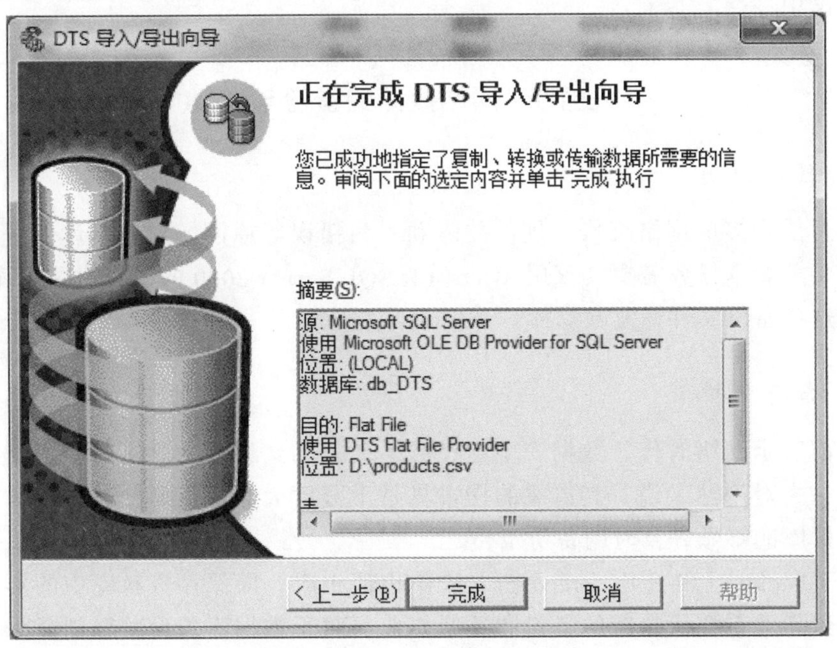

图 4.1.20　确认导出向导

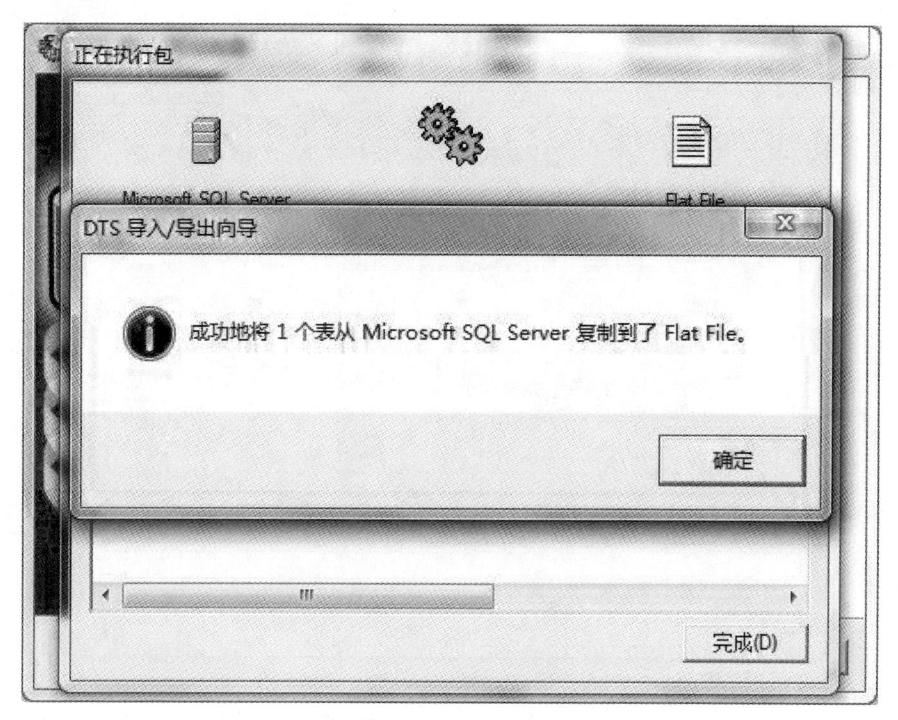

图 4.1.21　数据导出成功

（9）现在我们得到了文件 products.csv，根据 dtsProducts 的表属性可以知道，表中第 4 列为产品价格。运用 Excel 将原来第 4 列的价格数据变为原来的 1.05 倍，也就是涨价了 5%，然后将文件另存为 products_ncw.csv。在将数据导入回原来的产品表时，要注意先把原来产品表中的数据全部删除，然后再将修改好的 products_new.csv 导入到产品表 dtsProducts 中去。

任务 2　网站数据的备份与恢复

2.1　任务说明

面对目前众多的网络维修、硬件故障和人为错误等原因，对数据库的备份工作就显得更为必要了。本任务需要大家用 Microsoft SQL Server 2000 的工具对数据库进行备份，并能够用这些备份文件恢复数据库。

2.2　任务分析

在目前这个网络时代，数据安全已经成了大家的共识，尤其是对于电子商务网站而言，数据丢失对网站来说，其造成的伤害将是十分巨大甚至致命的，这就要求网站维护者对其数据库能够做好及时的备份工作。

备份（backup）和还原（recover）操作相辅相成，即保存资料库中的资料以便稍后使用，类似作业系统所执行的备份和还原作业。对于数据库备份的原则就是在不影响其工作的情况下，尽可能少地丢失数据，甚至不丢失数据。

2.3　任务实施

1. 数据库备份

要求分别用完全备份和差异备份对数据库进行备份。

（1）首先，打开 SQLServerEnterpriseManager（企业管理器），找到需要备份的数据库，如图 4.2.1 所示，右击并在弹出的菜单中选择“所有任务”中的”备份数据库”选项。

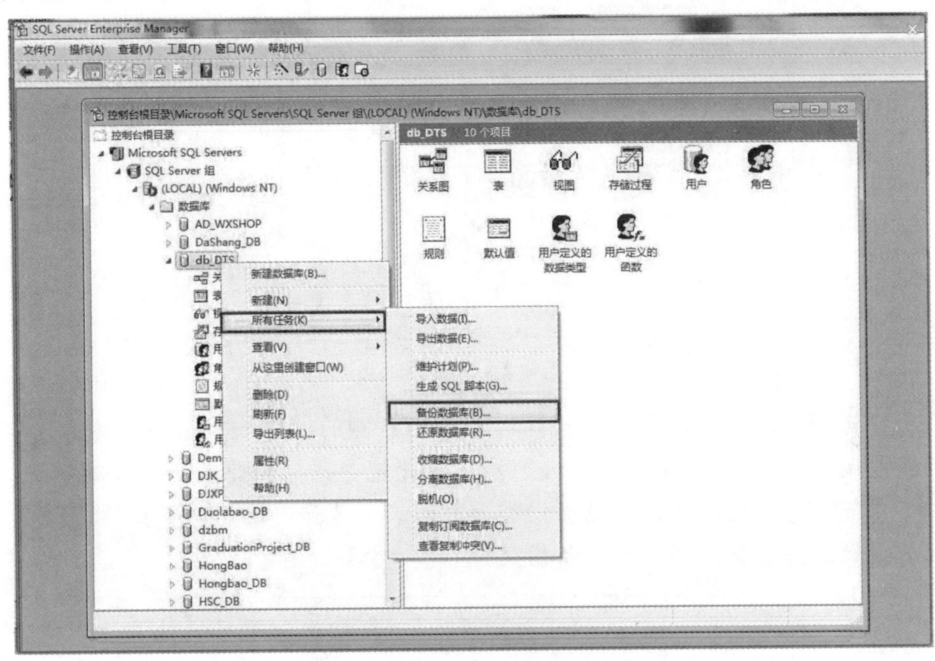

图 4.2.1　选择备份数据库

（2）弹出备份对话框，如图 4.2.2 所示。

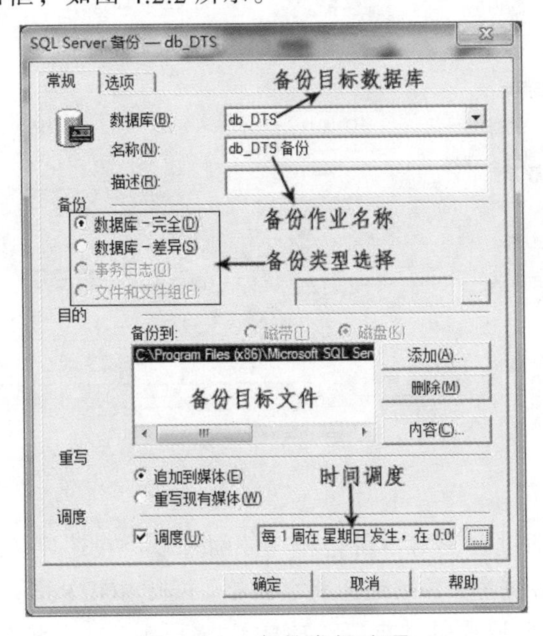

图 4.2.2　备份常规选项

（3）选中“调度”复选框后，可以单击其右侧的按钮进入“编辑调度”对话框，选择调度类型，如图 4.2.3 所示。

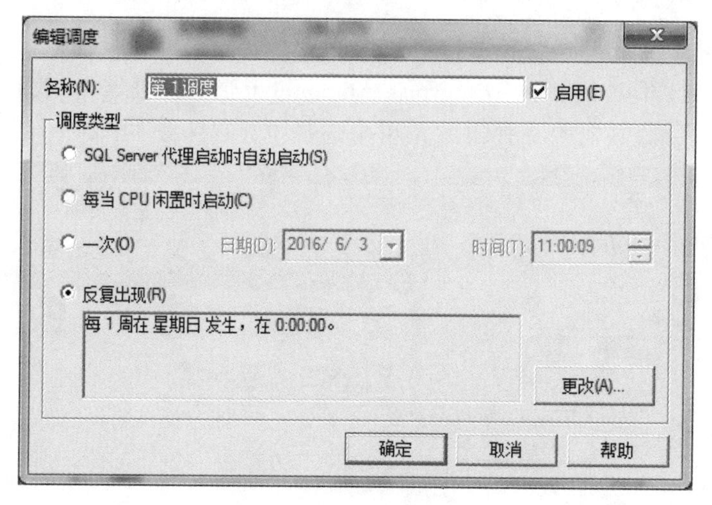

图 4.2.3 编辑调度

（4）在选择“反复出现”单选按钮时，单击右侧的“更改”按钮，进入“编辑反复出现的作业调度”对话框，如图 4.2.4 所示。在此选择我们需要的备份周期就可以了。

（5）重复上述过程，在选择“备份类型”时，只要选择的是“数据库-差异”单选按钮，那所得到的备份文件便是差异备份文件。

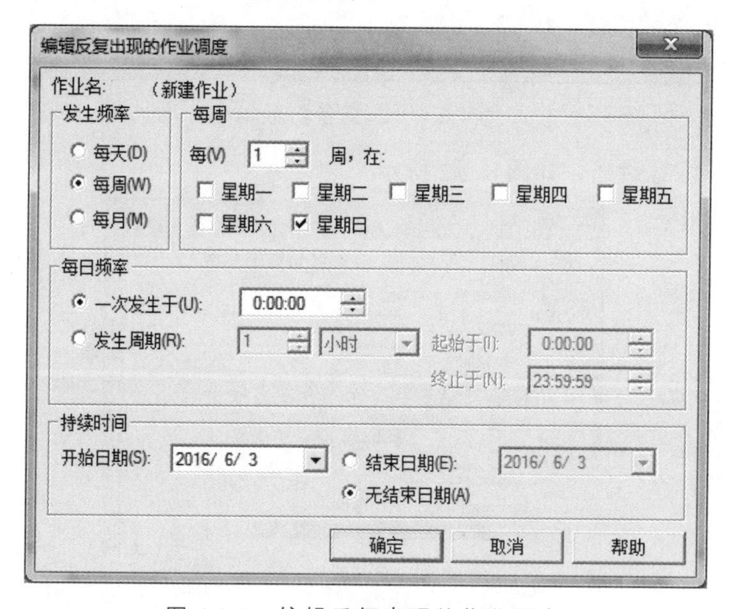

图 4.2.4 编辑反复出现的作业调度

2. 数据库恢复

（1）数据库恢复的过程是对备份进行还原的过程。在还原数据库之前，首先需要保证没有用户在使用该数据库，否则还原将会出错。打开 SQL Server Enterprise Manager（企业管理器）后，找到需要还原的数据库，如图 4.2.5 所示，右击并在弹出的菜单中选择“所有任务”中的“还原数据库”选项。

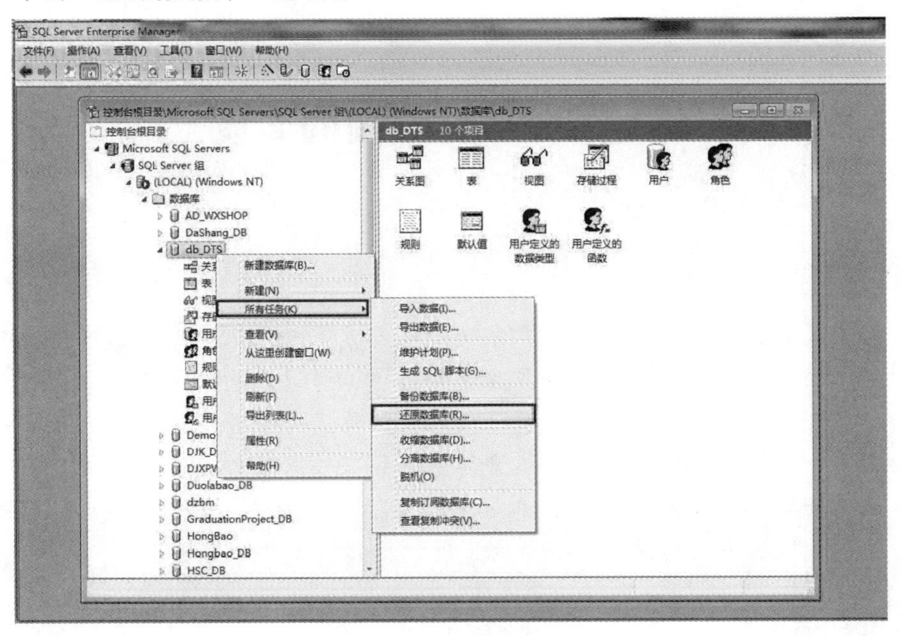

图 4.2.5　选择还原数据库

（2）弹出“还原数据库”对话框，如图 4.2.6 所示。选择好需要恢复的备份后，在下面的列表中确认相应的备份信息，正确无误后，单击“确定”按钮，系统将把数据库还原到所需要的备份处。

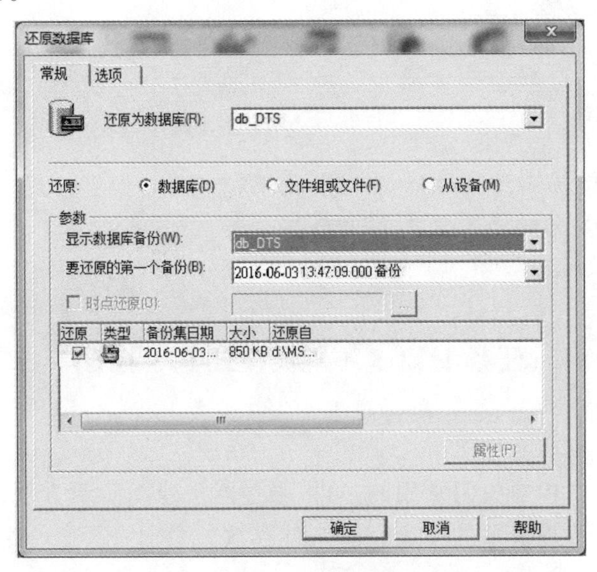

图 4.2.6　还原数据库

注意： 差异备份是完整备份的补充，只备份上次完整备份后更改的数据。系统在恢复一个差异备份时，必须先恢复其之前最近的一个完全备份。我们可以单独还原第一行，因为它的类型是完全备份，但无法单独恢复第二行，因为它是差异备份，是基于第一行的完全备份的备份。

项目五　FTP 应用的架设

【项目简介】

某公司架设自己的文件服务器用于存放公司文档资料。Web 服务器需要经常更新页面和随时增加新的消息条目；而文件服务器是公司、部门以及个人技术、业务文档资料的集中存放地，公司员工特别是在异地分支机构的员工需要经常从文件服务器下载资料到本地计算机，也需要从各自的计算机上传数据到文件服务器。这里更新、下载和上传文档资料的功能要求均可通过搭建 FTP 服务器来获得圆满解决，不仅如此，FTP 服务器还可通过访问权限的设置确保数据来源的正确性和数据存取的安全性。

【知识目标】

（1）了解 FTP 作用。
（2）了解 IIS 中安装 FTP。
（3）熟悉发布 IIS 中 FTP 使用。
（4）掌握 FTP 服务器设置。
（5）掌握 Serv-U 匿名登录。

【能力目标】

（1）能够利用 IIS 完成不隔离模式 FTP 搭建。
（2）能够利用 IIS 完成隔离模式 FTP 搭建。
（3）能够利用 Serv-U 工具完成 FTP 搭建。

任务 1　IIS 不隔离模式 FTP 搭建

1.1　任务说明

IIS 不隔离模式 FTP 是我们常用的 FTP 服务器搭建，简单方便，能满足我们基本需求，主要针对用户名不是很多的中小企业文件存放。

1.2　任务分析

任务前要确认操作系统是否安装 IIS 的 FTP 组件。如果没有安装，第一步需安装 IIS；第二步搭建 FTP 服务器；第三步对 FTP 进行配置。

1.3　任务实施

1. 安装 IIS

安装 IIS 需打开“控制面板”，在该窗口中找到“程序”选项打开，在“程序和功能”下方打开“程序启用或关闭 Windows 功能”选项，弹出“程序启用或关闭 Windows 功能”对话框，在对话框中找到 Internet 信息服务（Win10 在 Internet Information Services），勾选 FTP 服务器，如图 5.1.1 所示，点击“确定”开始安装，如图 5.1.2 所示。

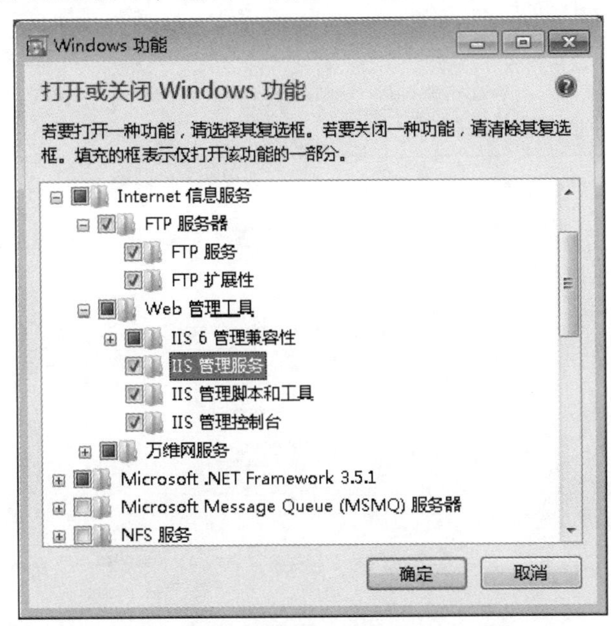

图 5.1.1　添加 FTP 服务

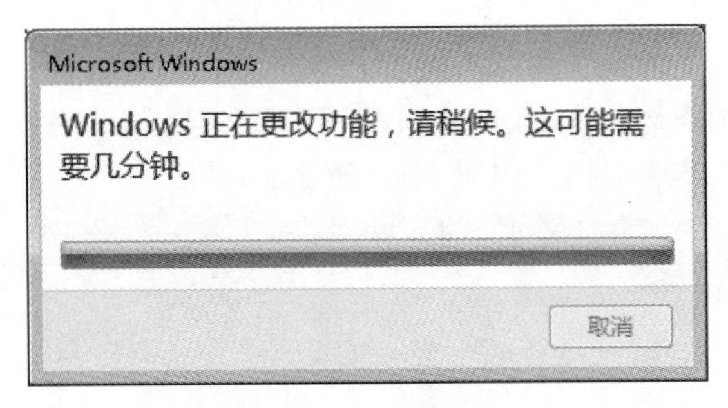

图 5.1.2　安装 IIS

一段时间后，Windows 7 将自动安装 IIS，安装完成后，可以在管理工具中查看是否安装成功，如图 5.1.3 所示。

2. 添加 FTP 站点

（1）单击 Internet 信息服务（IIS）管理器中“网站”，在右侧“操作”中点击“添加 FTP 站点”对话框，在“FTP 站点名称”输入框输入站点名称，在物理路径右边单击“…”按钮，选择 FTP 站点的主目录，如图 5.1.4 所示。

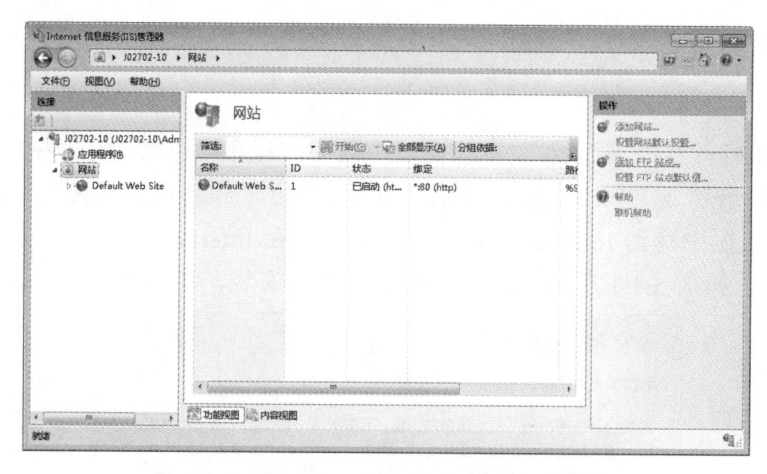

图 5.1.3　Internet 信息服务（IIS）管理器

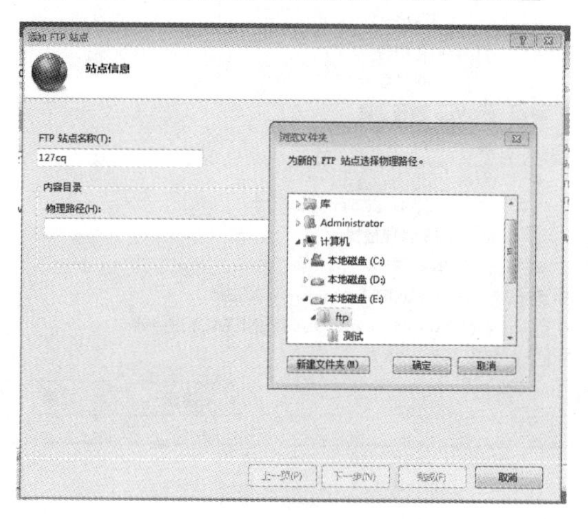

图 5.1.4　站点信息设置

（2）单击“下一步”按钮，出现“绑定和 SSL 设置”向导页，在“IP 地址”下拉列表中选择静态 IP 地址（本例为“192.168.0.10”），在“端口（默认=21）”文本框中输入“21”，SSL 栏选中“无 SSL”单选按钮，如图 5.1.5 所示。

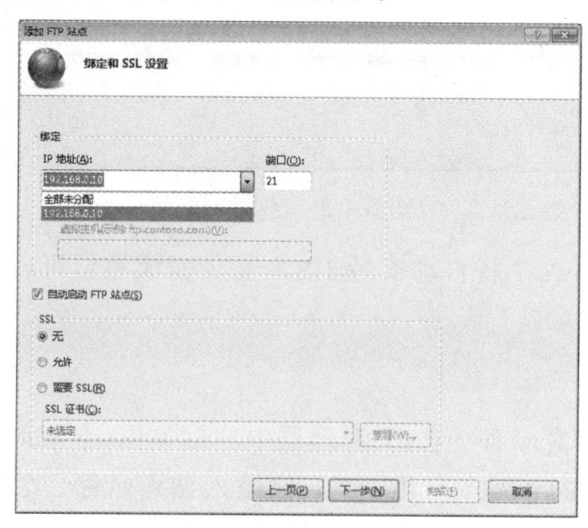

图 5.1.5　绑定和 SSL 设置

（3）单击“下一步”按钮，进入“身份验证和授权信息”向导页，在“身份验证”栏选中“匿名”和“基本”复选框，在“授权”栏的“允许访问”下拉列表中选择“所有用户”选项，并在“权限”栏选中“读取”和“写入”复选框。单击“完成”按钮，建立 FTP 站点成功，如图 5.1.6 所示。

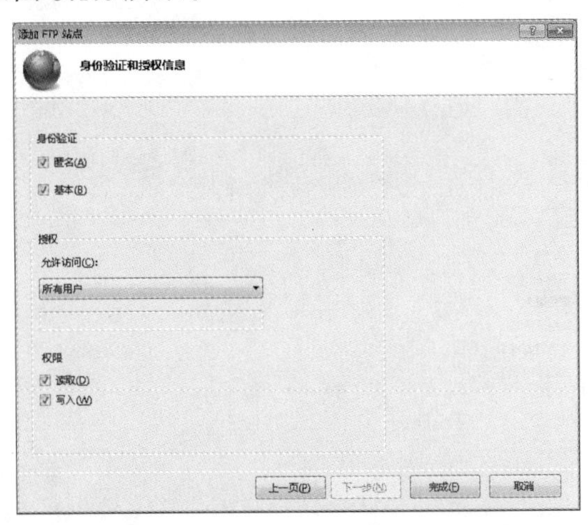

图 5.1.6 身份验证和授权信息设置

3. 设置 FTP 站点属性

（1）设置网站权限。在已创建的站点名（本例为“127cq”）上单击鼠标左键，在右侧的“操作”栏单击“编辑权限”选项，弹出“127cq 属性”对话框。事实上，这个对话框是 Windows 对文件夹及文件的管理，因此该操作可以参照 Windows 文件夹的设置。

（2）设置 IP 和端口绑定。在已创建的站点名（本例为“127cq”）上单击鼠标左键，在右侧的“操作”栏单击“绑定”选项，弹出“网站绑定”对话框，选中已经绑定的项目进行编辑，可以对 IP 和端口进行设置，单击“添加”按钮可以添加新的 IP 和端口。

（3）设置物理路径。在已创建的站点名（本例为“127cq”）上单击鼠标左键，在右侧的“操作”栏单击“基本设置”选项，弹出“编辑网站”对话框，单击“路径选择”按钮重新选择物理路径。

（4）设置目录浏览样式。在已创建的站点名（本例为“127cq”）上单击鼠标左键，在中间的“主页”栏单击“FTP 目录浏览”选项，出现“FTP 目录浏览”向导页，通过单击“目录列表样式”栏内的单选按钮可以设置样式，“目录列表选项”栏的复选框用来设置目录列表的信息。

（5）设置授权规则。在已创建的站点名（本例为“127cq”）上单击鼠标左键，在中间的“主页”栏单击“FTP 授权规则”选项，出现“FTP 授权规则”向导页，在左侧单击需要更改的规则。在右侧操作栏出现了操作选项，单击“编辑”选项，出现“编辑运行授权规则”对话框，可以对该规则进行相应设置。

4. 发布 FTP 站点

同 Web 站点类似，完成 FTP 站点的设置之后，即相当于将其发布到了局域网中，在网内的任何一台计算机，都可以登录到服务器，并根据服务器提供的权限共享服务器资源。打开 IE 浏览器，在浏览器中输入“ftp：//192.168.0.10”，按 Enter 键，进入服务器界面。用鼠标右键单击列表项中的文件，从弹出的快捷菜单中选择“复制”命令，即可将服务器文件粘贴到本地计算机上。在局域网内可达到非常快的速度，如图 5.1.7 所示。

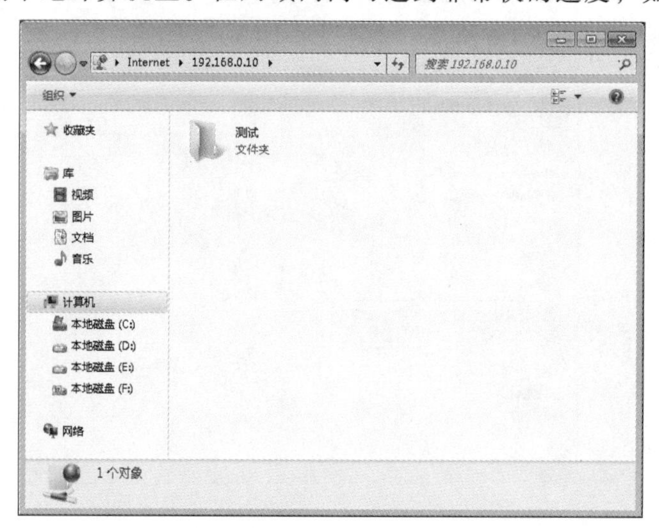

图 5.1.7　FTP 安装完成

任务 2　IIS 隔离模式 FTP 搭建

2.1　任务说明

尽管 FTP 服务器为网络用户传送文件带来了很多方便，不过如果没有一定的权限设置来限制用户的文件传送活动，将会给管理工作埋下很多隐患。例如，文件的肆意删除、更改等行为常常会让用户头痛不已。如果能够把每个用户限制在属于自己的 FTP 站点特定目录中，使其仅仅在该目录中拥有写入权限，就能很好地解决这个问题。

2.2　任务分析

FTP 站点必须是“隔离用户”模式（以此模式安装，系统将自动区分用户性质）；必须在 NTFS 上建立 FTP 主目录（涉及用户权限问题）；FTP 主目录下必须建立一个“LocalUser”文件夹（这个与一般的 FTP 目录结构略有不同）；在“LocalUser”文件夹下创建的用户主目录必须与用户名一致，“Public”除外。

2.3　任务实施

1. 建立隔离用户文件夹

建立 IIS 隔离模式 FTP，先在任一 NTFS 分区（我们在 E 盘）下建一目录作为 FTP 站点的主目录，并在该文件夹内创建“LocalUser”文件夹，再在“LocalUser”文件夹内创建“Public”“user1”“user2”三个文件夹。

当 user1 与 user2 通过匿名方式登录 FTP 站点时，只能浏览到“Public”子目录中的内容。若用个人账号登录 FTP 站点，则只能访问自己的子文件夹，即 user1 只能访问 user1 文件夹，user2 只能访问 user2 文件夹，如图 5.2.1 所示。

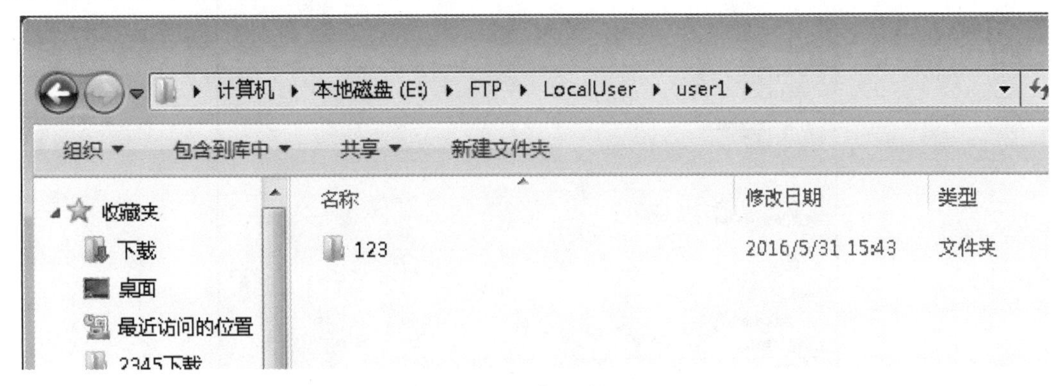

图 5.2.1　建立文件夹

2. 添加 FTP 站点

（1）弹出“添加 FTP 站点”对话框，在“FTP 站点名称”输入框输入站点名称，在物理路径右边单击“…”按钮，选择 FTP 站点的主目录，如图 5.2.2 所示。

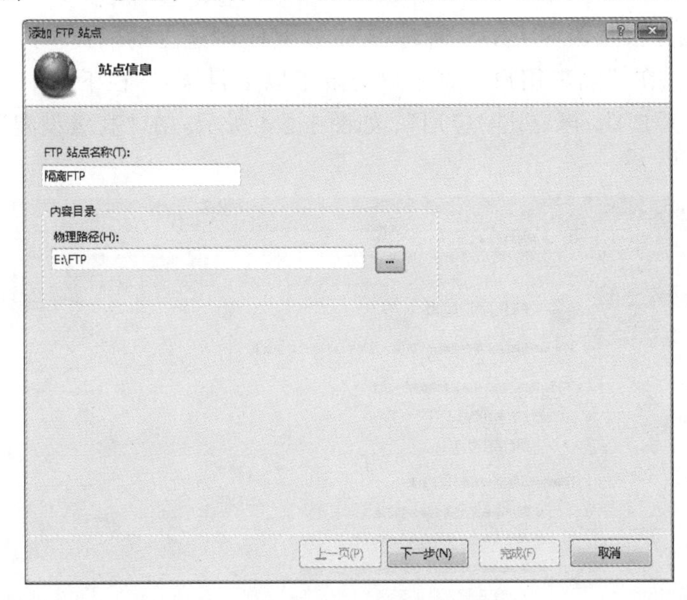

图 5.2.2　站点信息

（2）单击“下一步”按钮，出现“绑定和 SSL 设置”向导页，在“IP 地址”下拉列表中选择静态 IP 地址（本例为“192.168.0.19”），在“端口（默认=21）”文本框中输入“21”，SSL 栏选中“允许 SSL”单选按钮，单击“下一步”按钮，如图 5.2.3 所示，出现“添加 FTP 站点”向导页，单击“下一步”按钮，进入“身份验证和授权信息”向导页，在“身份验证”栏选中“匿名”（如果不需要匿名访问在这里不勾选）和“基本”复选框，在“授权”栏的“允许访问”下拉列表中选择“所有用户”选项，并在“权限”栏选中“读取”和“写入”复选框。单击“完成”按钮，建立 FTP 站点成功。

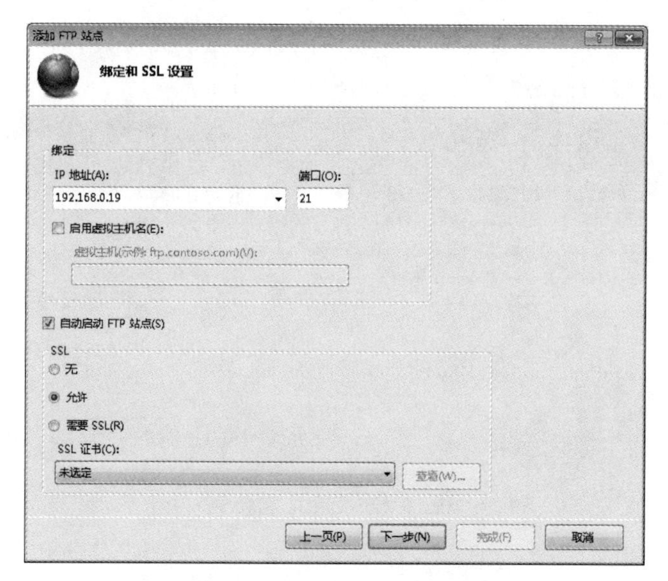

图 5.2.3 绑定和 SSL 设置

3. 设置 FTP 站点属性

打开“Internet 信息服务（IIS）管理器”，找到刚刚建立的隔离 FTP 站点，单击“FTP 用户隔离”菜单，在“隔离用户。将用户局限于以下目录:”栏下选中“用户名目录（禁用全局虚拟目录）(B)”，再点击“应用”，如图 5.2.4 所示。在“高级设置”把“允许 UTF8”设置成“False”。

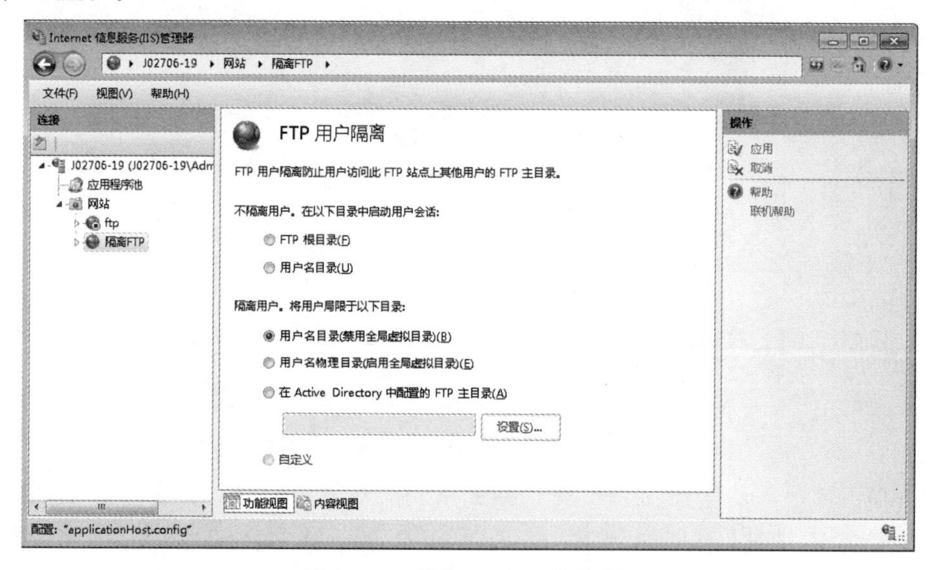

图 5.2.4 设置 FTP 用户隔离

4. 建立 FTP 访问用户

右建单击桌面“计算机”，选择“管理”，点击“计算机管理（本地）”下拉菜单“本地用户和组”下“用户”，右键新建用户（我们以 user1 和 user2 两个用户），如图 5.2.5 所示。

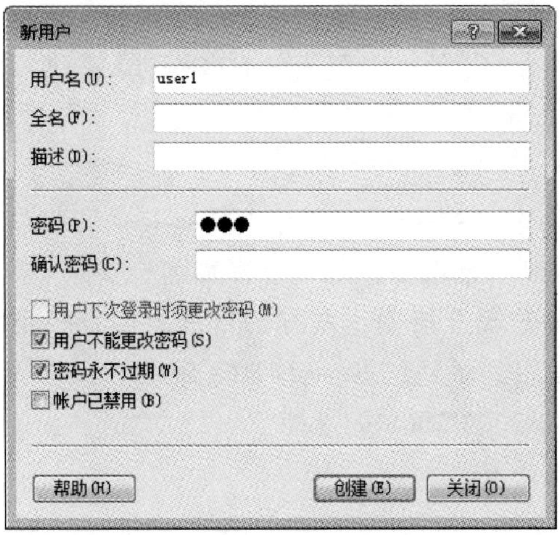

新用户

用户名(U): user1

全名(F):

描述(D):

密码(P): ●●●

确认密码(C):

☐ 用户下次登录时须更改密码(M)

☑ 用户不能更改密码(S)

☑ 密码永不过期(W)

☐ 帐户已禁用(B)

帮助(H) 创建(E) 关闭(O)

图 5.2.5 设置新用户

5. 测试 FTP 站点

在浏览器中打开 ftp: //192.168.0.19，弹出“登录身份”对话框，输入我们刚刚建立的用户和密码登录，如图 5.2.6 所示，测试是否成功，登录成功如图 5.2.7 所示。

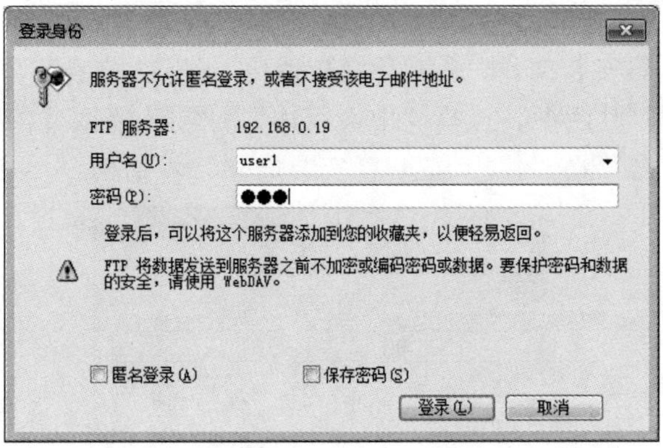

登录身份

服务器不允许匿名登录，或者不接受该电子邮件地址。

FTP 服务器: 192.168.0.19

用户名(U): user1

密码(P): ●●●

登录后，可以将这个服务器添加到您的收藏夹，以便轻易返回。

FTP 将数据发送到服务器之前不加密或编码密码或数据。要保护密码和数据的安全，请使用 WebDAV。

☐ 匿名登录(A) ☐ 保存密码(S)

登录(L) 取消

图 5.2.6 登录 FTP

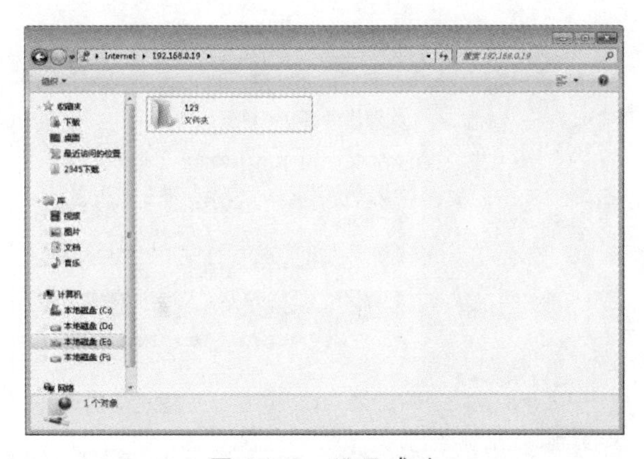

图 5.2.7 登录成功

任务 3　第三方 FTP 工具搭建

3.1　任务说明

在 FTP 服务器端软件中，Serv-U 除了几乎拥有其他同类软件所具备的全部功能外，还支持断点续传、带宽限制、连接数量控制、多域名、多账号、动态 IP 地址、远程监控、远程管理等，再加上良好的安全机制、友好的管理界面及稳定的性能，让它赢得了很高的赞誉，获得了广泛的运用。最新的 Serv-U FTP 版本，支持 Windows 2000/xp/vista/7/10 以及 Windows Server 2000/2003/2008 服务器。

3.2　任务分析

软件可以从 http：//www.serv-u.com/dn.asp 下载其最新的试用版。创建新用户，修改用户访问权限。

3.3　任务实施

1. Serv-U 的安装与注册

（1）双击 Serv-U 的安装文件，系统开始初始化 Serv-U 的安装环境。初始化完成之后，弹击“选择安装语言”对话框，选择“中文简体”，单击“确定”，如图 5.3.1 所示。耐心等待一段时间后，弹出“欢迎使用 Serv-U 安装向导”对话框，单击“下一步”。

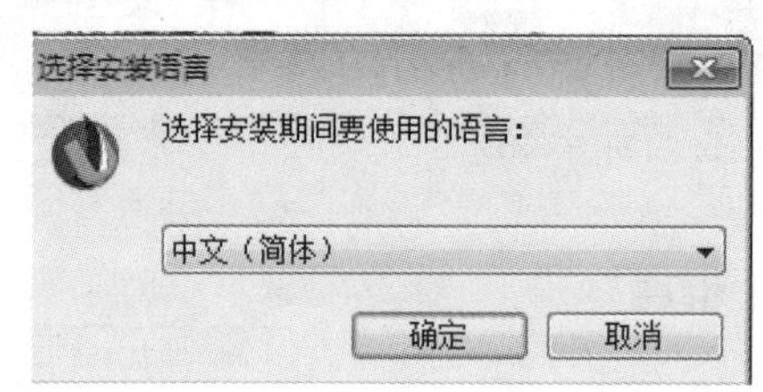

图 5.3.1　选择安装语言

（2）打开“许可协议”对话框，选择“我接受协议”单选按钮，单击“下一步”，如图 5.3.2 所示。

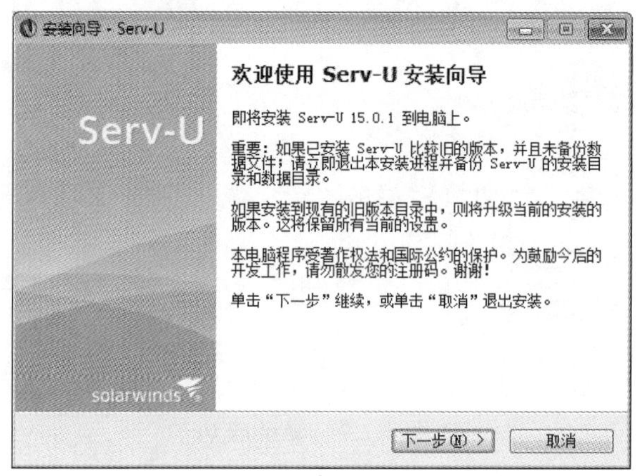

图 5.3.2　安装向导

（3）在打开的“选择目标位置”对话框中输入或通过“浏览”按钮选择 Serv-U 软件的安装路径（系统会自动分配一个路径），单击“下一步”按钮。根据安装向导的提示并均用默认选项，直至弹出“完成 Serv-U 安装”对话框，单击“完成”按钮，第一次运行 Serv-U 软件系统会提示是否要定义新的域，这里单击“否”按钮，如图 5.3.3 所示。

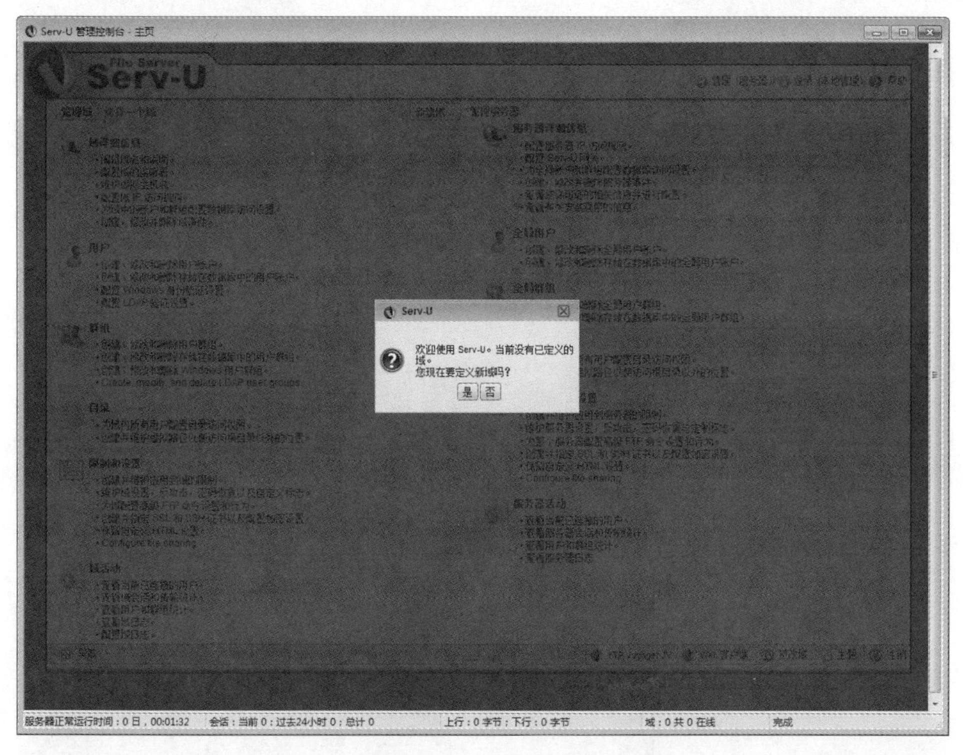

图 5.3.3　定义新域

（4）系统进入“Serv-U 管理控制台主页”窗口，未注册的 Serv-U 只能试用 30 天，为了继续使用具有完整功能的 Serv-U，需购买 Serv-U 许可证后用注册码进行注册。在“查看有关安装程序的信息”打开“服务器详细信息”对话框，单击“许可证信息”选项卡，在此，可看到是否注册的提示。在“服务器详细信息”对话框的左下角单击“注册”按钮，在打开的“注册 ID”对话框中粘贴正确的注册 ID，再单击“保存”。

2. 创建域用户

（1）Serv-U 的域是用户和群组的集合，实际上也是一个可用域名（在 DNS 中建立了主机记录）独立访问的 FTP 站点，首次安装 Serv-U 后，不存在任何域。其创建步骤如下：在“Serv-U 管理控制台主页”窗口中单击“新建域”，弹出“域向导-步骤 1”对话框，在“名称”编辑框内输入域名，单击“下一步”，如图 5.3.4 所示。

（2）打开“域向导-步骤 2”对话框，因为我们现在只需要 FTP 功能，所以勾选 FTP，仅保留“FTP 和 Explicit SSL/TLS”项，单击“下一步”，如图 5.3.5 所示。

（3）打开“域向导-步骤 3”对话框，输入服务器使用的 IP 地址，可以保留默认的“所有可用的 IPv4 地址”选项，服务器将会自动识别可用网卡的 IP 地址，单击“下一步”，如图 5.3.6 所示。

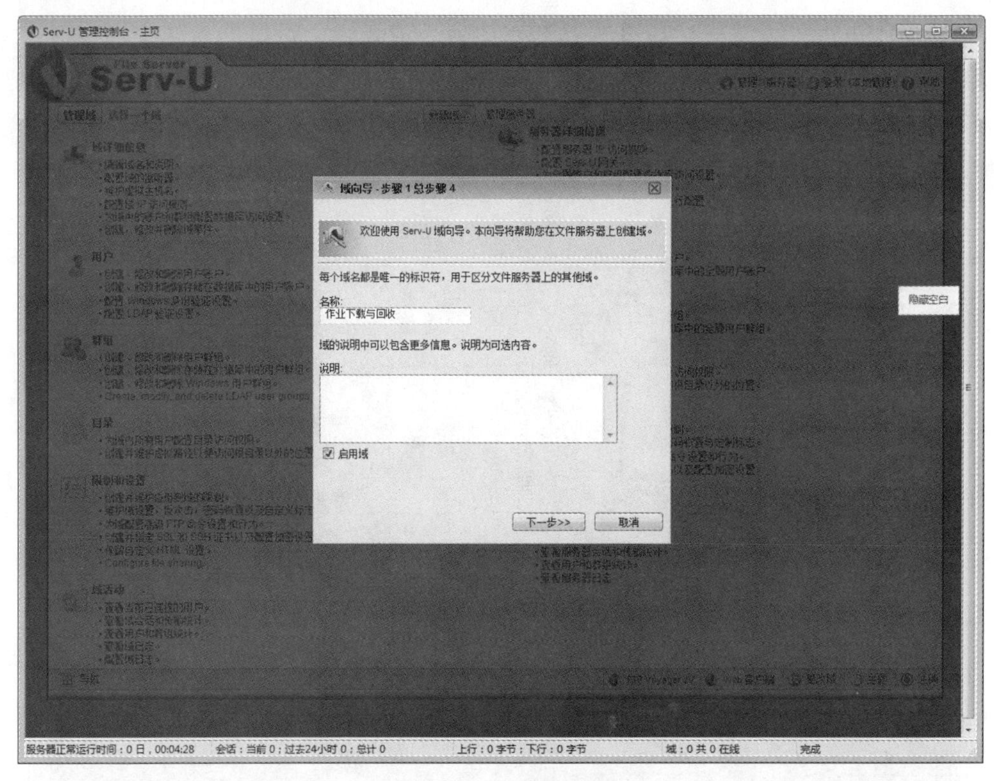

图 5.3.4　设置名称

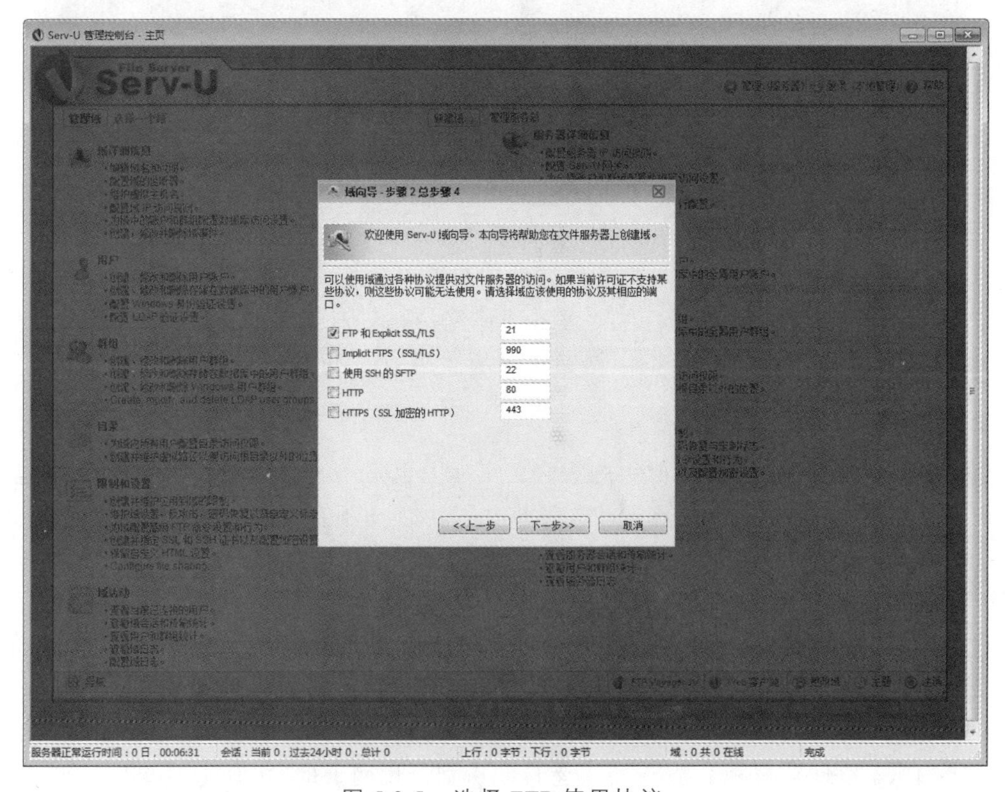

图 5.3.5　选择 FTP 使用协议

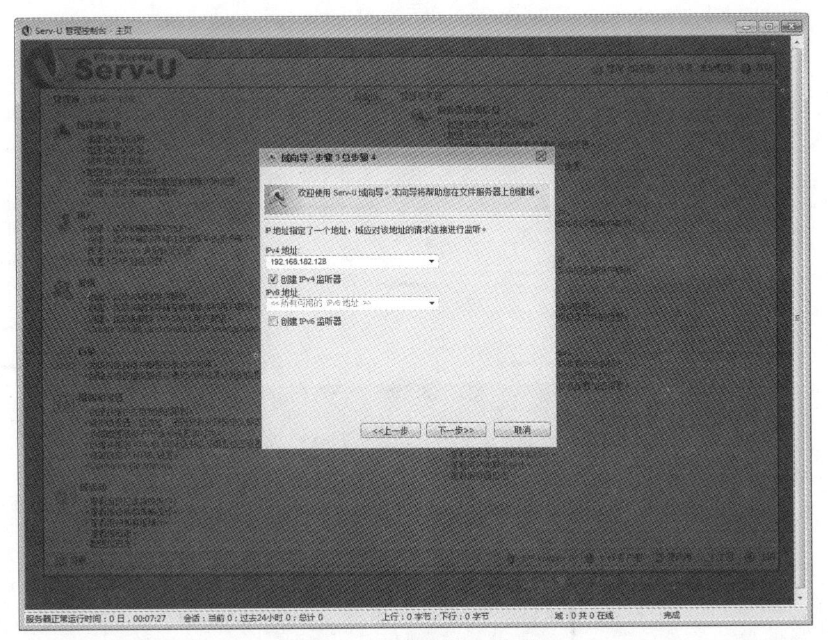

图 5.3.6　选择 IP 地址

（4）打开“域向导-步骤 4”对话框，选择密码加密模式，保证密码在网络中传输的安全，单击“完成”按钮，完成域的创建。点击“完成”，弹出是否创建用户对话框，请点击“是”，如图 5.3.7 所示。

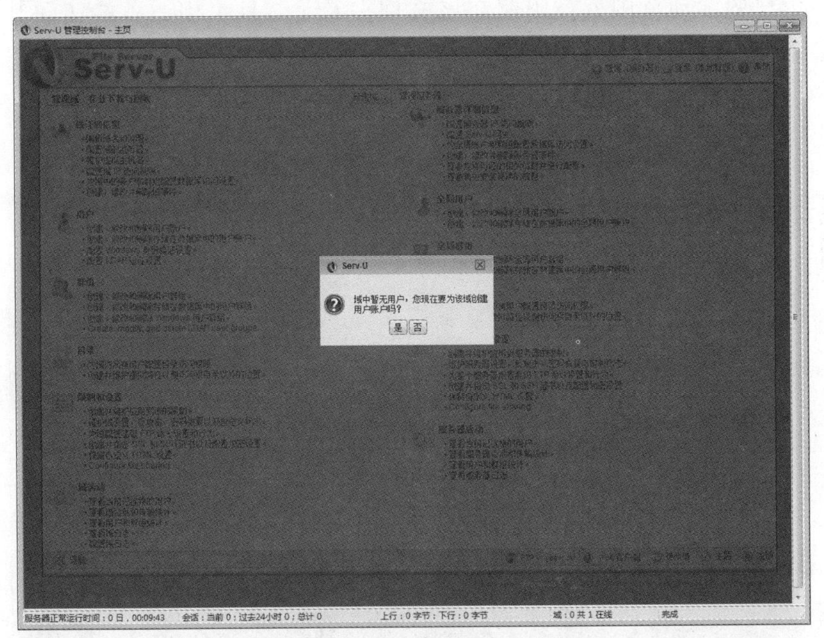

图 5.3.7　提示创建用户账户

（5）这时系统会提示“域中暂无用户，您现在要为该域创建用户账户吗”，单击“是”按钮，创建首个用户账户，首个账户一般为匿名账户“Anonymous”，密码为空，用户输入域名或服务 IP 地址无需账户密码就可以登录。登录 ID 填写“Anonymous”，删除默认密码，单击“下一步”，如图 5.3.8 所示。

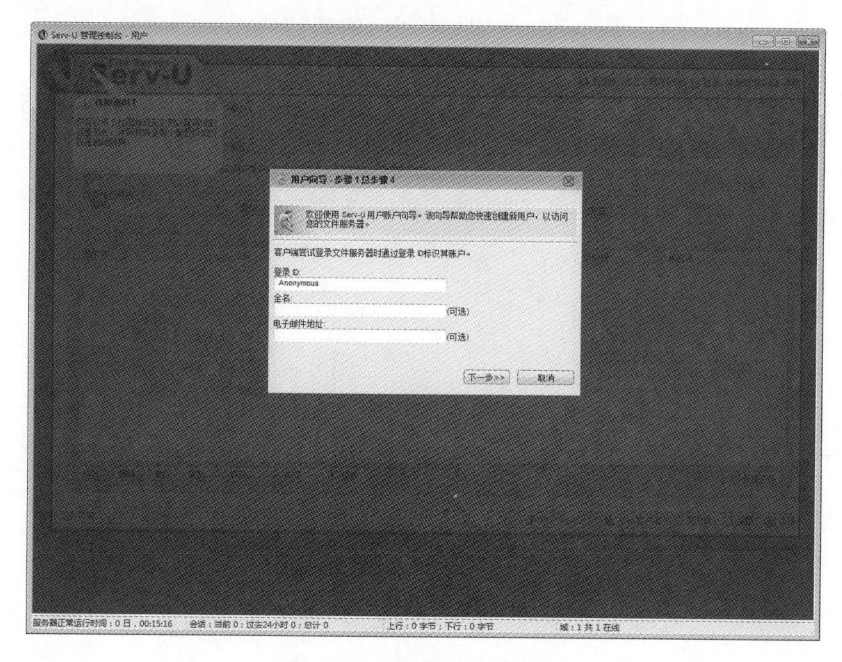

图 5.3.8　新建 FTP 用户

（6）弹出根目录选择位置，在对话框中输入或单击右边的“浏览”按钮为本用户指定根目录（即用户登录到服务器后所处的位置）。其中，“锁定用户至根目录”选项要勾上，这样，用户的活动范围就被限制在该文件夹及子文件夹中，不能访问其他地方。否则，如用户登录的目录是“e：\作业下载与回收”，如果不勾选，则用户可以通过“作业下载与回收”目录向上访问到 E 盘根目录或者其他目录中无权访问的内容，从而带来安全隐患。此后，单击“下一步”按钮，如图 5.3.9 所示。

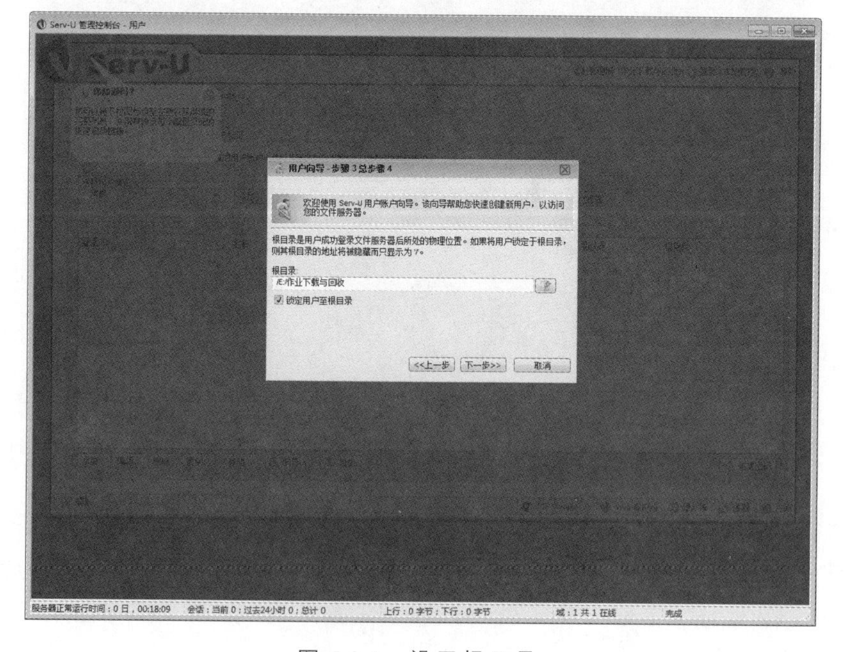

图 5.3.9　设置根目录

（7）弹出“用户向导-步骤 4”对话框，根据需要选择用户的访问权限。若该用户只是为了下载服务器中的资源，选择“只读访问”；若该用户需要上传文件，则选择“完全访问”。然后单击“完成”按钮，完成“域用户”的创建，如图 5.3.10 所示。

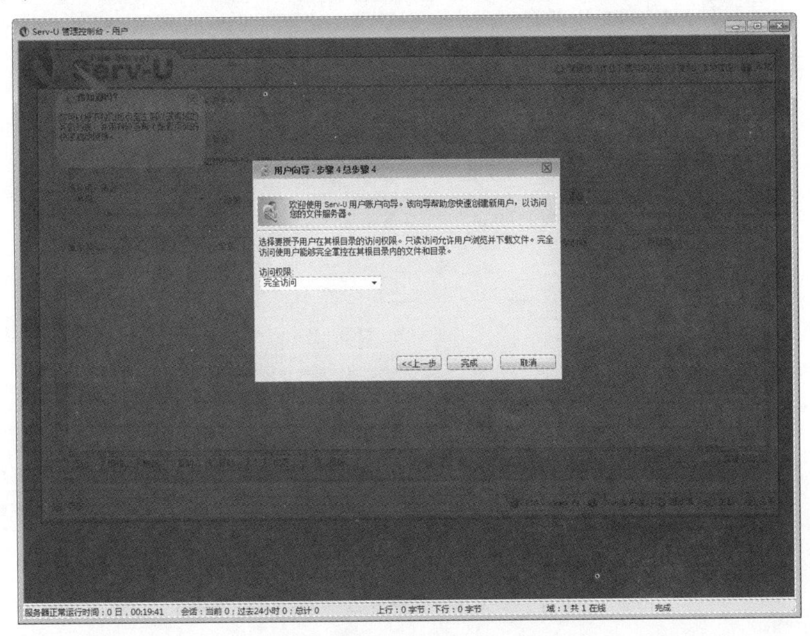

图 5.3.10　设置访问权限

（8）Serv-U 7 以后的版本默认的编码是 UTF-8，而大部分 Windows 客户端不支持，会出现乱码问题。我们需在管理控制台另行设置。点击“限制和设置”下面的“为域配置高级 FTP 命令设置和行为”选项，如图 5.3.11 所示。

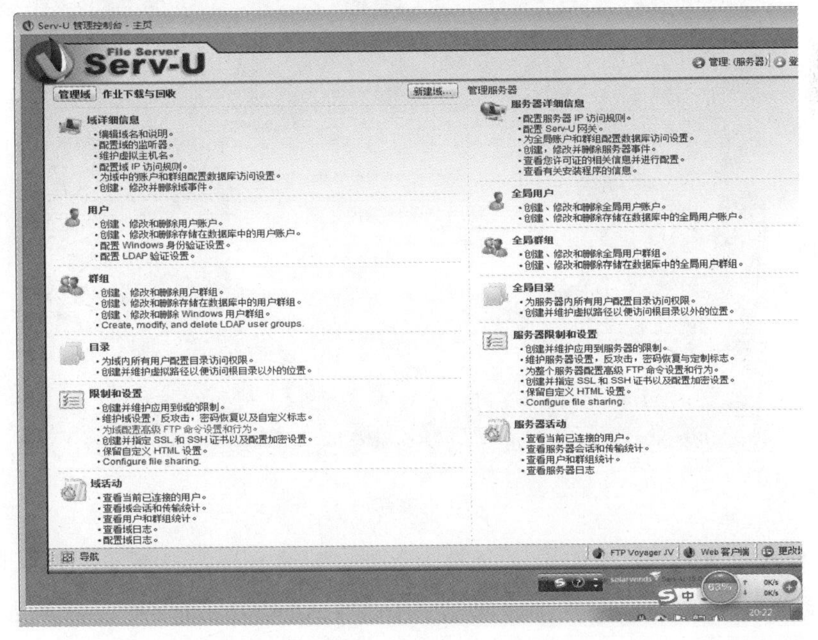

图 5.3.11　配置高级 FTP 命令设置和行为

（9）找到名称“用于 UTF8 的选项”，然后点击“禁用命令”并保存，如图 5.3.12 所示。

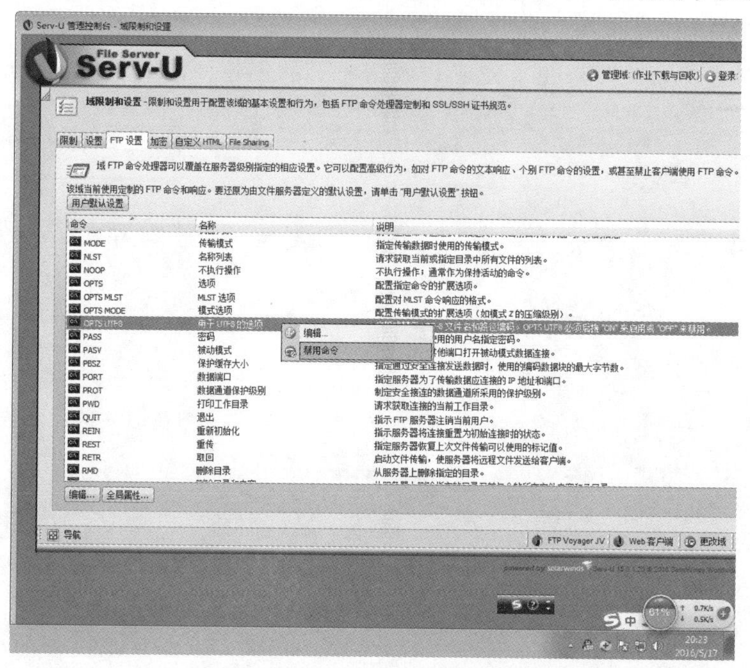

图 5.3.12　用于 UTF8 的选项设置禁用命令

（10）点击全局属性，取消“高级选项”里所有选项并保存，如图 5.3.13 所示。完成 Serv-U 配置，打开浏览器，输入本机 IP 地址进行测试。

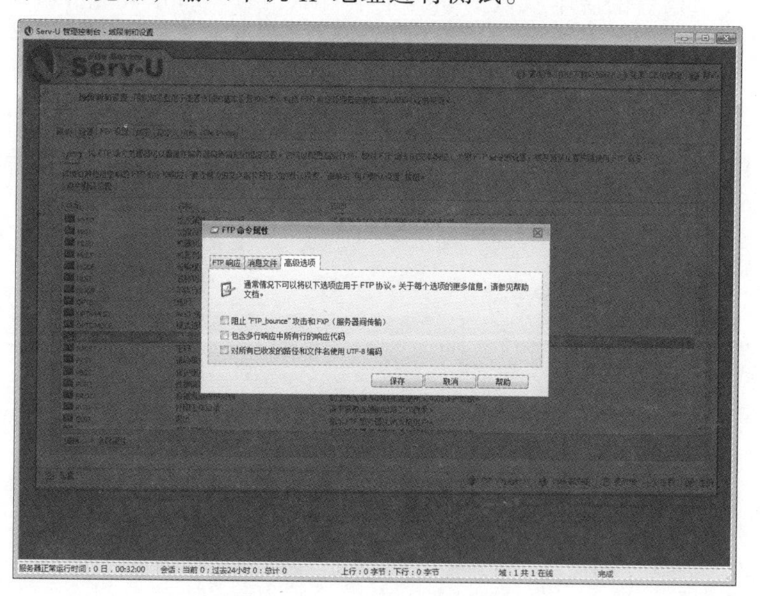

图 5.3.13　高级选项设置

注意：修改用户权限，可回到主页面，打开“创建、修改和删除用户账户”，找到并单击“Anonymous”用户，选择“编辑”按钮，对“%HOME%”和“作业下载与回收”编辑访问权限并保存。

项目六　Email 应用的架设

【项目简介】

现在很多的公司都在使用免费的邮箱，总之邮箱后缀五花八门，什么样的都有，这样不仅对外形象不能提升，业务邮件根本不能管理，谁给哪个客户联系过，外贸负责人都不能很清晰地知道。外贸公司使用企业邮箱，绑定公司域名为后缀的邮箱，不仅能从侧面提升企业的网络形象、企业品牌地位（国外的商人对考量一个公司的实力经常会从email 来判别），统一员工对外的企业形象，防止公司机密外泄等。

【知识目标】

（1）了解企业邮箱的原理及意义。

（2）熟悉企业邮箱的申请和使用。

（3）掌握电子邮件的发送和接收。

【能力目标】

（1）能使用电子邮件与人信息交流。

（2）能通过协作学习，学会与他人合作共事技巧。

（3）能培养学生自主发现、自主探究的学习方法和创新精神。

任务 1　配置免费企业邮箱

1.1　任务说明

腾讯企业邮箱是腾讯针对企业用户提供的企业邮局服务。用户可搭建属于企业自己的邮局，实现邮件收发等功能。企业将自己的域名按要求进行配置后，即可拥有一批以企业域名为后缀的邮箱账号。并可根据需要对这些账号进行自主的组织、管理和分配。

1.2　任务分析

腾讯企业邮箱不仅仅满足于提供日常工作的邮件功能，而是致力于以邮件服务为基础提供整套企业服务。因此，在邮箱基础服务中整合了 OA/CRM/ERP 的功能接口或外部套件，供有需要的企业选择使用或做二次开发。

1.3　任务实施

1. 创建免费版企业邮箱

登录腾讯企业邮箱门户 http：//exmail.qq.com，点击“开通邮箱”按钮，用户可以根据自己的需要选择开通收费版的企业邮箱或开通免费版的企业邮箱，如图 6.1.1 所示。

图 6.1.1　开通企业邮箱

2. 开通免费版的企业邮箱步骤和流程

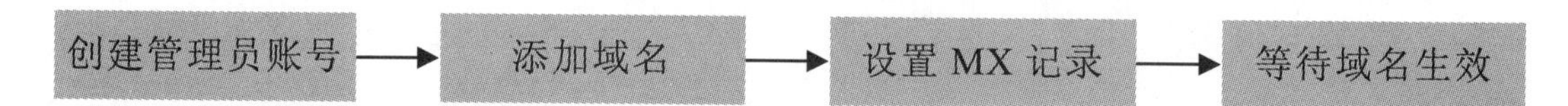

对于企业来说，管理员账号负责企业邮箱的所有管理工作。因此企业需要先创建管理员账号。该管理员账号拥有该企业邮箱的最高管理权限，并可设置下面的分级管理员。

此外，为了确保企业账户信息安全，在注册腾讯企业邮箱时，用户还需要提交一个有效的邮箱作为密保邮箱以及有效的手机号码。该邮箱将用于找回企业邮箱的管理员密码及接受一些重要的系统邮件。

（1）创建管理员账号，设定管理员账号和密码，手机号码验证提交，如图 6.1.2 所示。

图 6.1.2　创建管理员账号

（2）添加域名 cqwsxl.cn，等待域名生效，如图 6.1.3 所示。

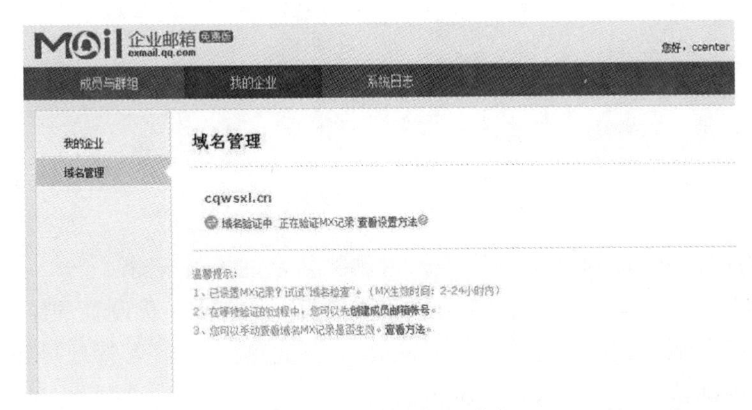

图 6.1.3　添加企业域名

在域名管理页面设置完成后，点击“完成设置”，即可查看设置的结果。

（3）设置域名 MX 记录，如图 6.1.4 所示。

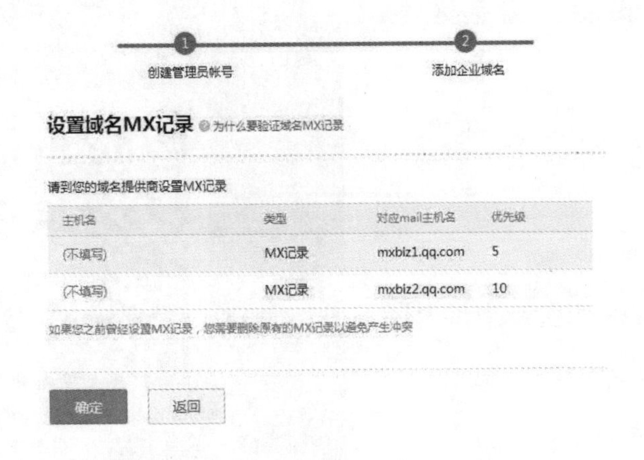

图 6.1.4　设置域名 MX 记录

域名的 MX 记录表明了该域名所对应的邮件服务器地址。给域名设置 MX 记录是使用腾讯企业邮箱收取邮件的必要前提。

例如，当有人发邮件给“admin@testexmail.com”时，系统将对 testexmail.com 进行 DNS 中的 MX 记录解析。如果 MX 记录存在，系统就根据 MX 记录的优先级，将邮件转发到与该 MX 相应的邮件服务器上。

每个域名商通常都会提供域名管理页面，请登录域名管理页面设置 MX 记录（每个域名商的后台管理界面略有不同），但其内容是固定，如图 6.1.5 所示。

图 6.1.5　域名的管理页面设置 MX 记录

温馨提示：为了保证邮件接收稳定，请删除其余的 MX 记录。

在域名管理页面设置完成后，点击“完成设置”，即可查看设置的结果。

（4）打开登录地址链接：https：//exmail.qq.com/login，输入管理员账号 ccenter 后，使用手机验证码确认登录如图 6.1.6 所示。

图 6.1.6　管理员账号登录

（5）打开系统日志，查看企业邮箱详细信息，如图 6.1.7 所示。

邮件概况
邮件搜索
登录记录
操作记录
批量任务
系统消息

消息详情 | 返回

欢迎使用腾讯企业邮箱

2016年5月23日 下午04:21

尊敬的用户，您好!

欢迎使用腾讯企业邮箱，管理帐号信息如下，请妥善保管。

管理帐号：ccenter

登录地址：https://exmail.qq.com/login

附：腾讯企业邮箱功能速览

独立邮箱帐号数	50个（收费版按需购买）
域名支持	1个（收费版5个）
邮箱容量	2G（收费版无限制）
企业网盘	2GB，内部共享
普通附件	50 MB
超大附件	1 GB/每个帐号
短信支持	来信提醒、备忘提醒
全球互通、南北互联	国内外10多个城市架设服务器
防病毒	腾讯电脑管家云查杀引擎
反垃圾功能	系统级反垃圾过滤，支持企业自定义黑白名单
多种方式访问	网页、POP3/SMTP、IMAP
支持SSL	全程SSL

图 6.1.7　查看系统日志

域名的 MX 记录生效时间可能立即生效，根据域名商的不同一般需要 2-24 小时，请耐心等候。点击网页上“刷新”按钮即可即时查看是否验证通过，如图 6.1.8 所示。

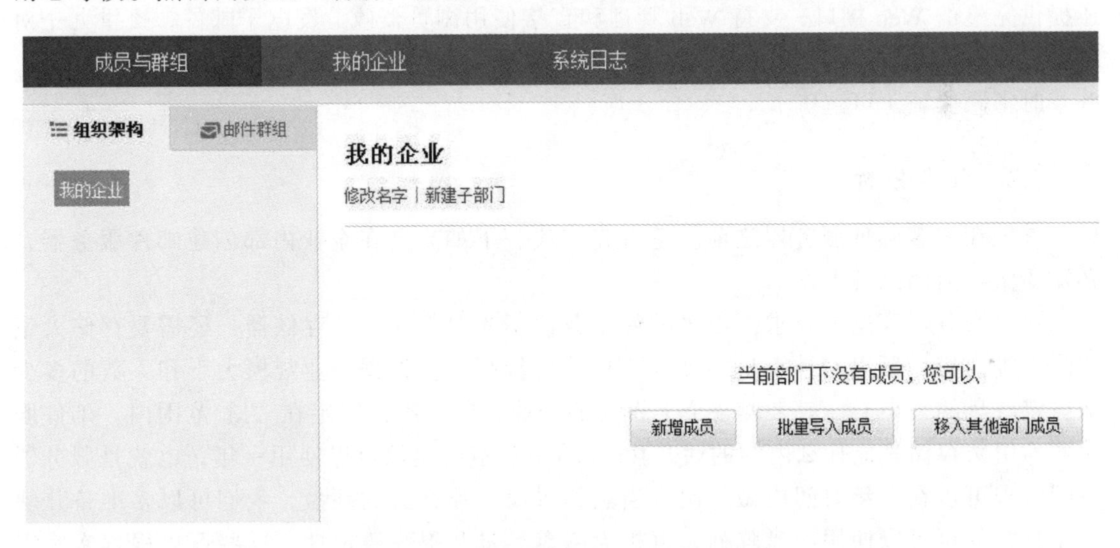

图 6.1.8　查看域名 MX 记录是否生效

到这里，企业邮箱已经配置完成了，用户可以用它来设置邮箱账号来收发邮件了。同时用户的密保邮箱会收到通知邮件，告知用户账号相关信息，如图 6.1.9 所示。

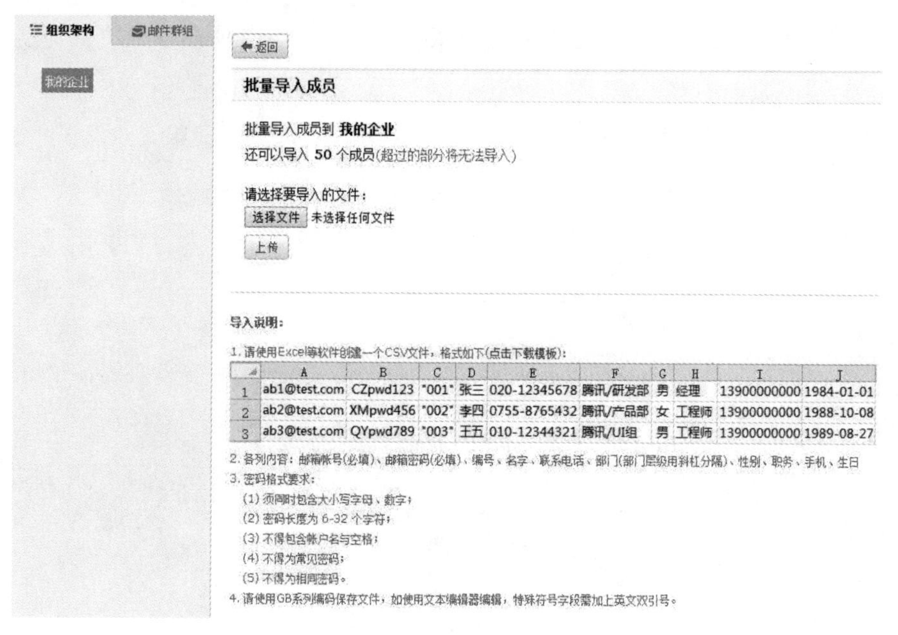

图 6.1.9 账号相关信息

任务 2 自主搭建邮件服务器

2.1 任务说明

WebEasyMail 是一个基于 Windows 平台，并服务于中、小型网站及企业的 Internet（因特网）和 Intranet（企业局域网）Web 邮件服务器。除具有 EasyMail 的所有功能外，还提供完整的 Web 接口，支持 Web 管理和直接使用浏览器收、发电子邮件，提供九个对象近百种方法及属性，以支持高级用户针对 WebEasyMail 系统进行的相关 Asp 程序开发，登录时密码验证（可选）。

2.2 任务分析

首先在安装邮件服务器之前，笔者先交代一下如果要在企业内部创建邮件服务器，必须要做好前期准备工作。

（1）服务器容量的要求。由于邮件服务器不光要作为邮件存储器，还需要存储大量的附件等内容，所以对计算机的硬盘要求就比较高了。根据企业规模大小和人数的多少来决定硬盘的大小。一般来说一个上百人的企业，邮件附件限定在 2M 范围内，邮件服务器不用来存储其他什么内容的话，400G 的硬盘空间应该可以使用一年，也就是服务器空间清理可以在一年时间内做一次。当然如果没有那么大的硬盘，我们可以多准备几块小硬盘，甚至可以使用磁盘阵列，以扩大磁盘容量和提高稳定性，这些可以根据实际需要来定。

（2）安全性的要求。企业邮件服务器，往往都保存了很多机密内容，为了达到安全效果和容错性能，那我们就要事先做好防护措施了。为了防止病毒感染，我们可以打好补丁，装好防火墙。为了达到很好的容错功能，我们可以使用动态磁盘中的 raid-5 卷，或采用镜像卷（这种方式有点浪费空间了）。

所有的准备工作做好后，我们就可以安装 WebEasyMail 了。现在我们就来看看具体的操作步骤和需要注意的事项。

2.3　任务实施

安装 WebEasyMail 很简单，用户直接按照向导一步步点击就可以了，如图 6.2.1 所示。

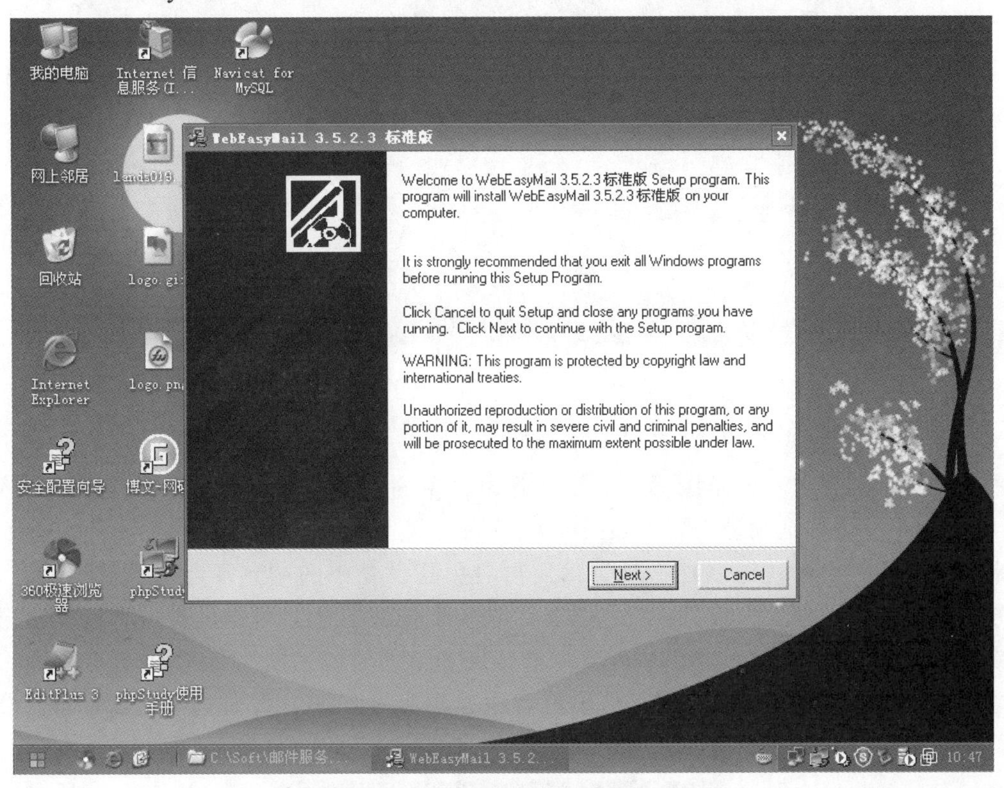

图 6.2.1　安装 WebEasyMail

WebEasyMail 安装完成之后，大家找到开始菜单（或双击桌面快捷方式）启动该软件，然后可以在任务栏中看到它，如图 6.2.2 所示。

为了邮件服务器的安全，我们还可以安装一些杀毒软件，防止邮件病毒的传播。当软件安装好后，怎么样才能让该软件正常工作？接下来需要对软件做一些基本设置。

1. 账户设置

为了服务器的安全，用户账号也是非常重要的。我们给予安装 WebEasyMail 的盘符以及父目录以 Internet 来宾账户（Iuse_*），然后对其授权，授予该账号[读取\运行\列出文件夹目录] 的权限就可以了。另外，对于 WebEasyMail 的安装目录，Internet 访问账号完全控制，给予“超级用户/SYSTEM”在安装盘和目录中“完全控制”权限，重启 IIS 以保证设定生效。

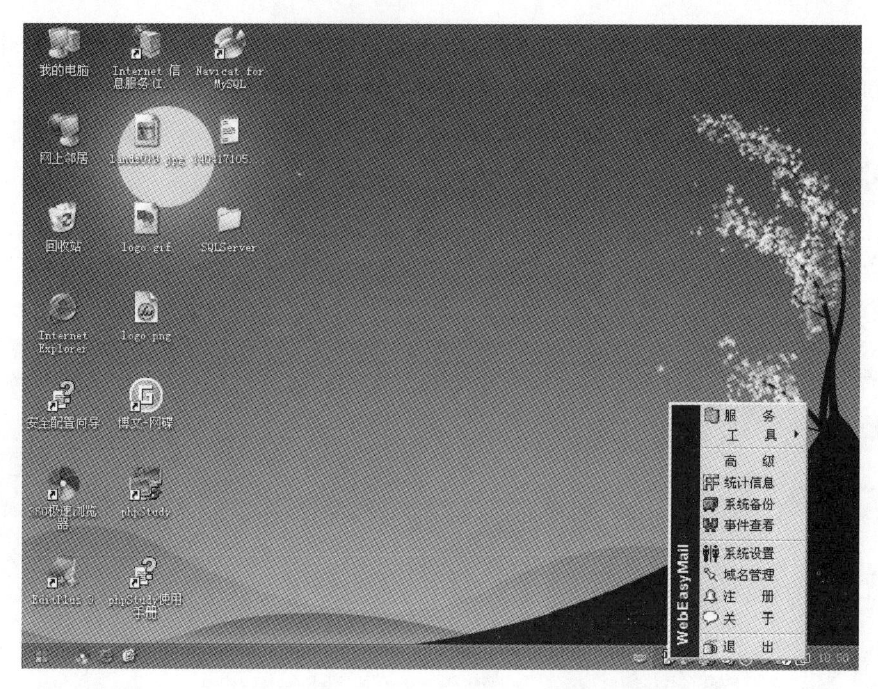

图 6.2.2 设置 WebEasyMail

2. 对垃圾邮件的防止和保护功能的设置

在服务器上点击右下角图标，然后在弹出菜单的“系统设置”/“收发规则”中选中“启用 SMTP 发信认证功能”项，如图 6.2.3 所示，然后再点击“防护”选项卡，选中“启用外发垃圾邮件自动过滤功能”项，然后再启用其设置中的“允许自动调整”项，邮件的防护设置都是在这里完成的。在“防护”选项卡中我们主要可以设置：“拒绝来自指定 IP 或服务器的连接和邮件”“启用外发垃圾邮件和自动过滤功能”“启用关键字过滤功能”“启用连接攻击保护功能”“启用邮件附件名称过滤功能”“启用邮件内容过滤功能”设置。这样设置就可以有效防范外发垃圾邮件和保护邮件，如图 6.2.4 所示。

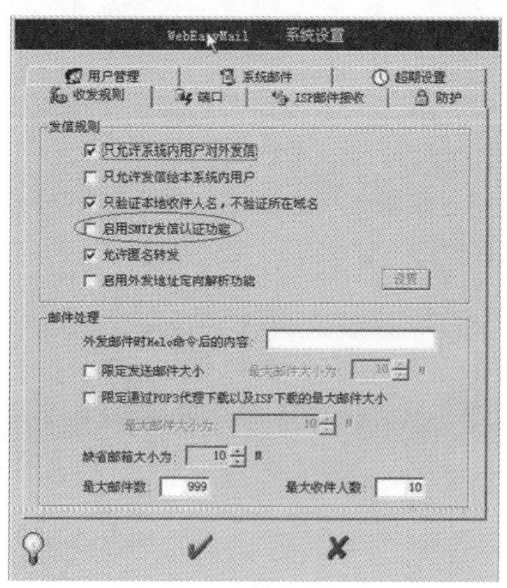

图 6.2.3 启用 SMTP 发信认证功能

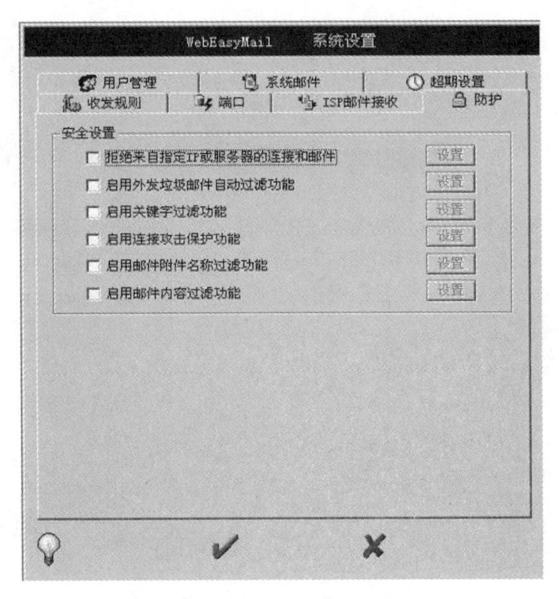

图 6.2.4 安全设置

3. 收件人数的限制

这项设置仍然是在服务器上点击右下角图标，然后在弹出菜单的“系统设置”/“收发规则”中设置“最大收件人数”，默认值是“10”。不过大家需要根据企业内部的具体人数来设定人数，如图 6.2.3 所示。

4. 邮箱管理

在服务器上点击右下角图标，然后在弹出菜单的“工具”/“邮箱管理”，如图 6.2.5 所示。在这里我们主要可以对“域名”和“邮箱空间”等设置。

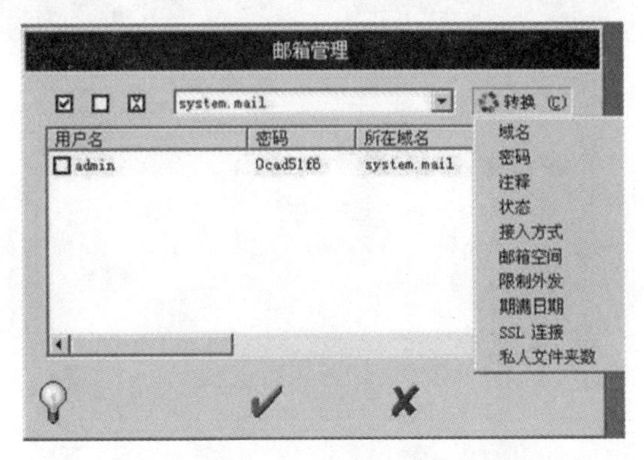

图 6.2.5 邮件管理

域名管理主要是实现域名添加和删除，如图 6.2.6 所示。比如，现在我在窗口中创建了“127cq.com”域名，如果要是想让我们新建的域名生效，我们就要与“邮箱管理”结合，进行“转换”域名。这样一来我们新建的域名才能够生效和使用。

5.“高级”设置

在服务器上点击右下角图标，然后弹出菜单的“高级”界面，如图 6.2.7 所示。

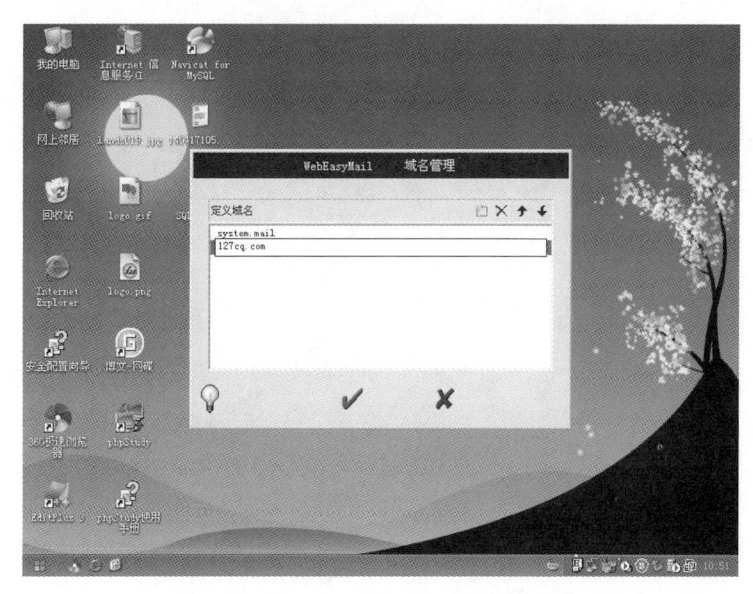

图 6.2.6　WebEasyMail 域名管理

在这里我们可以设置“用户”选项卡。用户选项卡主要功能是，对垃圾账户进行清理，比如说，有人注册了账号但是长期不使用，就可以让系统自动地在一定的时间范围内，把长期没有使用的账号给清除掉，以释放用户空间；设置“邮件”选项卡，邮件选项卡主要功能是，定期删除或转移一定时间范围内的邮件；设置“监控”选项卡，监控选项卡主要功能是，对一些有反动宣传和恶意攻击别人的用户账号进行监控；设置“安全”选项卡，安全选项卡主要功能是，对信任域邮件接收和对垃圾邮件过滤等；另外，在这里还可以设置“邮件列别”“Web”等。

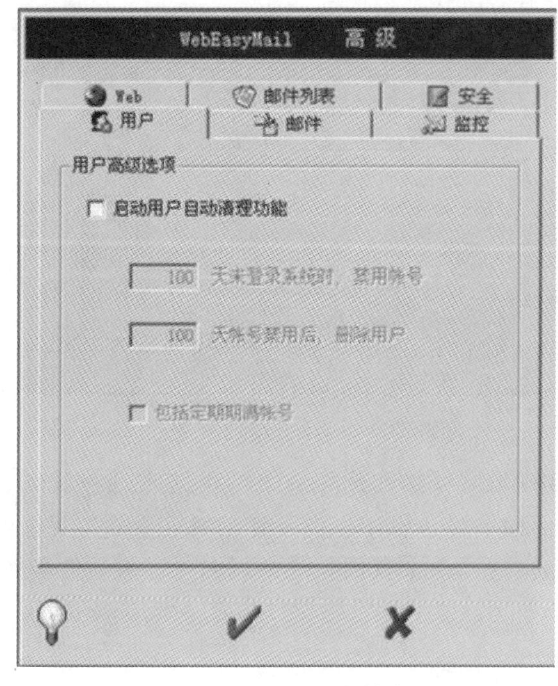

图 6.2.7　WebEasyMail 高级设置

6. 其他

除了上面那些基本设置之外，还有很多其他需要注意的问题，比如附加大小设置、系统备份、常见错误解决等。

任务 3 让 Web 服务器支持邮件发送

3.1 任务说明

w3 JMail 邮件组件是 Dimac 公司开发的用来完成邮件的发送、接收、加密和集群传输等工作的。w3 JMail 组件是国际最为流行的邮件组件之一，当今世界上绝大部分 ASP 程序员都在使用 w3 JMail 组件构建邮件发送系统，原因在于 w3 JMail 组件使用了新的内核技术，其更加可靠和稳定。

3.2 任务分析

w3 JMail 是在服务器上安装的邮件组件，可以发送附件，查看详细日志，设置邮件发送的优先级，支持多种格式的邮件发送，比如说以 HTML 或者 TXT 的方式发送邮件。还具有密件发送/（CC）抄送以及紧急信件发送能力。最关键的就是它是免费的组件，不必花钱，所以非常值得使用。

3.3 任务实施

（1）双击打开下载的 JMail45_free.msi 文件，执行后开始安装，出现安装界面，点击“Next”进行安装，如图 6.3.1 所示。

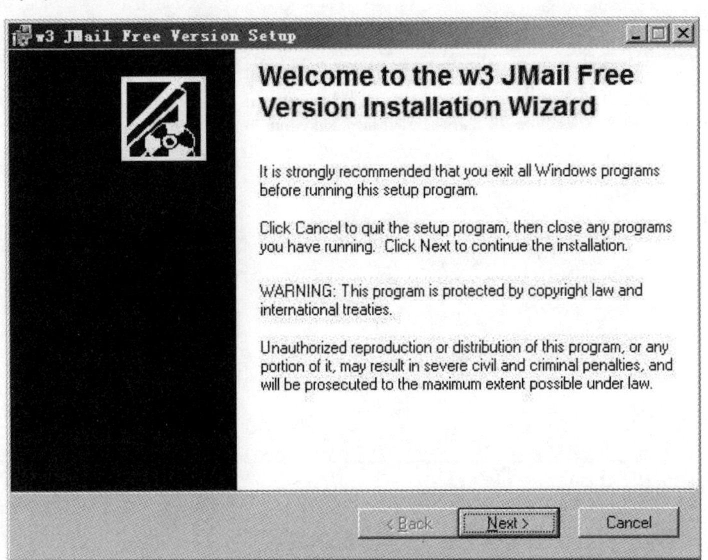

图 6.3.1 安装向导

（2）点击“I accept the license agreement”同意许可协议后，点“Next”继续下一步，如图 6.3.2 所示。

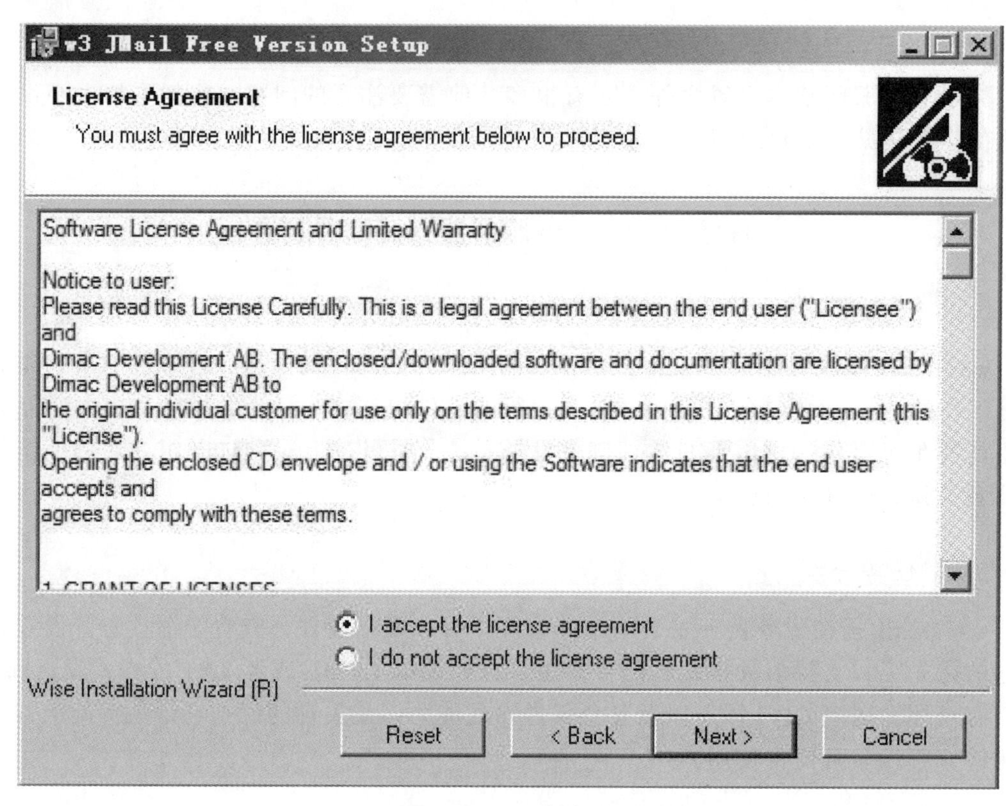

图 6.3.2　同意许可

（3）出于安全考虑，一般更改安装目录到非系统目录。点击“Browse”更改安装目录，选择安装目录，比如说安装到“D：\Program\Jmail\”，点击“OK”，如图 6.3.3 所示。

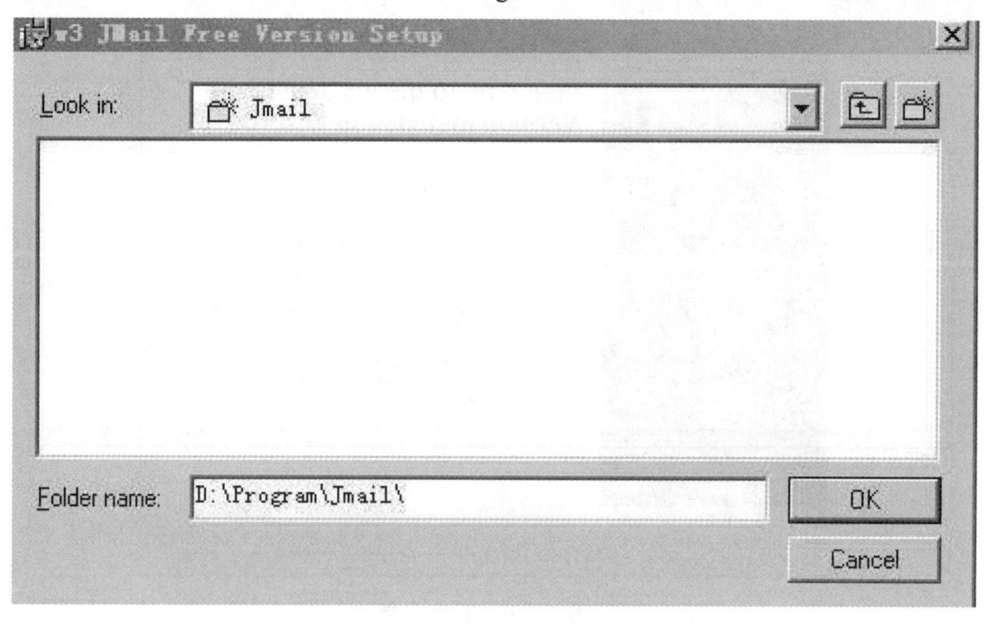

图 6.3.3　选择安装路径

（4）确认开始安装，点击“Next”开始安装，如图 6.3.4 所示。

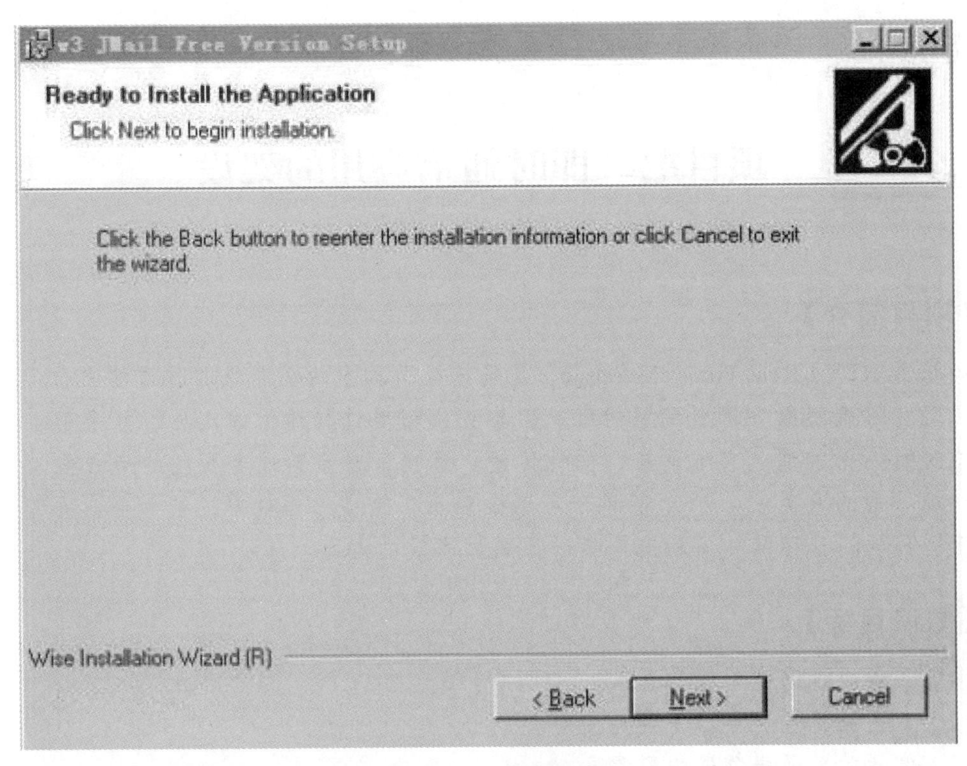

图 6.3.4　开始安装

（5）点击“Finish”完成安装，至此 JMail 安装完成，如图 6.3.5 所示。

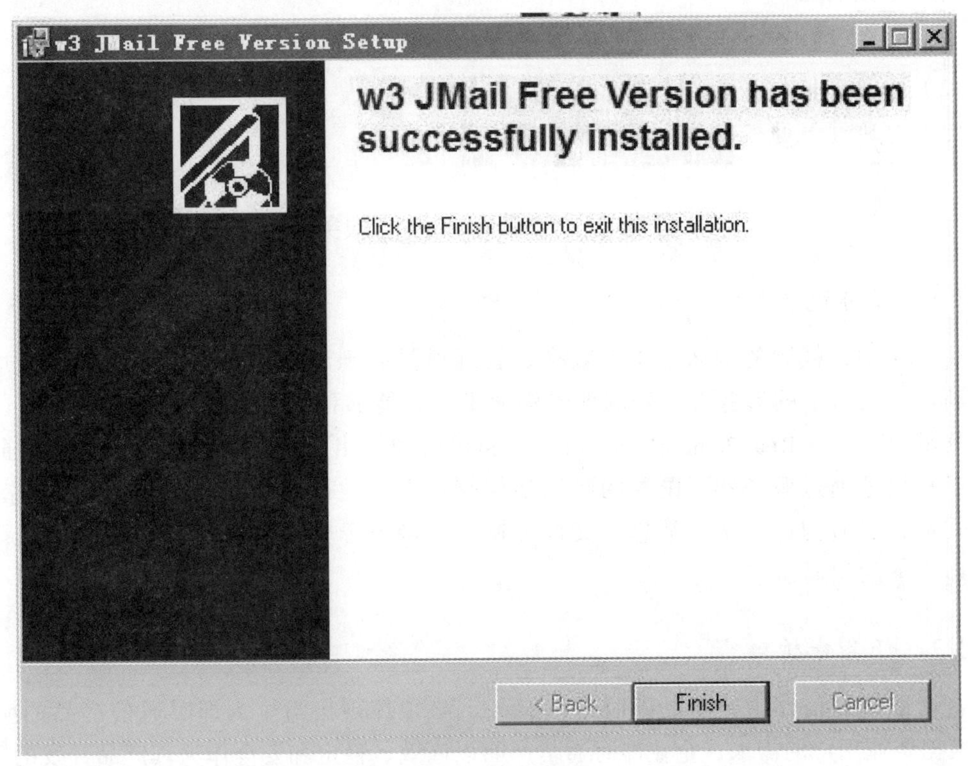

图 6.3.5　完成安装

项目七　即时通信应用的架设

【项目简介】

腾讯通 RTX（Real Time eXchange）是腾讯公司推出的企业级即时通信平台。企业员工可以轻松地通过服务器所配置的组织架构查找需要进行通信的人员，并采用丰富的沟通方式进行实时沟通。文本消息、文件传输、直接语音会话或者视频的形式能满足不同办公环境下的沟通需求。RTX 着力于帮助企业员工提高工作效率，减少企业内部通信费用和出差频次，让团队和信息工作者进行更加高效的沟通。

【知识目标】

（1）了解腾讯通的原理和意义。
（2）熟悉腾讯通服务器安装和使用。
（3）掌握腾讯通服务器的配置。

【能力目标】

（1）能通过学习安装即时通信客户端程序。
（2）能利用相关知识部署即时通信服务器程序。
（3）能通过学习搭建企业内部即时通信服务器。

任务 1　部署即时通信服务端

1.1　任务说明

在企业中，畅顺的沟通对生产效率、管理质量起到至关重要的作用。在异步通信已无法满足办公需求的形势下，好的即时沟通平台，能够帮助大家实现高效沟通。

腾讯通 RTX（Real Time eXchange）是腾讯公司推出的企业级即时通信平台。企业员工可以轻松地通过服务器所配置的组织架构查找需要进行通信的人员，并采用丰富的沟通方式进行实时沟通。文本消息、文件传输、直接语音会话或者视频的形式能满足不同办公环境下的沟通需求。

1.2　任务分析

企业即时通信作为专业的即时通信服务，必须体现出与个人即时通信产品的明显差异。根据企业用户的需求，企业即时通信产品以高效、稳定和安全作为其产品开发的重点。

企业即时通信软件提供了即时通讯服务端及管理程序，可自由部署到用户自有的服务器上，也是市场上相当部分企业用户的众多需求之一。在企业级应用中，即时通信产品必须符合企业自身的特点，力求与业务流程相结合，与企业办公软件相结合或成为其企业管理系统的一部分。

为实现企业间、企业与员工间沟通的高效性，企业即时通信产品需要提供的不是一个简单的软件产品，而是一个涵盖各种通信手段的交流平台，唯有如此才能真正节约企业成本，提供工作效率。因此集成是即时通信产品发展的必要手段。

1.3　任务实施

1. 安装所需软硬件环境

安装所需软硬件环境如表 7.1.1 所示。

表 7.1.1　企业人数及软硬件环境要求

企业人数	CPU	内存	硬盘剩余空间	操作系统
500 人以下	P4 2.0G 以上	512M	40G 以上	Windows2000（sp4 以上）
500 人以上	双 P4 2.0G 以上	2G	80G 以上	Win2000Server（sp4 以上）

2. 安装腾讯通 RTX 服务器软件

（1）运行“rtxserver2013formal.exe”程序进行安装，如图 7.1.1 所示。

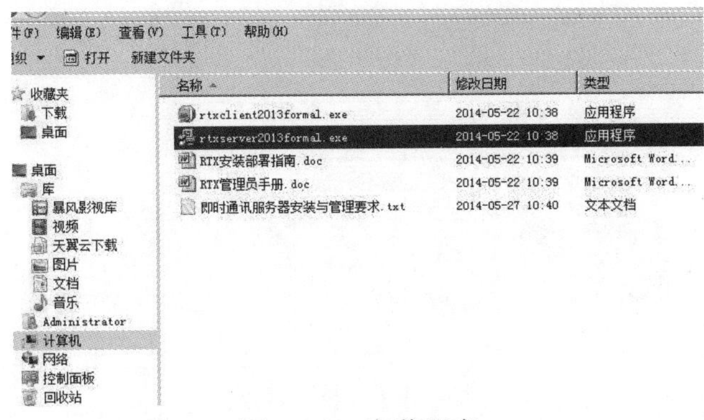

图 7.1.1　安装程序

（2）进入腾讯通 RTX 服务端安装，如图 7.1.2 所示。

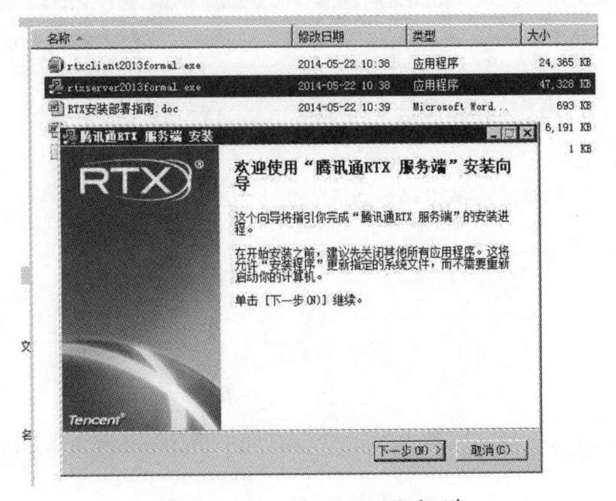

图 7.1.2　腾讯通服务端

（3）在“腾讯通 RTX 服务端”许可证协议界面，点击“我接受”，如图 7.1.3 所示。

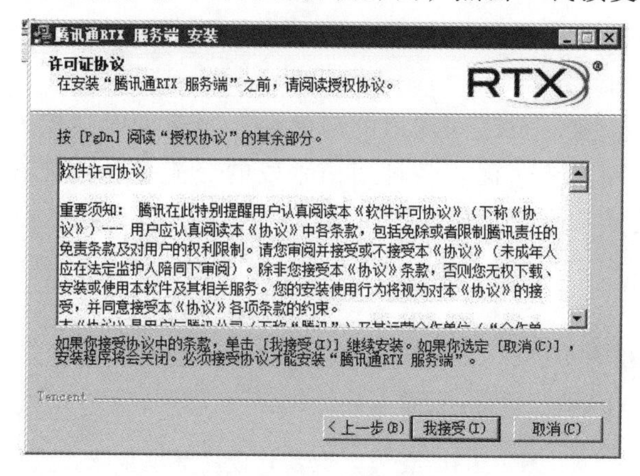

图 7.1.3　许可协议

（4）选择“腾讯通 RTX 服务端”安装位置，也可浏览指定目标文件夹，如图 7.1.4 所示。

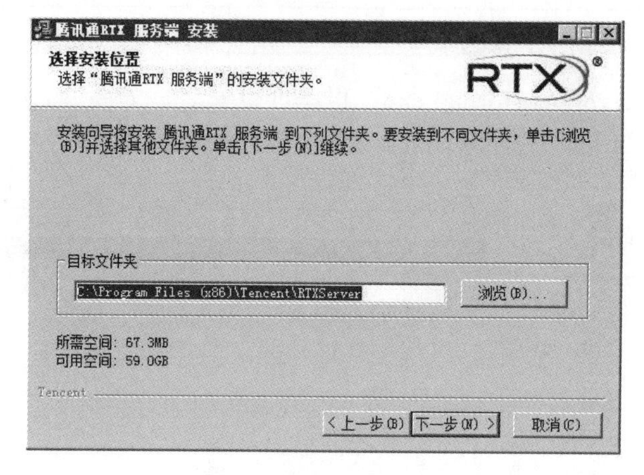

图 7.1.4　路径选择

（5）选择“腾讯通 RTX 服务端”的界面语言为“Chinese”，如图 7.1.5 所示。

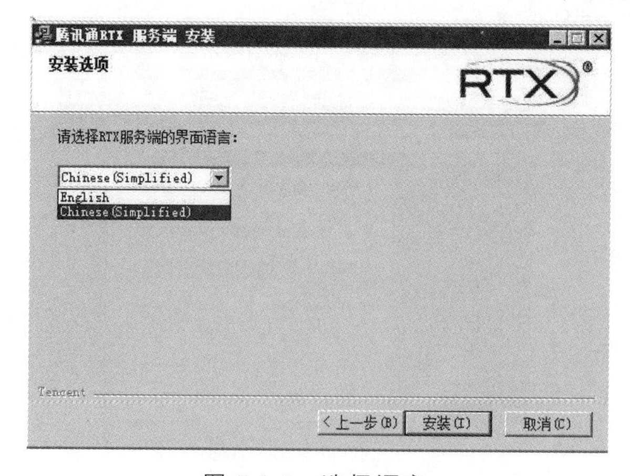

图 7.1.5　选择语言

（6）安装进行中，如图 7.1.6 所示。

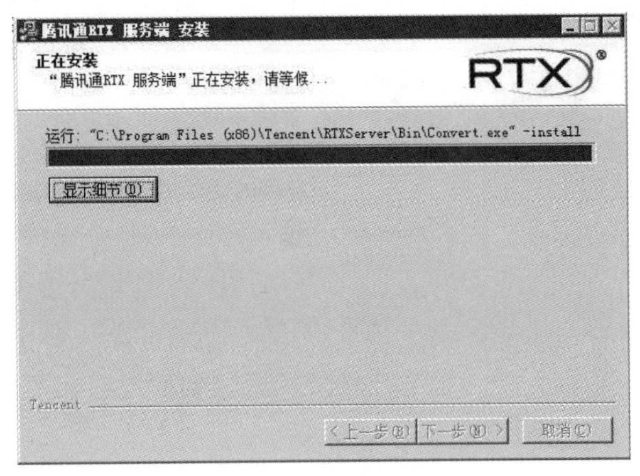

图 7.1.6　安装进度

（7）完成“腾讯通 RTX 服务端”安装，如图 7.1.7 所示。

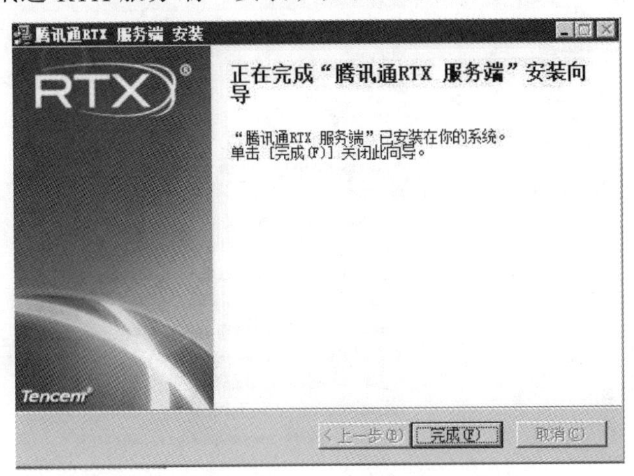

图 7.1.7　完成安装

3. 腾讯通 RTX 服务器端的配置

（1）安装完成后，启动 RTX 服务端程序，超级管理员密码默认为空，点击“确定”登录，如图 7.1.8 所示。

图 7.1.8　超级管理员登录

（2）系统没有账号具有管理员权限，点击“是”进行设置，如图 7.1.9 所示。

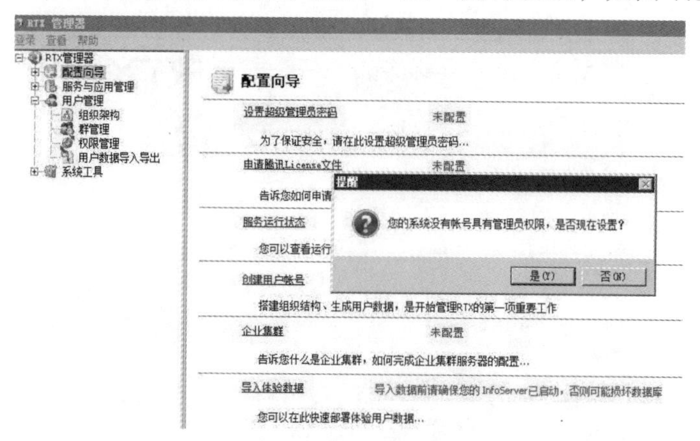

图 7.1.9 账号管理

（3）此时客户端还无法登录，需要对服务器端进行配置，如图 7.1.10 所示。

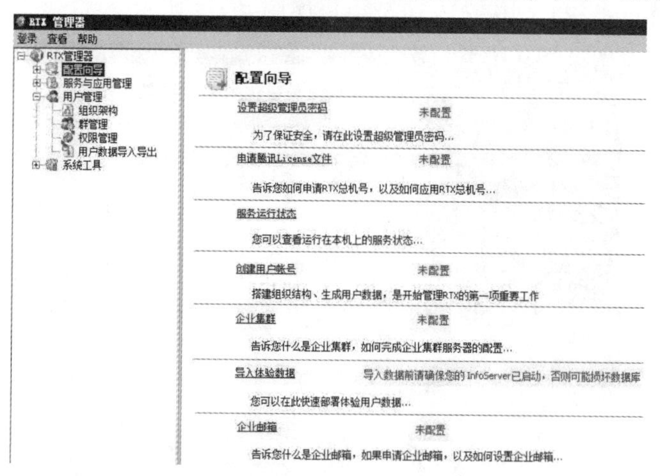

图 7.1.10 配置向导

（4）为安全起见，首先配置服务器端的超级管理员的登录密码，如图 7.1.11 所示。

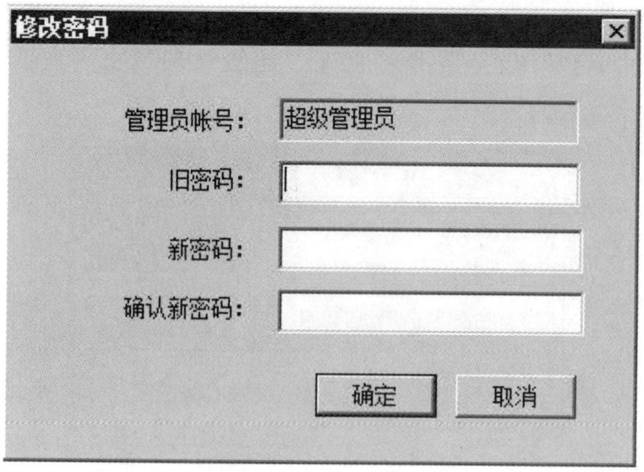

图 7.1.11 设置密码

（5）如果用户还没有申请 License，可以按此界面的引导进行申请。如果用户的 License 已经申请成功，点击页面的“导入 License 文件”进行后续操作，如图 7.1.12 所示。

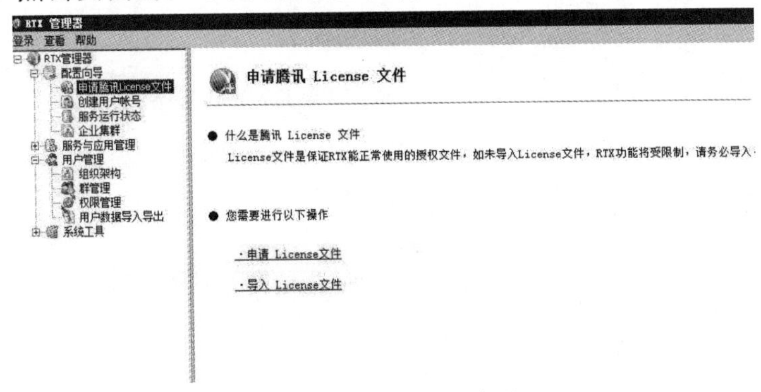

图 7.1.12　License 文件

（6）进入 License 管理页面，在此可以导入 License 文件，要求的用户数据格式为：第一行为列名称，从第二行起，每个用户一行数据。“用户名”为客户端登录系统的用户名。“部门名称”中间可以用“\”表示部门的层级关系，没有的信息可以为空，如图 7.1.13 所示。

图 7.1.13　用户数据

（7）可以手动在用户管理中添加“组织架构”“群设置”“权限管理”，如图 7.1.14 所示。

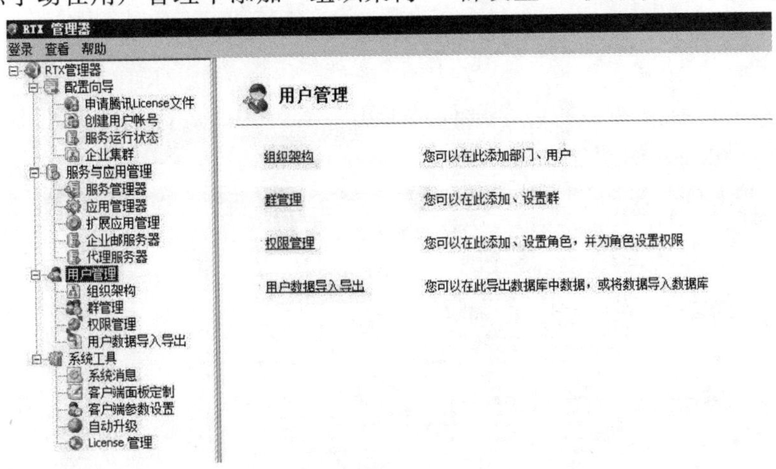

图 7.1.14　用户管理

（8）点击“添加部门”，输入部门名称（如开发组），按“确定”，可添加多个部门，如图 7.1.15 所示。

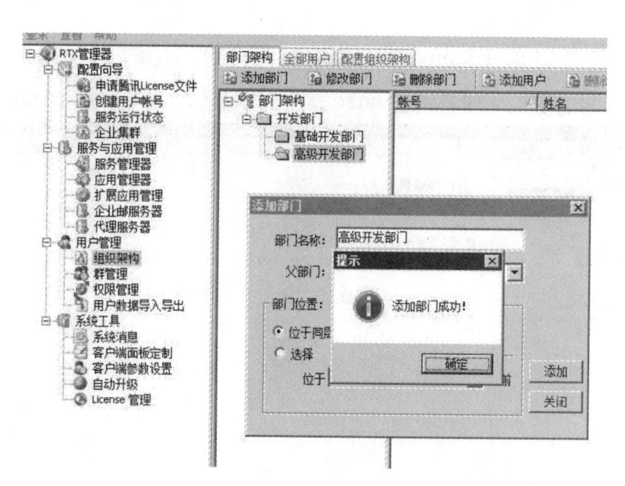

图 7.1.15 添加部门

（9）点击“添加用户”，输入账号（如 Dong、tom 等）、RTX 号码、姓名、手机号码并分配密码，如图 7.1.16 所示。

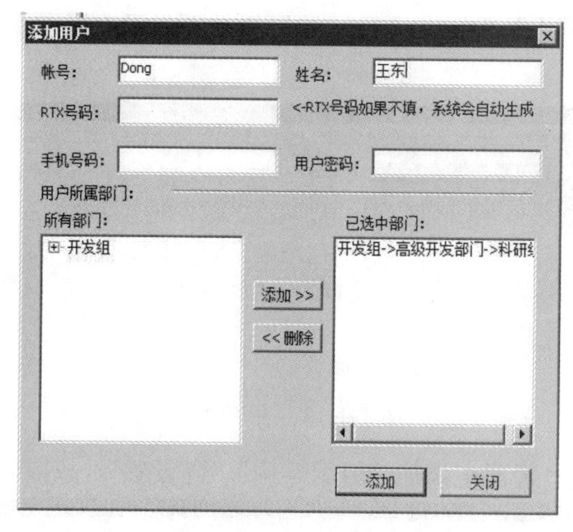

图 7.1.16 添加用户

（10）查看并检查服务器的各个进程是否正常运行；如运行状态不正确，打开“服务运行状态”进行配置，如图 7.1.17 所示。

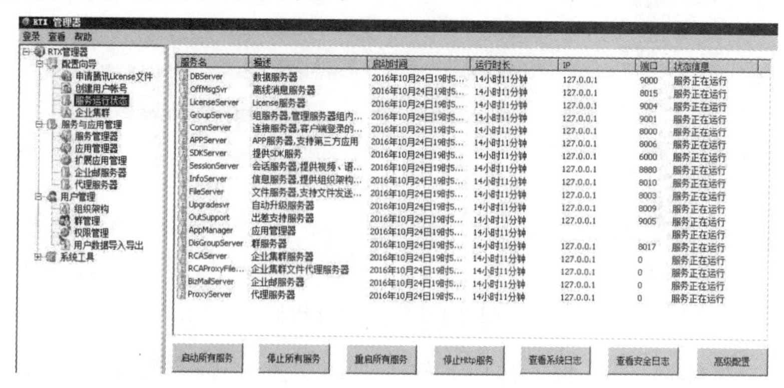

图 7.1.17 服务运行状态

（11）在右边可以看到详细的服务信息，如要修改服务器的默认端口，右击相对的服务，选择“更改配置”/“基本配置”，在弹出的窗口中可以配置端口，如图 7.1.18 所示。

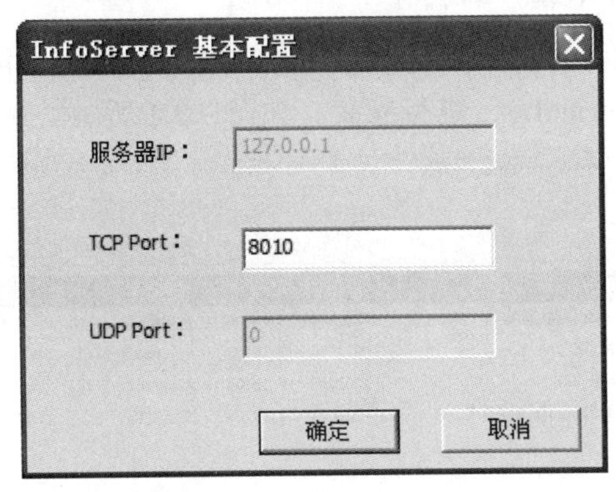

图 7.1.18　端口配置

（12）腾讯通 RTX 服务器配置成功，如图 7.1.19 所示。

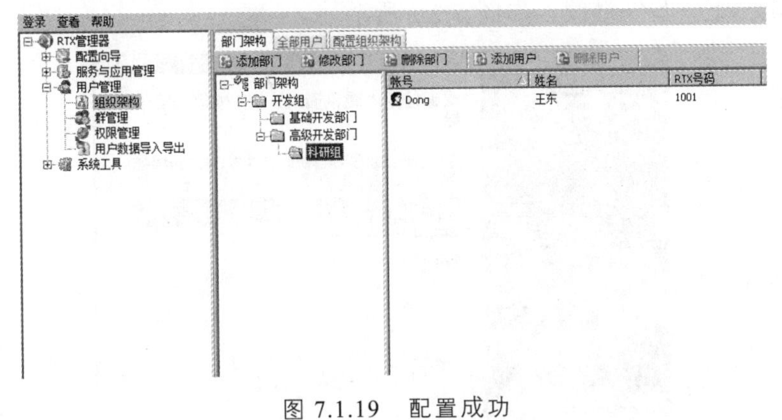

图 7.1.19　配置成功

任务 2　部署即时通信客户端

2.1　任务说明

在企业中，畅顺的沟通对生产率、质量管理起至关重要的作用。在异步通信已无法满足办公需求的形式下，好的即时沟通平台，能够帮助实现高效沟通。本节主要介绍腾讯即时通在工作中的应用。

2.2　任务分析

伴随着信息化逐步深入，用先进计算机技术把办公过程电子化、数字化，就是要创造一个集成的办公环境，让所有的办公人员都在同一桌面环境下工作。相比人们所熟悉的个人即时通信，企业即时通信无疑还是个新产业。数字时代创造一个全球化经济，企业必须找到可跨越时空限制基础的即时通信途径。即时消息是一种新的通信媒体，其作为一种简单、直接、实时通信的工具，在近几年越来越受到企业的认可。

2.3 任务实施

1. 安装腾讯通 RTX 客户端软件

（1）建议安装 RTX Client 之前，先完成 RTX Server 安装及配置；打开已下载好的客户端软件 rtxclient2013formal.exe 进行安装，如图 7.2.1 所示。

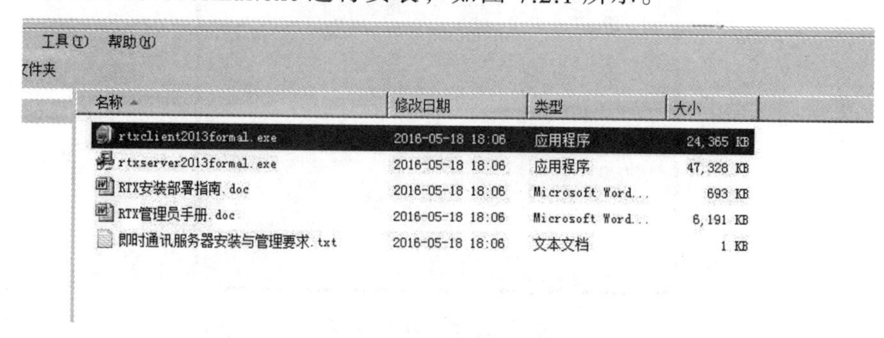

图 7.2.1 安装程序

（2）单击“下一步”继续，如图 7.2.2 所示。

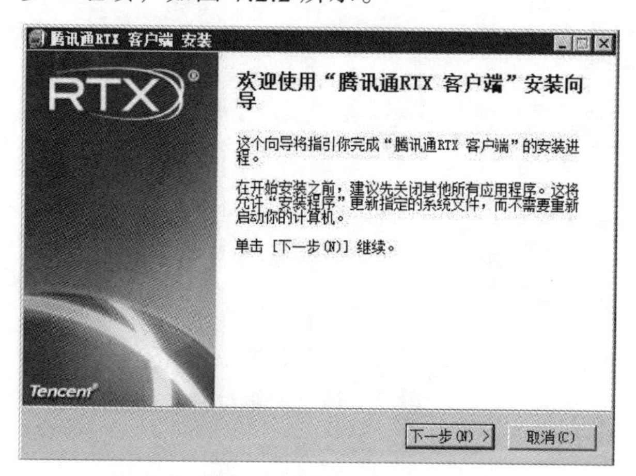

图 7.2.2 腾讯通 RTX 客户端

（3）接受协议中的条款，点击“我接受”进行下一步操作，如图 7.2.3 所示。

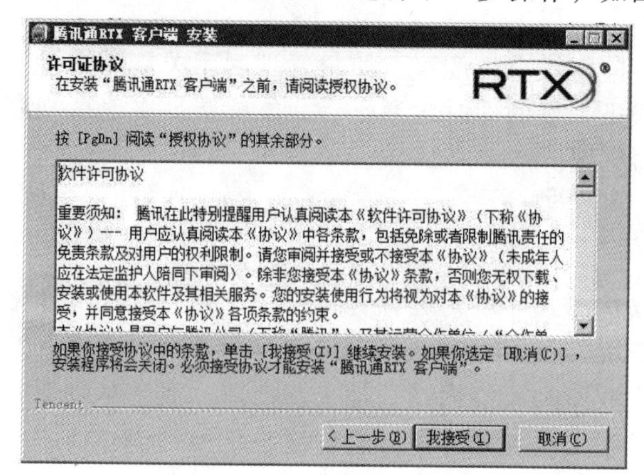

图 7.2.3 软件许可协议

（4）选择“腾讯通 RTX 客户端”的安装路径，如图 7.2.4 所示。

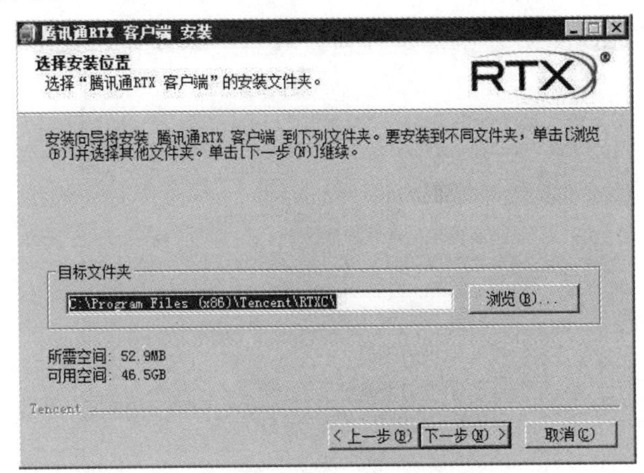

图 7.2.4　路径选择

（5）选择安装选项，选择腾讯通 RTX 客户端界面语言为“Chinese”（Traditional），点击“安装”进行下一步，如图 7.2.5 所示。

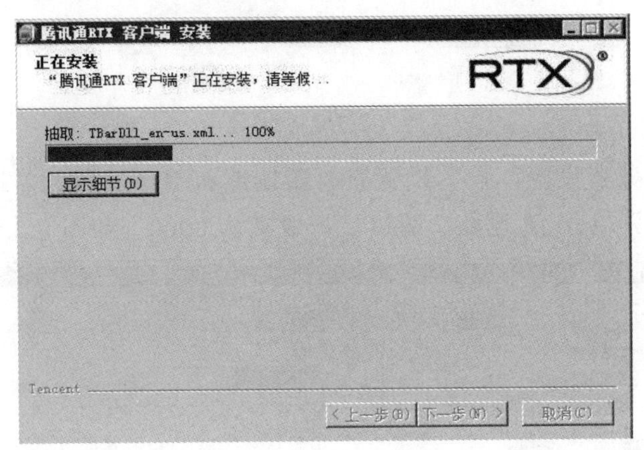

图 7.2.5　安装进度

（6）完成“腾讯通 RTX 客户端”的安装，如图 7.2.6 所示。

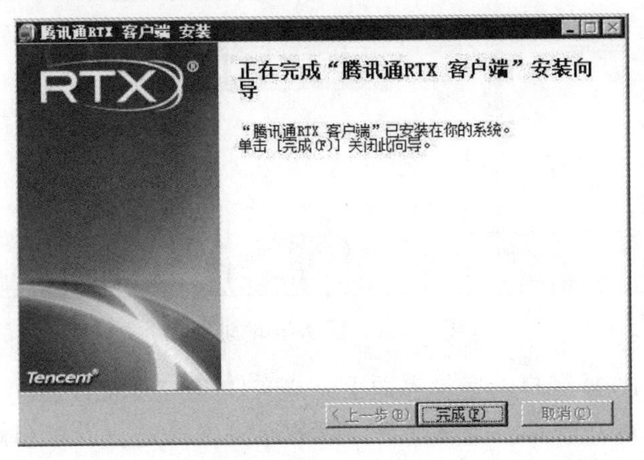

图 7.2.6　完成安装

2. 腾讯通 RTX 客户端软件的配置

（1）打开腾讯通 RTX 客户端登录界面，进入“服务器设置”，如图 7.2.7 所示。

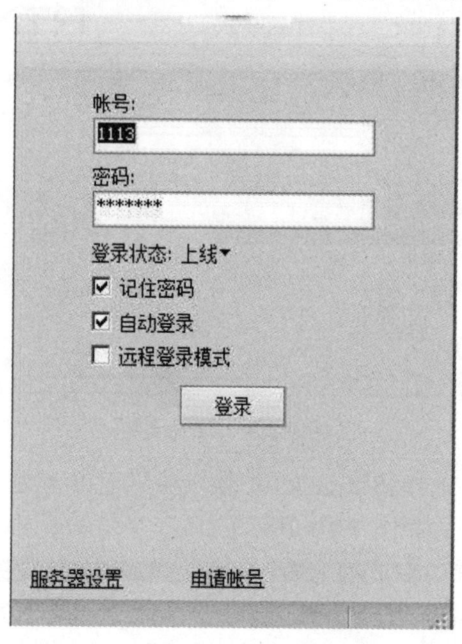

图 7.2.7 账号登录

（2）打开“服务器设置”后，设置服务器地址和端口。服务器地址是我们安装即时通讯服务端那台计算机的 IP 地址，端口号一般默认 8000，如图 7.2.8 所示。

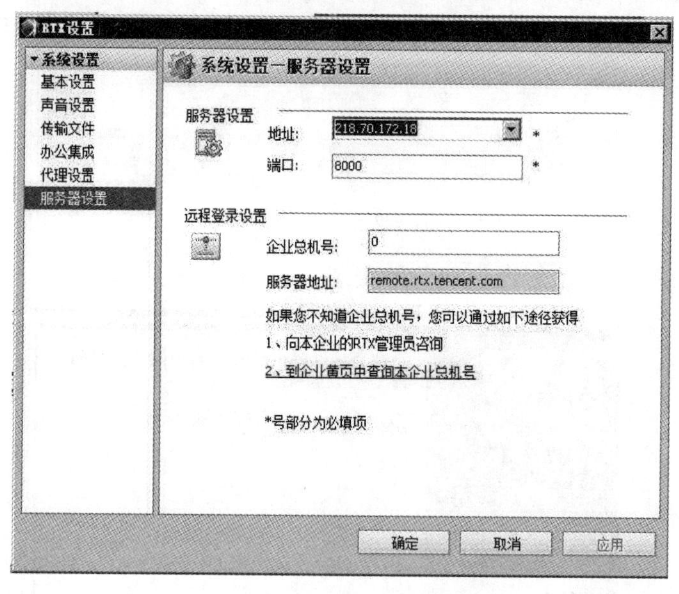

图 7.2.8 服务器地址设置

（3）在腾讯通 RTX 客户端登录界面上方“文件”/“系统设置”中对基本设置、声音设置、传输文件、办公集成、代理设置、服务器设置等进行设置和修改。基本设置如图 7.2.9 所示。

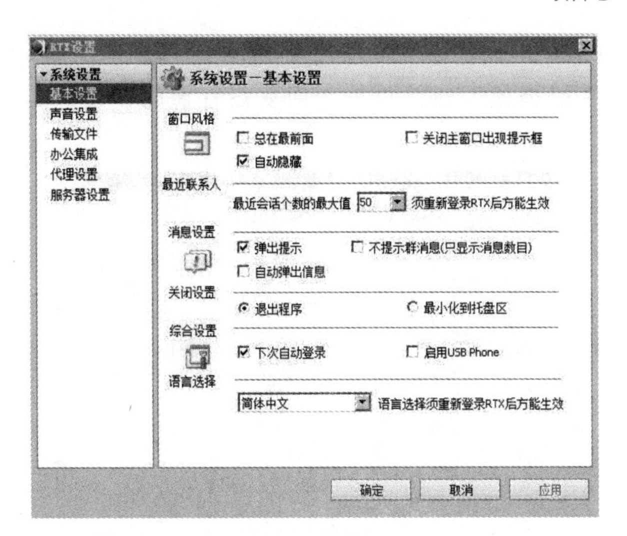

图 7.2.9　基本设置

（4）在 RTX 系统设置中还可以对声音、传输文件目录设置，如图 7.2.10、7.2.11 所示。

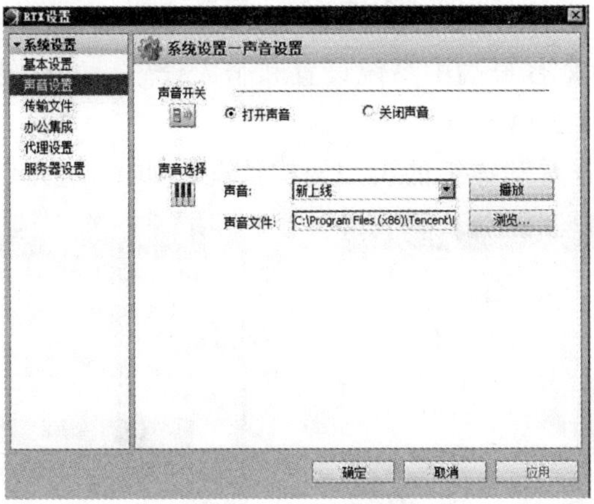

图 7.2.10　声音设置

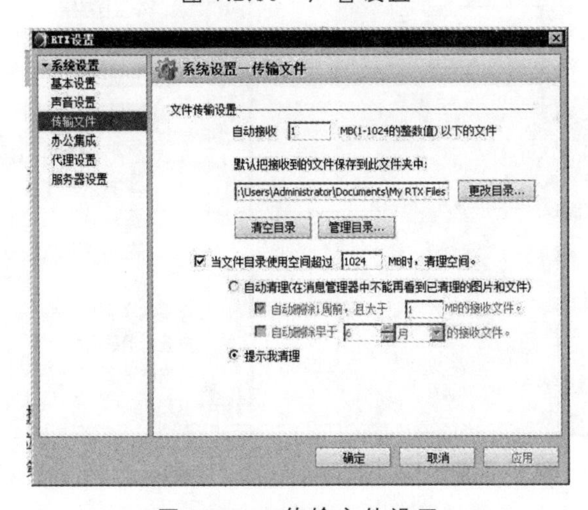

图 7.2.11　传输文件设置

（5）在腾讯通 RTX 客户端登录界面上方“文件”/“个人设置”中可对基本资料、联系方式、详细资料、密码修改、热键设置、回复设置、面板设置等进行设置和修改，如图 7.2.12 所示。

图 7.2.12　个人资料设置

（6）完成腾讯通 RTX 客户端中系统设置和个人设置后，可使用企业分配的个人账号和密码进行登录，如图 7.2.13 所示。

（7）登录进入后可查看到详细的组织架构情况，如图 7.2.14 所示。

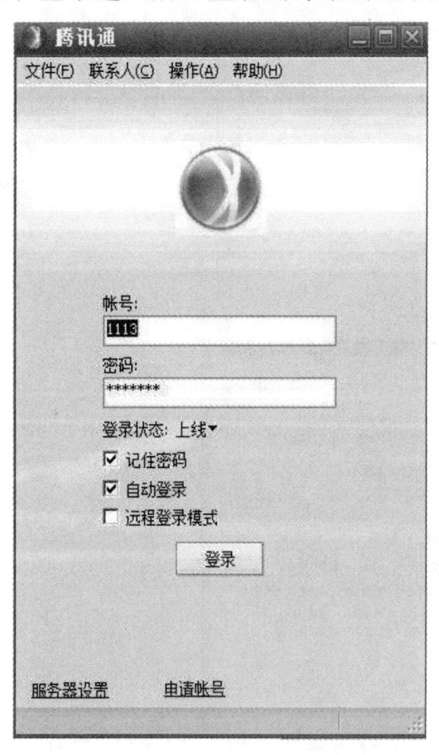

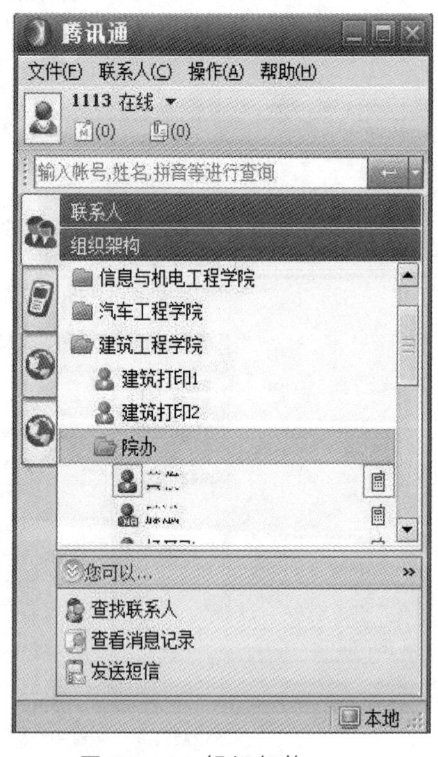

图 7.2.13　账号登录　　　　图 7.2.14　组织架构

（8）在组织架构中，可指定部门中的个人发送消息，如图 7.2.15 所示。

图 7.2.15　会话框

（9）在组织架构中，选择指定某一部门或科室人员群发通知消息，如图 7.2.16 所示。

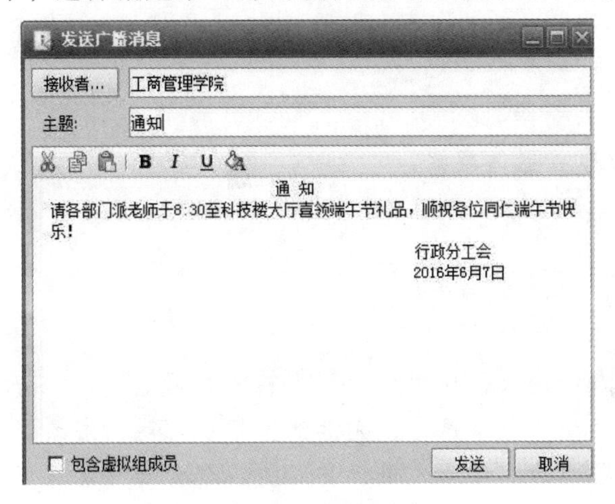

图 7.2.16　群发消息

项目八　第三方 Web 服务器的架设

【项目简介】

Kangle Web 服务器（简称：Kangle）是一款跨平台、功能强大、安全稳定、易操作的高性能 Web 服务器和反向代理服务器软件。除此之外，Kangle 也是一款专做虚拟主机研发的 Web 服务器。实现虚拟主机独立进程、独立身份运行。用户之间安全隔离，一个用户出问题不影响其他用户。安全支持 Php、Asp、Asp.net、Java、Ruby 等多种动态开发语言。还可在 Linux、Windows、Freebsd、Openbsd、Netbsd、Solaris 等平台上运行。

【知识目标】

（1）了解 kangle 服务器的定义。

（2）熟悉 Kangle 服务器的安装。

（3）掌握 Kangle 服务器的配置。

【能力目标】

（1）能安装第三方 Web 服务器。

（2）能配置 Kangle 服务器。

（3）能培养学生良好的接受新知识、新事物的习惯。

（4）能培养学生严谨的行事风格，尤其注重挖掘学生的潜质。

（5）能培养学生具有踏实工作作风，良好的观察和思考能力以及团队合作能力。

任务 1　安装 Kangle 服务器

1.1　任务说明

Kangle 是一款专业的虚拟 Web 服务器软件，可以独立实现虚拟 Web 服务，也可以虚拟其他 Web 服务器，可以运行在被广泛使用的操作系统（Linux，Windows，等）上。可完全替代 IIS Apache，并且安装方便，现已有大量用户安装使用，用户使用后反响良好。在此之前笔者经常感慨国内没有一款跨平台支持多语言的 Web 服务器，但是现在有了 Kangle Web 服务器，而且在 Windows 所能支持的特性，Kangle 就可以和 Apache、Nginx 媲美。同时 Kangle 和 IIS 相比，Kangle 还可以支持 Linux 等多种操作系统。

1.2　任务分析

下文就为大家介绍一下 Kangle 的安装及使用方法，其中包括 Kangle 防盗链的设置和访问控制模块的详细介绍。

1.3　任务实施

1. 在 Windows 下安装 Kangle

（1）访问 http：//www.kanglesoft.com 下载软件。Windows 版的安装十分简单，下载完成后解压文件，双击运行 kangle-3.2.8.msi，按提示安装即可，如图 8.1.1 所示。

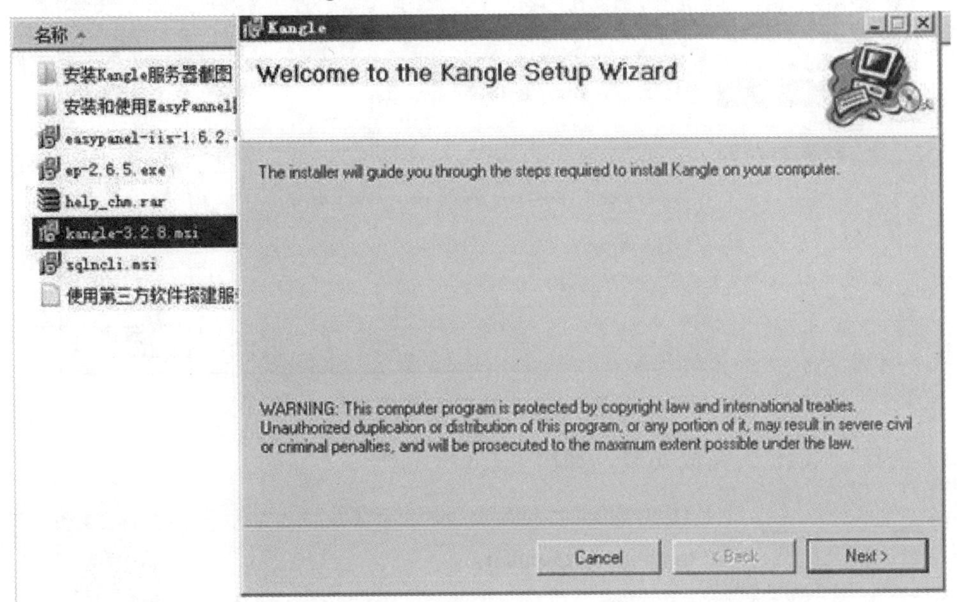

图 8.1.1　Kangle 安装导向

（2）点击“Next”，选择“I Agree”，点击“Next”，如图 8.1.2 所示。

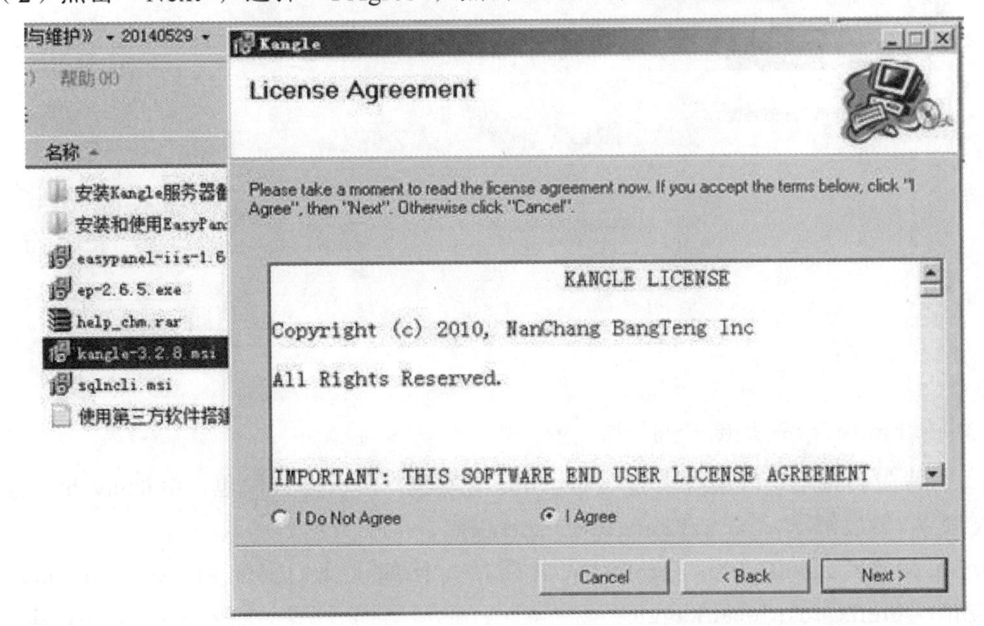

图 8.1.2　同意安装协议

（3）选择安装路径，文中默认为“C：\Program Files （x86）\Bangteng\Kangle\”，如图 8.1.3 所示。

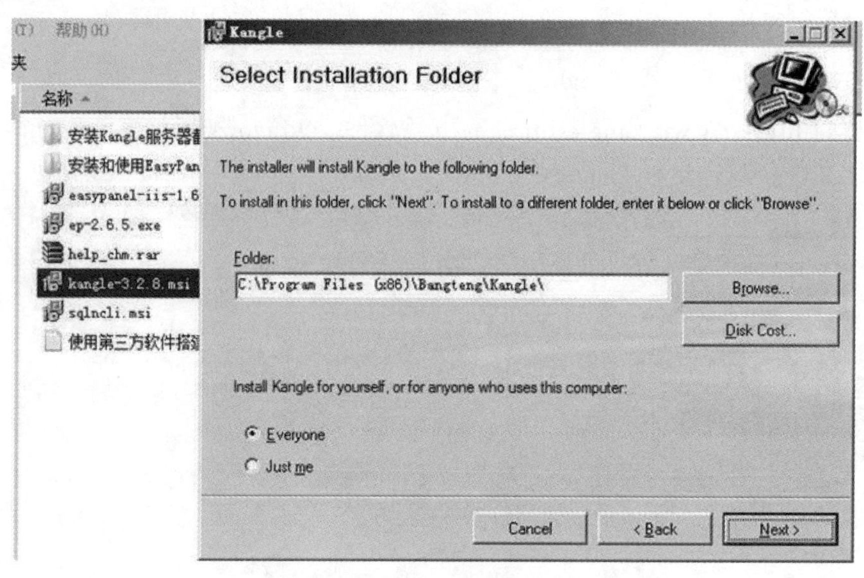

图 8.1.3　选择安装路径

（4）选择“Next”，完成安装，如图 8.1.4 所示。

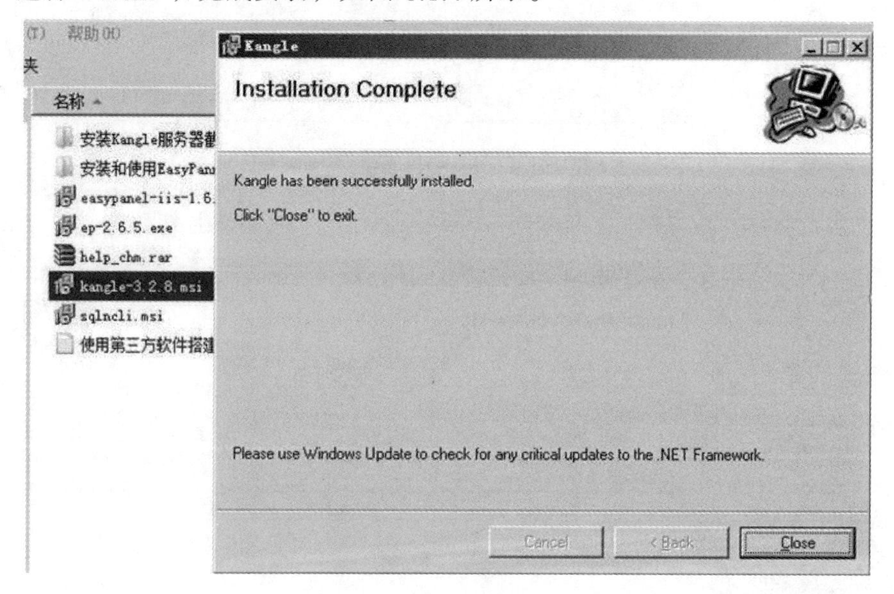

图 8.1.4　完成安装

2. 在 Linux 下安装 Kangle

（1）请先确保用户的系统上有 g++，libz 开发包，libpcre 开发包，libiconv 开发包（非 Linux 版）。然后解压：tar xzf kangle-x.y.z.tar.gz。

（2）配置：./configure --prefix=安装路径，比如说我们安装到/usr/local/kangle，./configure --prefix=/usr/local/kangle。

（3）编译：make。

（4）安装：make install。

（5）启动 Kangle，进入安装路径/bin/kangle 启动程序。

（6）因为安装 kangle 服务器 IP 地址是 192.168.18.85，所以我们通过浏览器打开：http://192.168.18.85:3311/

3. Kangle 设置介绍

（1）进入 Kangle 管理后台：在浏览器里面输入 http：//192.168.18.85：3311/，在键入密码后进入管理后台，如图 8.1.5 所示。

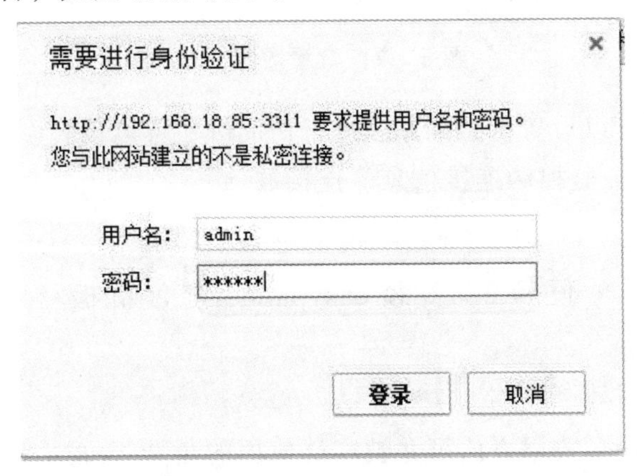

图 8.1.5　Kangle 身份验证

（2）查看程序信息及运行情况，如图 8.1.6 所示。

图 8.1.6　Kangle 程序信息

（3）查看已经添加的虚拟主机，如图 8.1.7 所示。

[虚拟主机]

[所有虚拟主机] [默认文件] [扩展映射] [自定义错误页面] [别名] [mime类型]

[新增虚拟主机] 1

操作	名字	主机头	主目录	运行用户	继承	日志文件	浏览	自定义控制文件	连接/限制	速度/限制	工作者	队列	模板
[删除]	default	*	www		是		否		0/0	0			

[新增虚拟主机]

图 8.1.7 查看虚拟主机

在虚拟主机项中可以设置绑定网站，进行访问等。可以设置多个域名绑定多个目录。同时还可以查看 Kangle 监控的连接信息、连接数。

任务 2 安装 easypannel 控制面板

2.1 任务说明

目前，国内能够被多数用户认可并被广泛使用的免费 VPS 主机面板应该是 LNMP、WDCP、AMH 4.2、LuManager 等，其他的一些 VPS 面板要么就是功能太简单，要么就是团队继续支持和维护，要么就是开始转向收费，因此找一个好用的 VPS 面板实在不容易。文中介绍的 easypanel 是一款早在 2011 年就已经推出的 VPS 面板，虽然与国外的优秀 VPS 面板相比亮点不多，但是也算是国内同类中几个做得好的了。

2.2 任务分析

easypanel 是一款免费的功能强大的集开通虚拟主机、ftp 空间、数据库等功能为一体的主机控制面板，具备跨平台（Windows，Linux）、安全稳定、操作简便等特点。支持 Php（Windows 版本还支持 ASP，ASP.NET），支持磁盘配额，在线文件管理，在线 Web 软件安装。easypanel 一般来说都是和 Kangle Web 搭配起来一起使用的。Kangle Web 服务器是一款跨平台、轻量级、功能强大、易操作的高性能 Web 服务器。另外，easypanel 可作全能空间（Php/Java/Asp 等）、支持 MySQL 和 SQL Server，使用灵活，可对接其他虚拟主机管理系统（如 Whmcs）等。

2.3 任务实施

1. Windows 环境安装 easypanel

（1）进入官网 http：//www.kanglesoft.com/下载软件 easypanel，直接下载安装，可选 32 位或者 64 位。

（2）运行软件 ep-2.6.5.exe 开始安装，如图 8.2.1 所示。

图 8.2.1　easypanel 安装向导

（3）点击“下一步”，选择“我接受协议”进行安装，如图 8.2.2 所示。

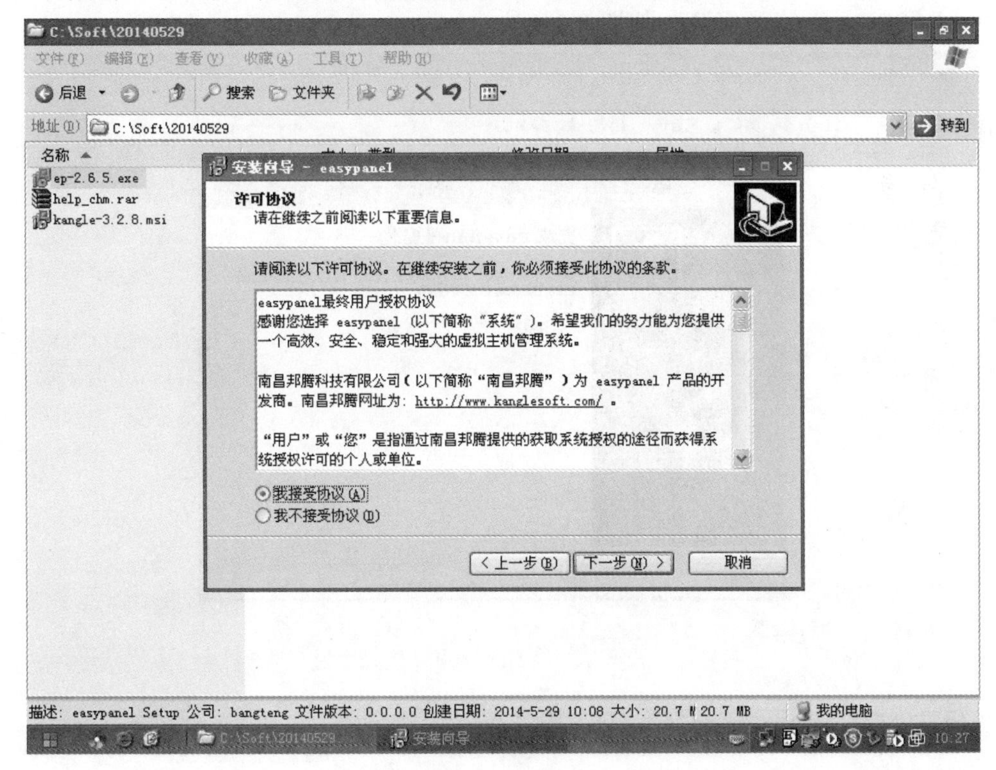

图 8.2.2　许可协议

（4）点击“安装”继续安装，如图 8.2.3 所示。

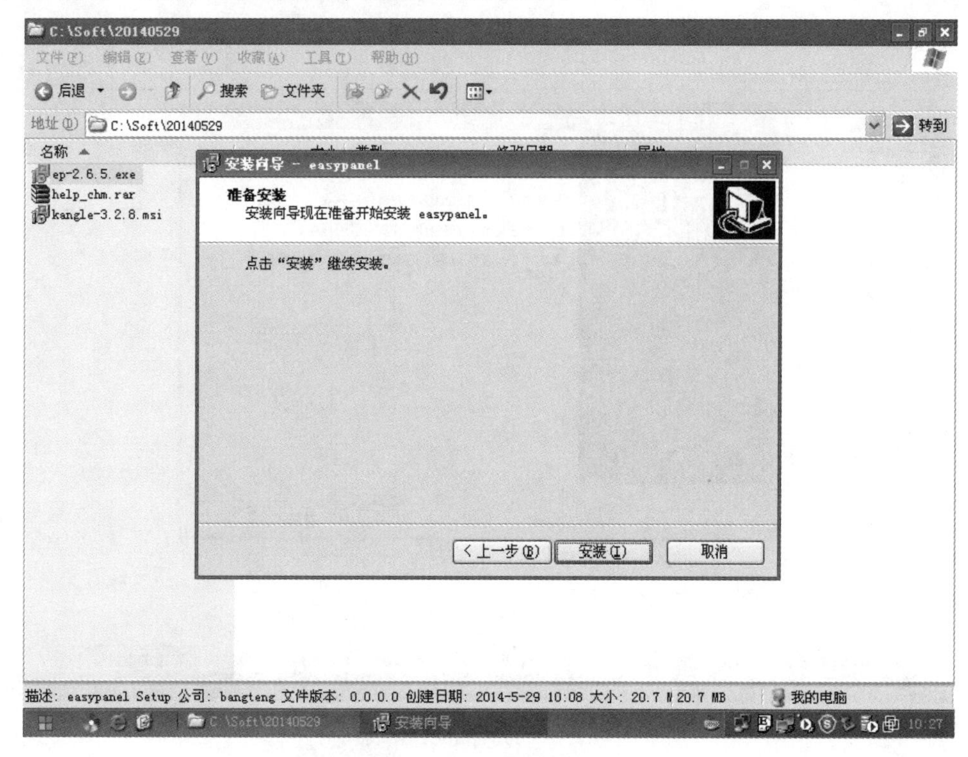

图 8.2.3　准备安装

（5）完成 easypanel 安装，如图 8.2.4 所示。

图 8.2.4　完成安装

2. 使用 easypannel 管理站点

（1）进入后台登录地址 http：//localhost：3312/admin/，默认账号为：admin，默认密码为：kangle，如图 8.2.5 所示。

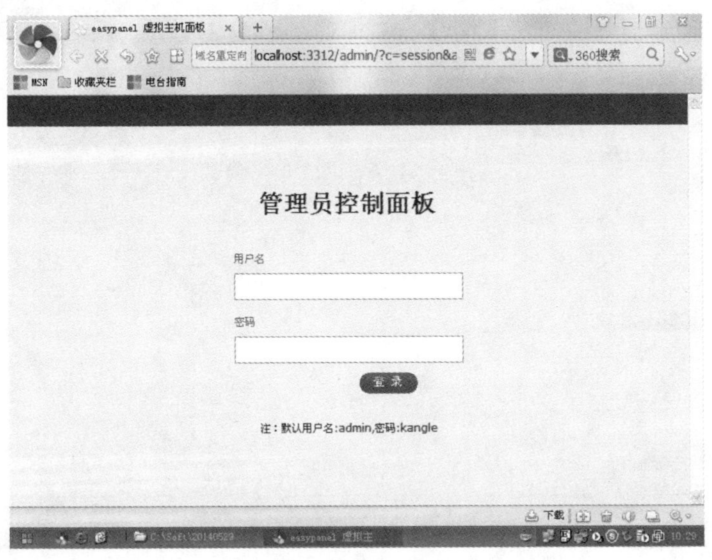

图 8.2.5　管理站点登录界面

（2）easypanel 在最开始使用前，会要求用户先填写好服务器配置信息，主要包括日志保存时间、MySQL 数据库、端口、域名、模板、FTP 设置等，如图 8.2.6 所示。

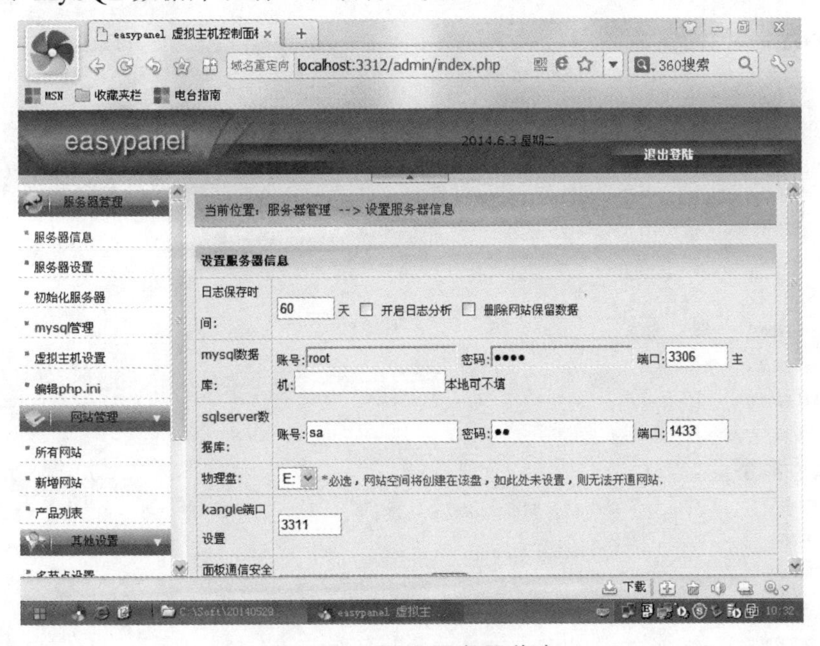

图 8.2.6　配置服务器信息

（3）接着点击“初始化服务器”，勾选初始化磁盘配额，更新配置文件，重启 Kangle，如图 8.2.7 所示。

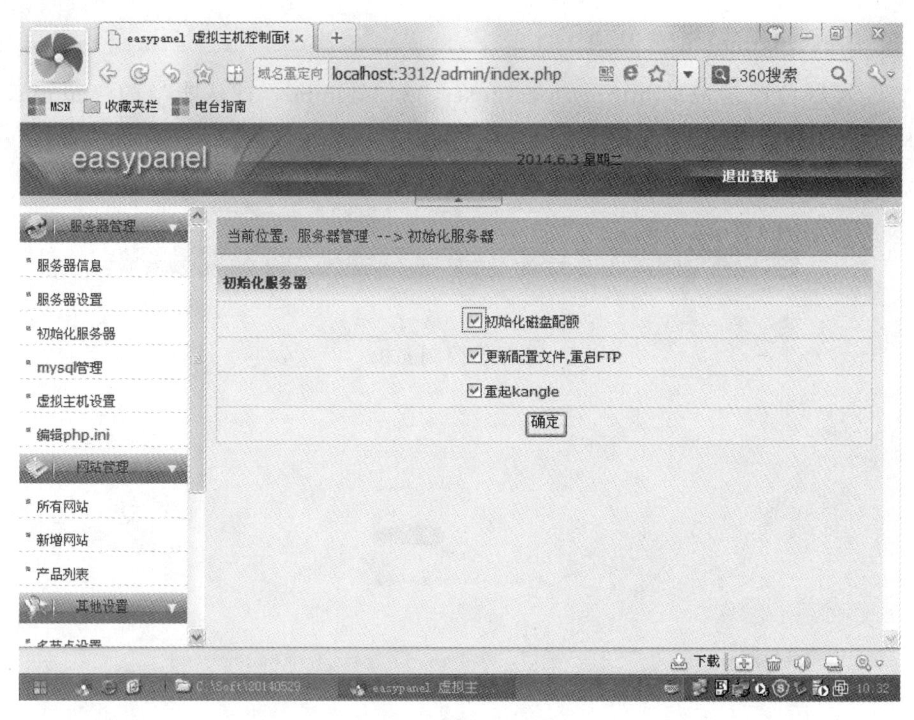

图 8.2.7　初始化服务器

（4）完成后，用户就可以看到属于自己的 easypanel，正常启动并显示服务器相关的运行信息，如图 8.2.8 所示。

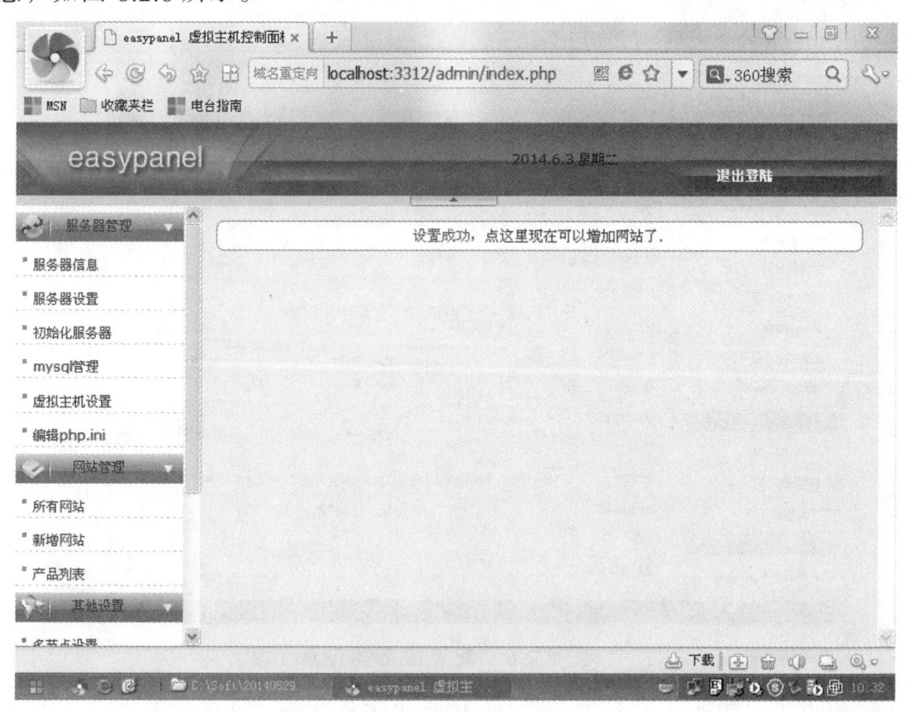

图 8.2.8　初始化成功

（5）在服务器管理中，可以对虚拟主机进行设置，主要是 gzip 压缩、域名设置、模板缓存、ftp 开关、ftp 连接数等，如图 8.2.9 所示。

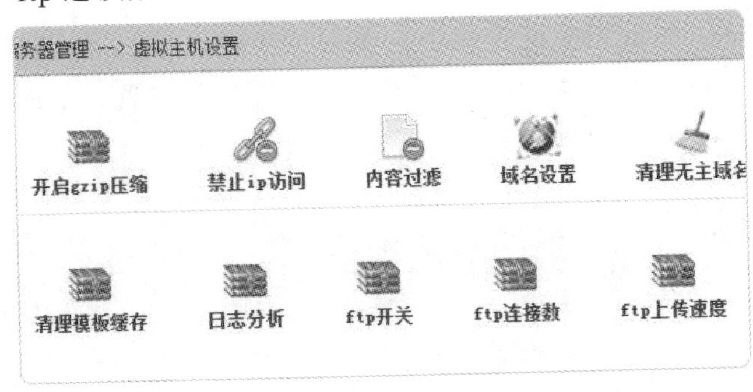

图 8.2.9　虚拟主机设置

（6）easypanel 的服务器管理中有服务器信息、服务器设置、编辑 php.ini 等，如图 8.2.10 所示。

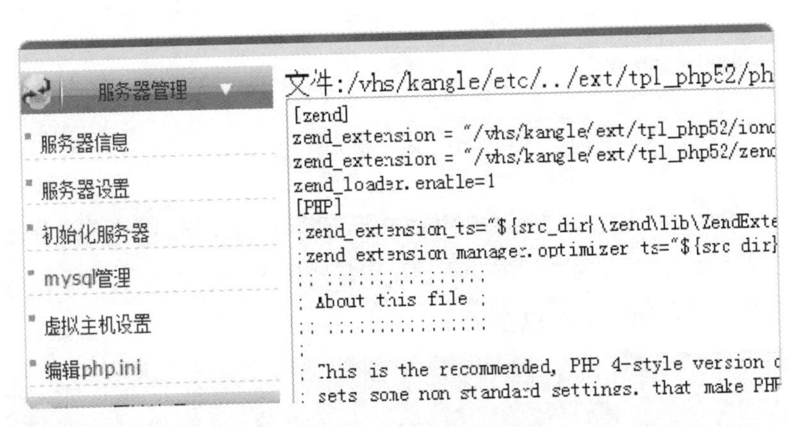

图 8.2.10　查看服务器信息

（7）Kangle Web 服务器可以帮助用户更好地管理好 VPS 主机。Kangle Web 是架设 Web 服务器的核心。而 easypanel 只是面板，用 php 写的，能帮助用户自动开设网站和 ftp 以及 MySQL 数据库，如图 8.2.11 所示。

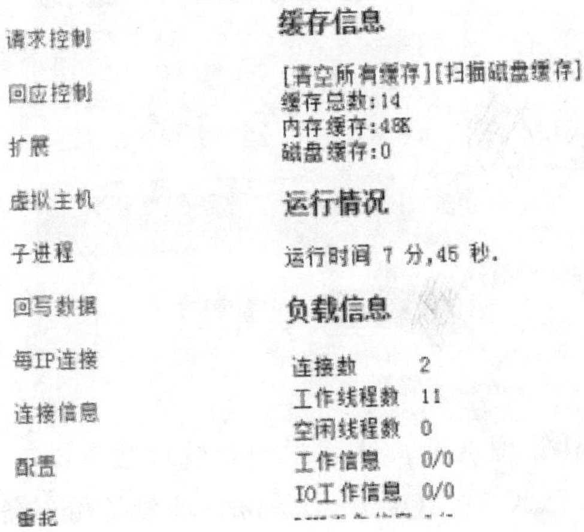

图 8.2.11　查看缓存信息

3. easypanel 添加网站

（1）在 easypanel 的虚拟主机管理中，点击“新增网站”，然后就可以对新网站的名称、空间大小、数据库大小、绑定目录、流量限制等进行设置，如图 8.2.12 所示。

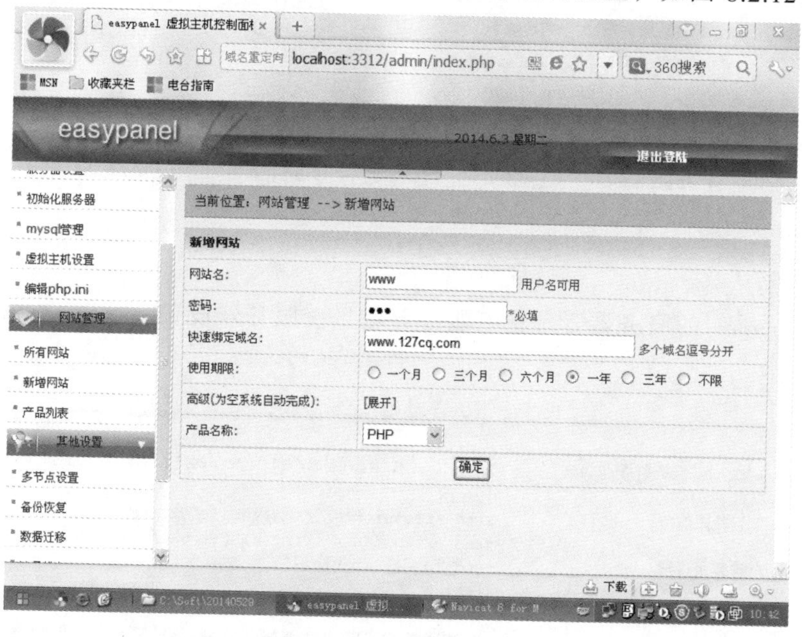

图 8.2.12　添加网络

（2）添加数据库，如图 8.2.13 所示。

图 8.2.13　mysql 管理

数据库管理很简单，直接进入 mysql 管理选项，然后添加和管理数据库。

（3）在自动备份，可以设置 Web 数据及 MySQL 的全备份、增量备份、备份到远程 ftp、备份文件加密，如图 8.2.14 所示。

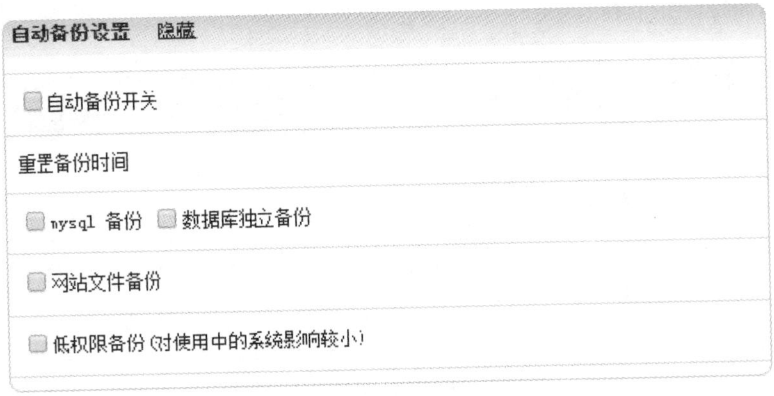

图 8.2.14　自动备份设置

（4）easypanel 支持两台 VPS 远程进行数据迁移，只要用户填写正确的源服务器 IP、源服务器安全码、虚拟机前缀等，就可以实现在线迁移网站数据，如图 8.2.15 所示。

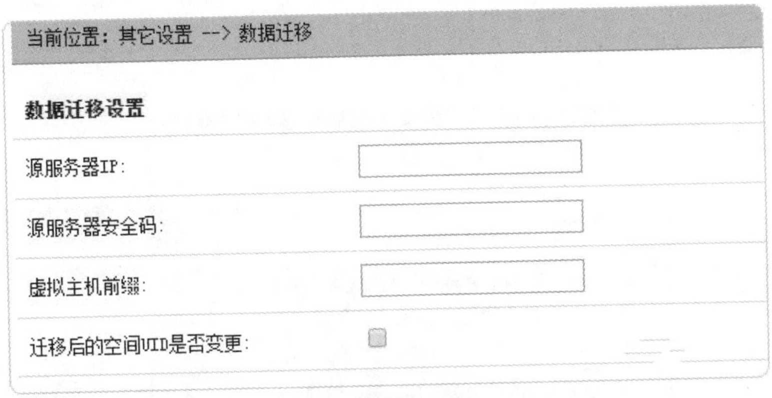

图 8.2.15　数据迁移

（5）在安全登录中，可以设置仅允许某一个 IP 连接、登录是否使用验证码等，如图 8.2.16 所示。

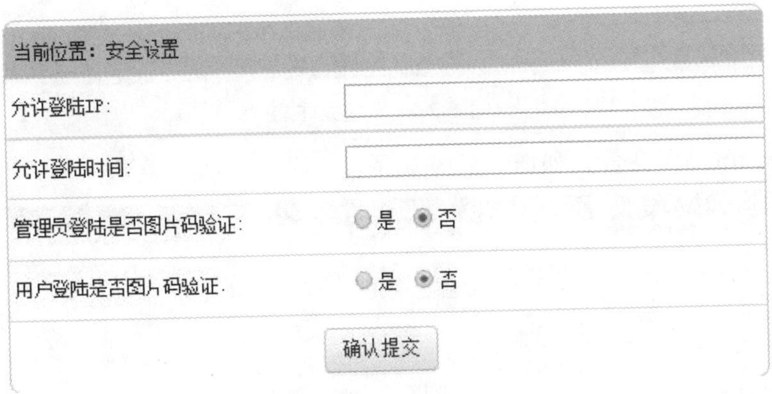

图 8.2.16　安全设置

（6）easypanel 在线文件管理，可以查看、编辑、复制、删除、压缩、解压等，如图 8.2.17 所示。

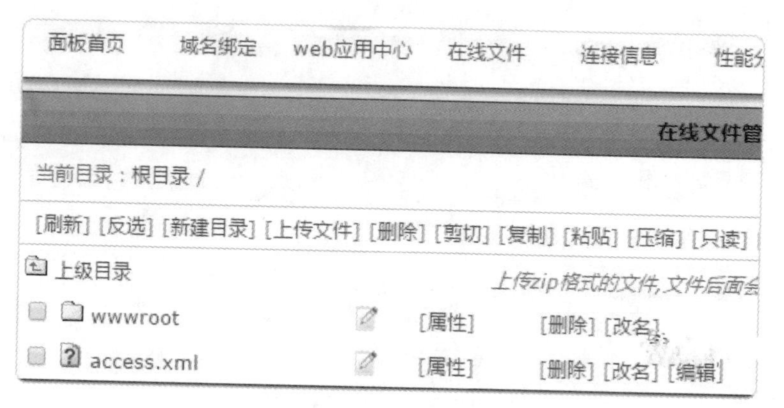

图 8.2.17　文件管理

（7）打开文件传输地址 ftp：//127.0.0.1，输入用户和密码登录，如图 8.2.18 所示。

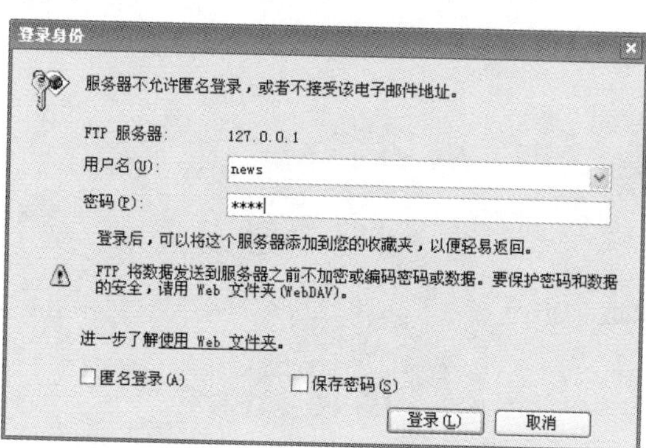

图 8.2.18　登录 FTP

（8）查看 ftp 站点文件，如图 8.2.19 所示。

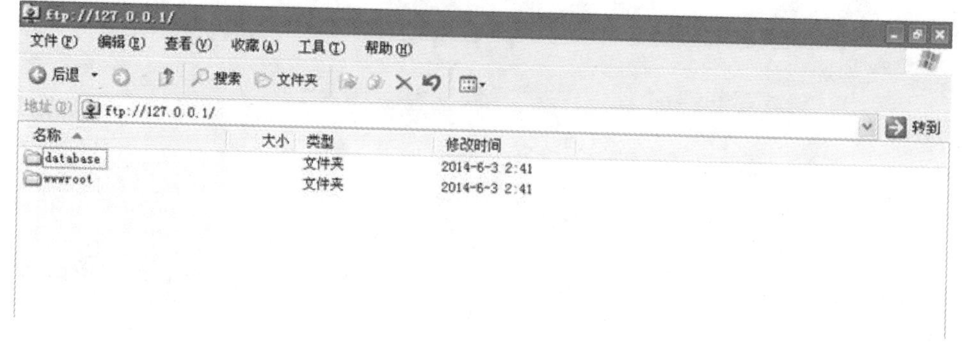

图 8.2.19　查看 FTP 文件

（9）easypanel 还带了一些流量图、日志分析、性能分析、防 CC 攻击等功能，如图 8.2.20 所示。

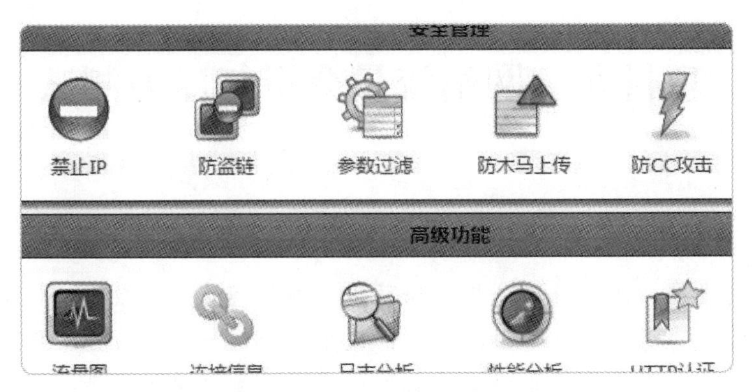

图 8.2.20　安全管理设置

（10）easypanel 可以直接在线修改文件的属性，如图 8.2.21 所示。

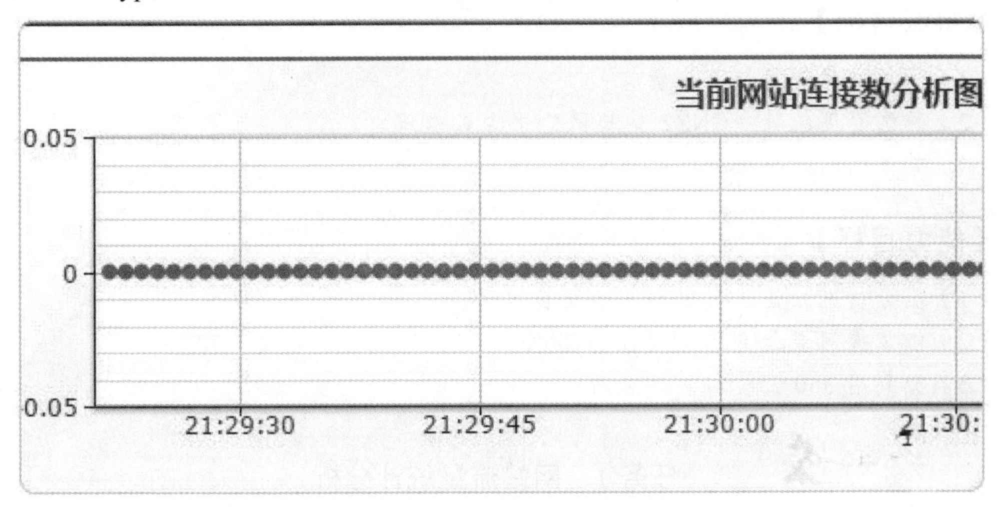

图 8.2.21　修改文件属性

4. easypanel 安装使用小结

（1）Kangle 是底下的核心，安装 easypanel、vhms 都要装 Kangle。专业级的用户可以直接使用 Kangle 开设 Web 服务器。easypanel 是一个面板，是一个多用户系统，每个用户可以管理自己的网站。

（2）easypanel 与其他的 VPS 控制面板相比，亮点还是有的：easypanel 可以用来整合 whmcs、支持设置服务器组，然后，设定空间类型、空间及数据库大小、连接数、带宽及其他限制，实现自助购买和自动开通虚拟主机服务。

项目九　网站流量分析与压力测试

【项目简介】

该项目是通过网站流量统计分析，在获得网站访问量基本数据的情况下，对有关数据进行统计、分析，以了解网站当前的访问效果和访问用户行为并发现当前网络营销活动中存在的问题，为进一步修正或重新制定网络营销策略提供依据。通过压力测试，找出各个子功能承受的最大压力，并在最大压力下使系统正常运行。

【知识目标】

（1）了解网站流量统计分析。
（2）熟悉百度统计、CNZZ 站长网络平台数据统计。
（3）掌握网站安全检测。

【能力目标】

（1）能分析网站访客规律和网站发展状况。
（2）能掌握阿里云 PTS 网站压力测试。
（3）能利用 360 云检测网站漏洞。

任务 1　网站流量统计分析

1.1　任务说明

某公司建立了一个网站，想知道在某个时间段有多少人访问了网站，停留了多少时间，什么时候比较繁忙，什么时候比较空闲，他们是通过什么方式或者关键词引导访问网站的，以及这些人都处在什么地区。

1.2　任务分析

传统的日志分析已经不能满足这一要求，目前，在第三方平台流量统计工具中，如百度统计，CNZZ 站长，这些都是不错的网站流量统计分析的平台，我们可以从流量来源分析、流量效率分析、站内数据分析和用户特征分析四个部分来选择它们。

（1）CNZZ 各个不同的报告提供的指标有一定差异，有针对性，不过比较混乱，体系不够清晰，数据维度简单，但比较难做深入分析。

（2）百度统计各个报告的指标设立较有章法，各个最细的报告上都提供了完整的网站流量和质量评价指标，但有点过于严谨，不过数据也算完整齐全。百度统计提供的数据维度非常丰富，特别是时间×来源×地域的组合，可以定位到某一个外链分小时的流量变化，帮助很大，当然，系统上手难一点。

（3）在 PV、UV、IP 这些基本的统计指标上，百度统计和 CNZZ 没什么明显差异，而在流量质量评价方面，百度统计采用了基于 Session 的统计方法，这点是比较科学的，下面我们就用 CNZZ 进行流量统计。

1.3　任务实施

1. 安装教程

（1）新手免费注册 CNZZ 账户。

① 注册站长统计，登录 CNZZ 官网（http：//www.cnzz.com）或站长统计（http：//zhanzhang.cnzz.com），点击“免费注册试用”按钮，填写账户信息提交即可，如图 9.1.1 所示。

② 注册全景统计：登录全景官网（http：//quanjing.cnzz.com），点击“立即注册试用”按钮，填写账户信息提交即可。

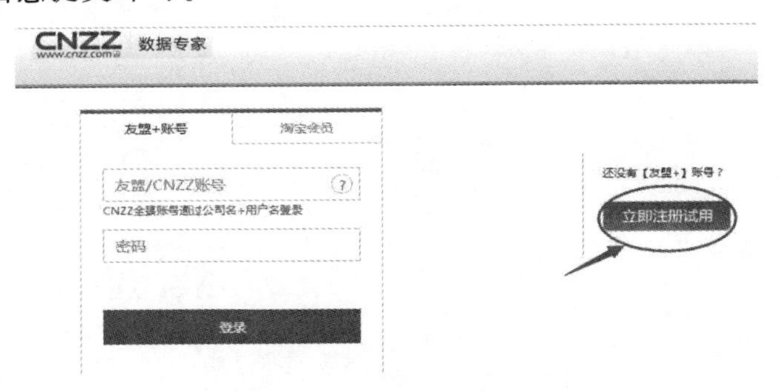

图 9.1.1　CNZZ 账号注册

（2）添加站点（以下步骤站长统计与全景统计完全相同，本文以站长统计截图说明）。

① 新注册的 CNZZ 账户，会直接来到“添加站点”页面，如图 9.1.2 所示。

图 9.1.2　添加站点

如果用户已关闭该页面，可在登录站长统计（或全景统计）之后，点击“站点列表”右上角的“添加站点”，如图 9.1.3 所示。

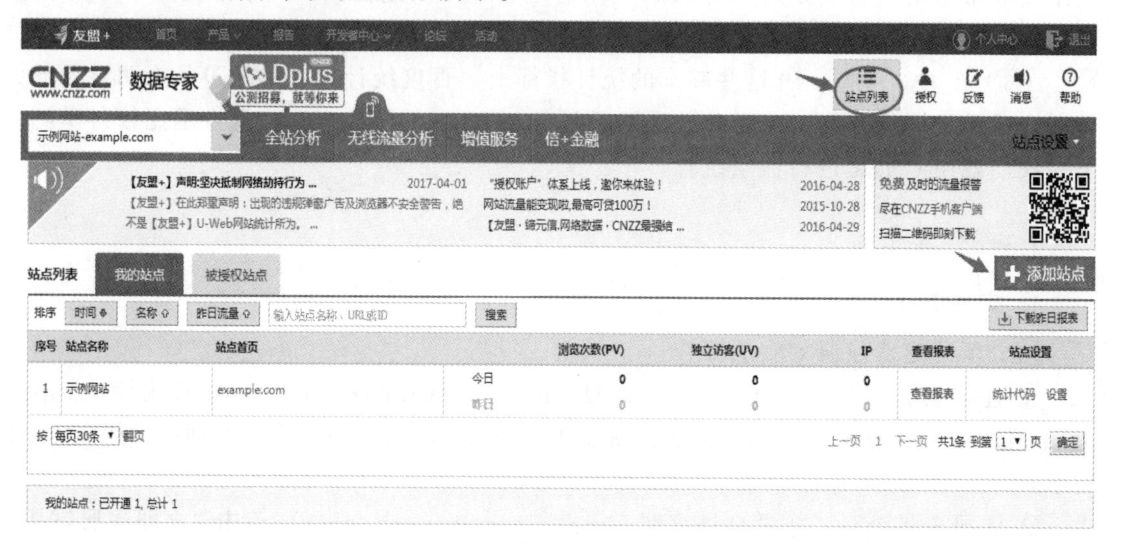

图 9.1.3 站点列表

② 输入网站“名称”“首页”“域名”等信息，点击“确认添加站点”，如图 9.1.4 所示。

图 9.1.4 确认添加站点

特别提醒：“网站域名”必须填写用户网站的真实域名，否则可能导致统计不到数据。

（3）获取并安装代码。

① 新添加的站点，会直接来到“获取统计代码”页面，选择一种喜欢的统计图标样

式，将代码复制下来（样式不影响统计数据），如图 9.1.5 所示。

图 9.1.5　获取统计代码

如果用户已关闭该页面，也可以通过“站点列表”/“统计代码”按钮，抵达该页面，如图 9.1.6 所示。

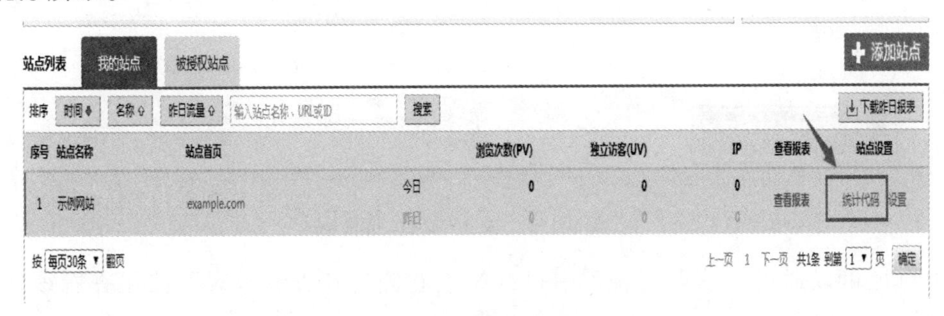

图 9.1.6　查看统计代码

② 将复制的代码放在用户要跟踪的每个网页</body>标记之前，如图 9.1.7 所示。

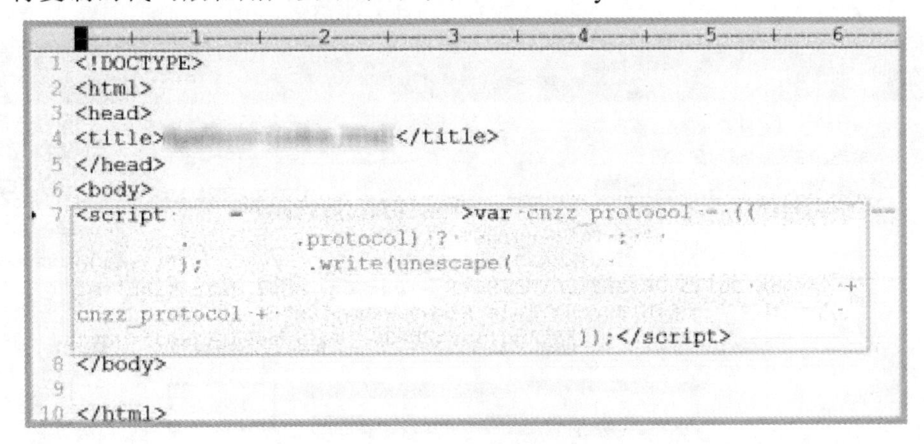

图 9.1.7　查看代码

特别提醒：

- 如用户要统计全站流量，则需所有页面均添加统计代码，因此建议使用包含模板的方式。

- 为了保证统计数据的准确性，请将我们的统计代码放置在其他统计代码前面。
- 在弹出窗口内或者嵌入 IFRAME 页内插入统计代码将统计不出数据。

（4）查看网站流量。

如果用户刚获取并安装了统计代码，直接点击左下角“进入统计报表”查看网站流量，如图 9.1.8 所示。

图 9.1.8　进入 WAP 站代码

用户也可以通过“站点列表”中目标站点右侧的“查看报表”按钮查看该网站的流量，如图 9.1.9 所示。

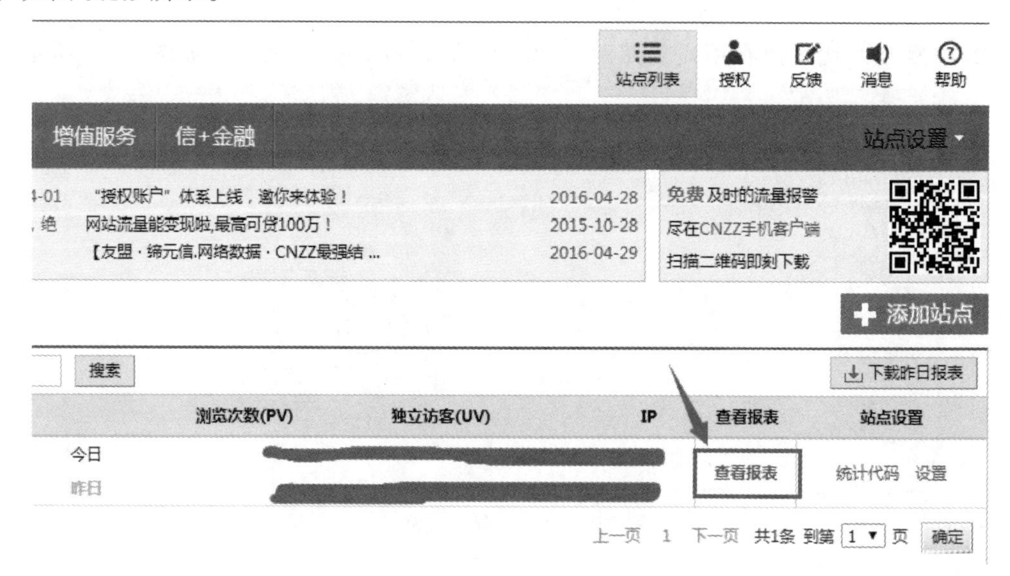

图 9.1.9　查看报表

2. 流量分析

根据用户选定的时间段，提供网站流量数据，通过流量的趋势变化形态，可帮助用户分析出网站访客的访问规律、网站发展状况等。

（1）了解网站质量和运营状况。

① 如果用户网站整体流量偏低，说明用户的网站内容不足以吸引访客，或者网站运营不够好。

② 如果用户网站平均访问时长低、跳出率高，说明访客在用户的网站找不到感兴趣的内容，或者不会使用，建议用户优化网站内容和结构，提高网站质量。

（2）掌握流量规律，制定运营策略。

① 选择按“小时”查看，了解网站一天 24 小时流量规律。例如，用户发现某时段流量较高，但不在推广范围内，那么用户在进行网站推广时，可以优先考虑该时段，以获得更多潜在用户，如图 9.1.10 所示。

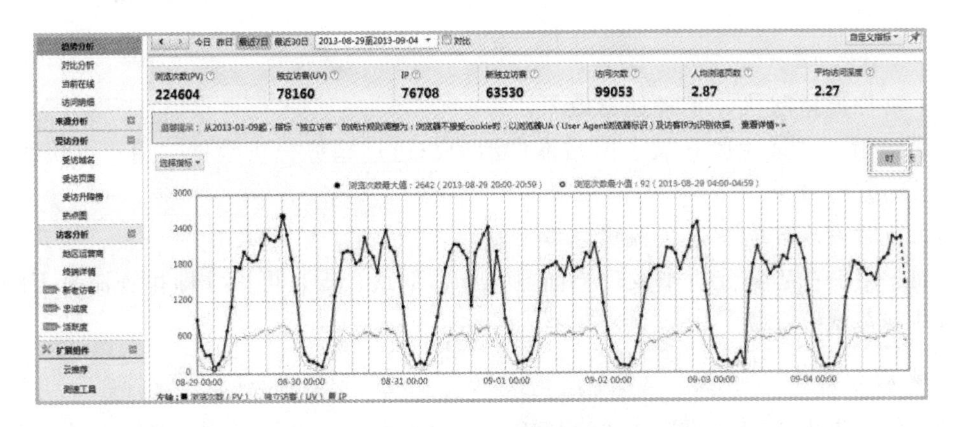

图 9.1.10　按小时查看流量视图

② 选择按“天”查看，了解网站一周内各天的流量规律。例如，用户发现周末网站流量明显高于工作日，那么用户在周末进行网站宣传，容易获得更好的推广效果，如图 9.1.11 所示。

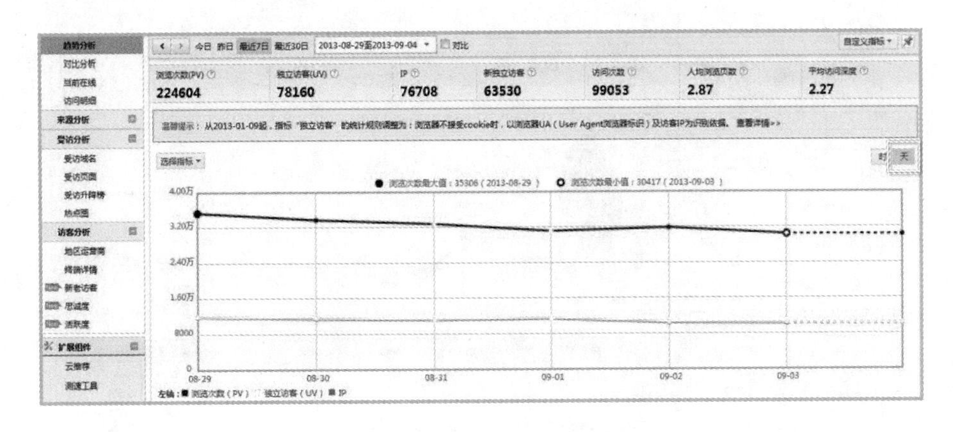

图 9.1.11　按天查看流量视图

③ 选择按“周”/按“月”查看，了解网站各周/各月的流量规律。例如，通过按“月”查看，用户可以快速了解网站不同季度的流量规律，进而针对不同季度开展不同的推广活动，如图 9.1.12 所示。

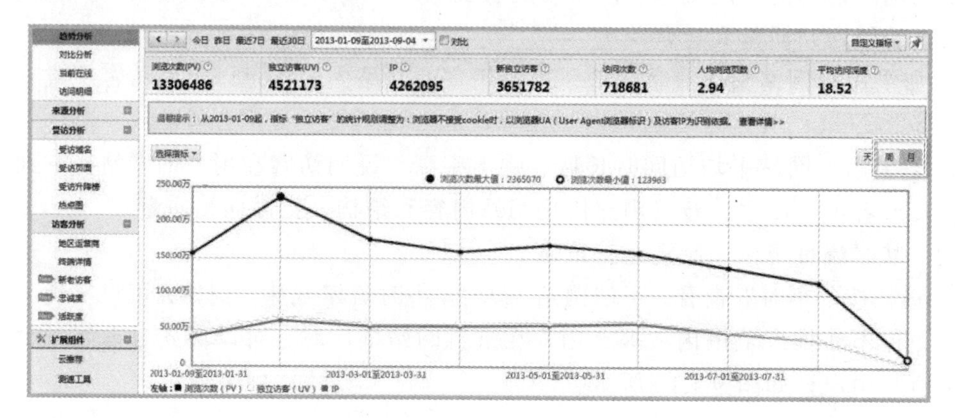

图 9.1.12　按周查看流量视图

（3）监控流量起伏，了解运营效果。

例如，用户在某时段开展了网站推广活动，通过趋势分析数据，用户可快速直观地了解该活动宣传效果。

（4）及时发现异常，避免流量继续下跌。

例如，用户在趋势分析中发现当前数据异常下跌，于是可以立即排查流量下跌原因，避免网站利益继续受损。

3. 来源分析

来源分类提供不同来源形式（直接输入、搜索引擎、其他外部链接、站内来源）、不同来源项引入流量的比例情况。可帮助用户了解什么类型的来路产生的流量多、效果好，以便合理优化推广方案，如图 9.1.13 所示。

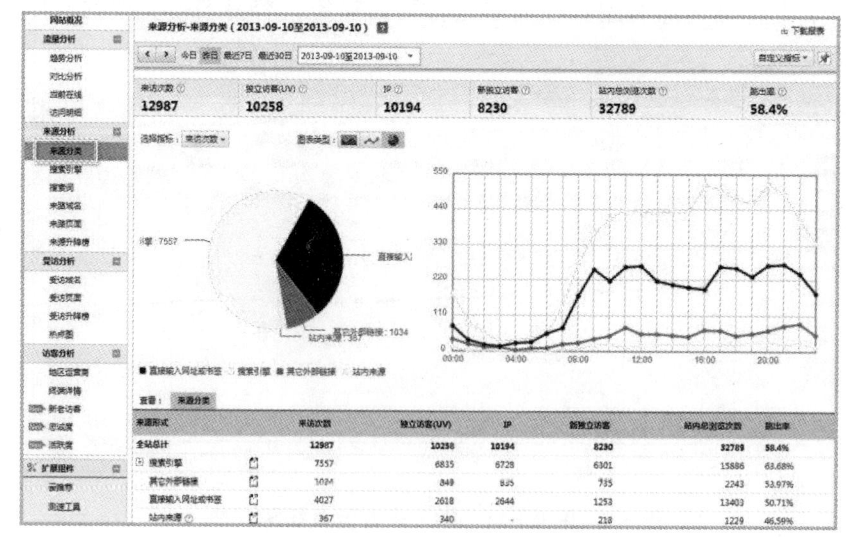

来源形式		来访次数	独立访客(UV)	IP	新独立访客	站内总浏览次数	跳出率
全站总计		12987	10258	10194	8230	32789	58.4%
搜索引擎		7557	6835	6728	6301	15886	63.68%
其它外部链接		1024	849	835	735	2243	53.97%
直接输入网址或书签		4027	2618	2644	1253	13403	50.71%
站内来源		367	340	-	218	1229	46.59%

图 9.1.13　流量来源分析视图

（1）搜索引擎：访客通过搜索引擎输入关键词并在搜索结果页点击链接，进入到部有 CNZZ 统计代码的页面，此次访问算作一次来自搜索引擎的访问。

（2）其他外部链接：除搜索引擎以外的站外来路称作其他外部链接。

（3）直接输入网址或书签：用户用在浏览器地址栏中输入网址、从收藏夹中点击网址、通过 flash、弹窗、JS 跳转等无法获取到来源的方式打开网址，都被记录为直接输入网址或书签。

（4）站内来源：访客在上次访问已超时的情况下，通过站内某页面链接对该网站的再次访问，称为来自“站内来源（>>详细）”的新访问。

4. 受访分析

受访分析提供访客对网站各个域名、各个页面的访问情况，帮用户了解网站哪些内容受访客欢迎、访客浏览页面的行为如何。具体包括：

（1）受访域名：提供访客对网站中各个域名的访问情况。一般情况下，网站不同域名提供的产品、内容各有差异，通过此功能用户可以了解不同内容的受欢迎程度以及网站运营成效。

（2）受访页面：提供访客对网站中各个页面的访问情况。站内入口页面为访客进入网站时浏览的第一个页面，如果入口页面的跳出率较高，则需要关注并优化；站内出口页面为访客访问网站的最后一个页面，对于离开率较高的页面需要关注并优化。

（3）受访升降榜：提供开通统计后任意两日的 TOP10000 受访页面的浏览情况对比，并按照变化的剧烈程度提供排行榜。可通过此功能验证经过改版的页面是否有流量提升或哪些页面有巨大流量波动，从而及时排查相应问题。

（4）热点图：记录访客在页面上的鼠标点击行为，通过颜色区分不同区域的点击热度；支持将一组页面设置为“关注范围”，并可按来路细分点击热度。通过访客在页面上的点击量统计，可以了解页面设计是否合理、广告位的安排能否获取更多佣金等。

（5）用户视点：提供受访页面对页面上链接的其他站内页面的输出流量，并通过输出流量的高低绘制热度图。与热点图不同的是，所有记录都是实际打开了下一页面产生了浏览次数（PV）的数据，而不仅仅是拥有鼠标点击行为。

（6）访问轨迹：提供观察焦点页面的上下游页面，了解访客从哪些途径进入页面，又流向了哪里。通过上游页面列表比较出不同流量引入渠道的效果；通过下游页面列表了解用户的浏览习惯，哪些页面元素、内容更吸引访客点击。

5. 访客分析

“地区运营商”功能提供各地区访客、各网络运营商访客的访问情况分布，地方网站、下载站等与地域性、网络链路等结合较为紧密的网站可以参考此功能数据，合理优化推广运营方案。

地区分布示例，如图 9.1.14 所示。

网络运营商，如图 9.1.15 所示。

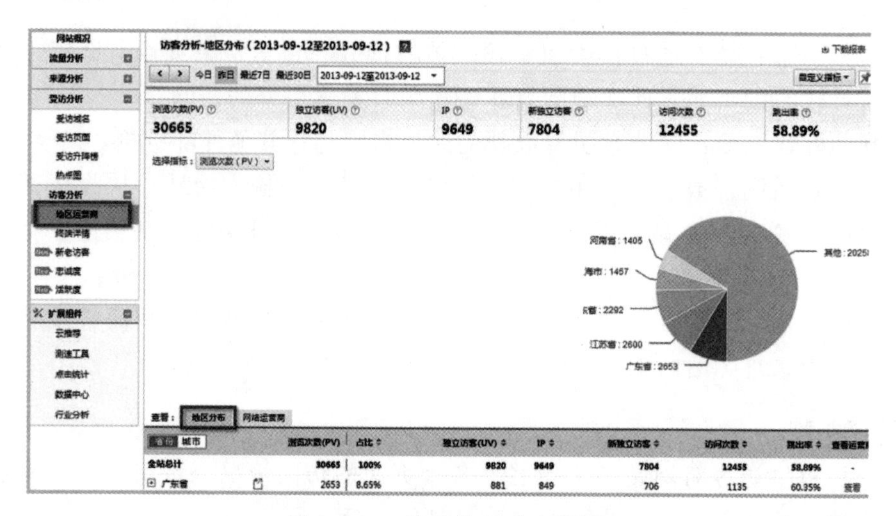

图 9.1.14　流量地区分布视图

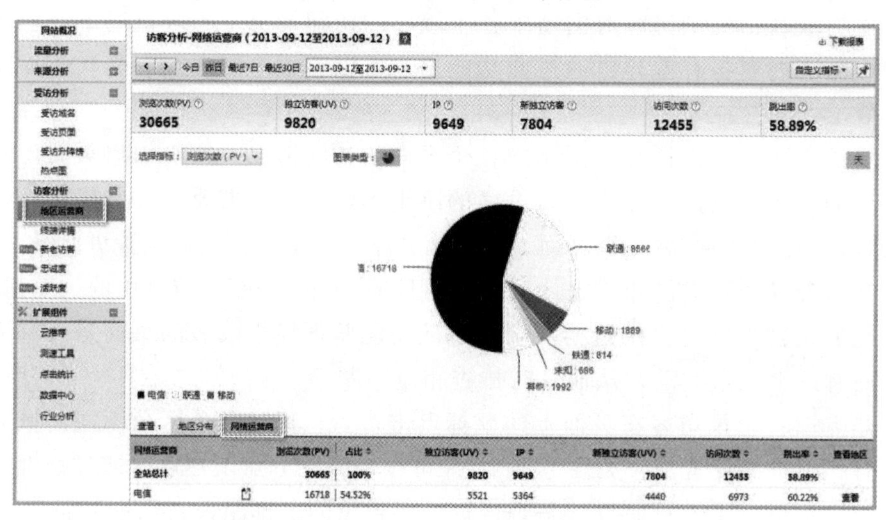

图 9.1.15　流量网络运营商分析视图

任务 2　网站压力测试

2.1　任务说明

某公司架设了自己的网站，担心访问人数一多或者遭受 DDOS 攻击导致网站崩溃，不能正常运营，那么我们又该如何去获取我们服务器的承受能力呢？以避免数据的丢失和经济的损失呢？

2.2　任务分析

为了防止突发的高请求对服务器负载能力产生的不利影响，同时也是为了检测网站 Web 压力，我们需要提前对服务器进行压力测试，预测自己服务器到底能够承受多大的访问量。首先我们可以对 VPS 或者服务器本身的承受力进行一个大致的检测，常用的方法就是 Web 压力测试。Web 压力测试工具 Webbench，Apache Bench，http_load，另外，可在 Windows 平台使用的 Web 压力测试工具 Pylot，利用这些工具基本上就可以对自己的服务器的承载能力概况有一个基本了解。不过，为了能够更加精准地测试网站性能，可以使用阿里云 PTS，它是阿里云面向全网用户免费开放的性能云测试平台，主要是提供压测目标和监控集管理，包括提供简单易用的性能测试脚本模板模式和代码模式，测试场景配置，测试执行及执行数据实时展示，还有提供完善的性能结果报表和强大的性能分析图形展示。阿里云 PTS 还提供了一款应用性能监控工具 PTS Radar，用户只需要在服务器上安装它就可以对服务器和应用进行监控。采用无锁队列进行监控数据的传输，基本不会对系统造成额外的资源消耗。采集的性能数据可以和 PTS 性能测试数据进行关联分析。

2.3　任务实施

1. 阿里云 PTS 添加测试目标网站和服务器

（1）阿里云 PTS 官网：https：//pts.aliyun.com/lite/index.htm。

（2）阿里云 PTS 原来是用于阿里云 ECS 性能测试用的，现在是对全网开放，关于 ECS 性能测试可以参考：阿里云服务器 ECS 购买方法和 VPS 主机性能与速度简单测试。

（3）使用用户的阿里云账号登录到阿里云 PTS 平台，性能测试在云计算基础服务下面的应用服务选项中，如图 9.2.1 所示。然后直接在控制面板中添加用户想要测试的网站域名。如果不是使用默认端口（如 HTTP：80，HTTPS：443），请手工指定（如：www.example.com：8080）。输入中仅需提供 host：port，不需要输入 http：//，https：//或者 URL 路径。

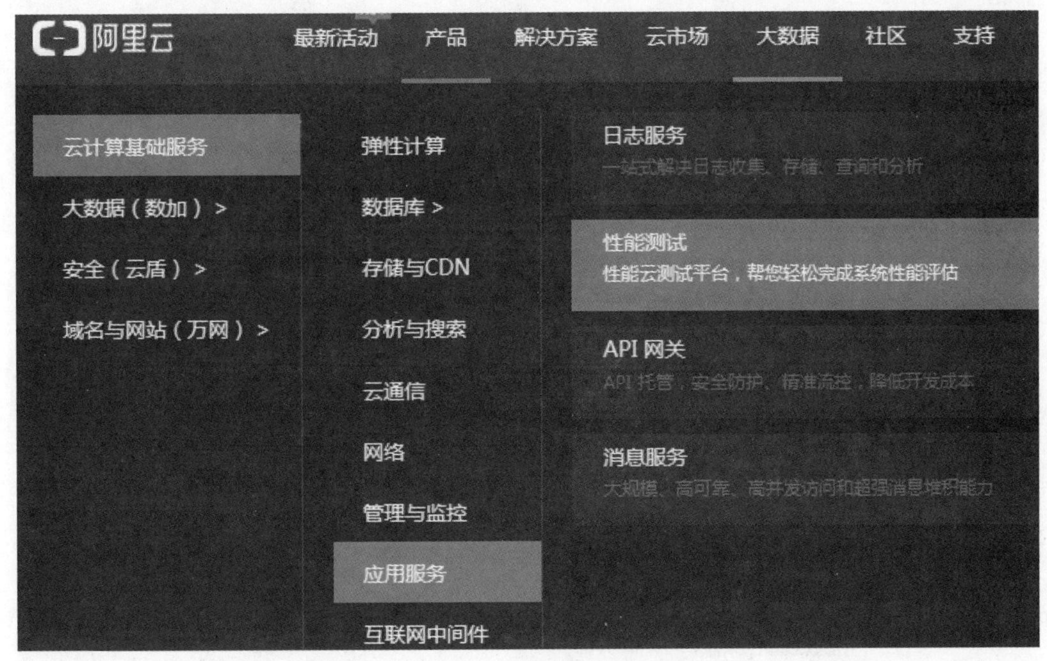

图 9.2.1　阿里云性能测试

（4）添加测试网站后，还需要下载验证文件到网站空间上并保证能够通过 URL 正常访问，如图 9.2.2，9.2.3 所示。

图 9.2.2　验证目标

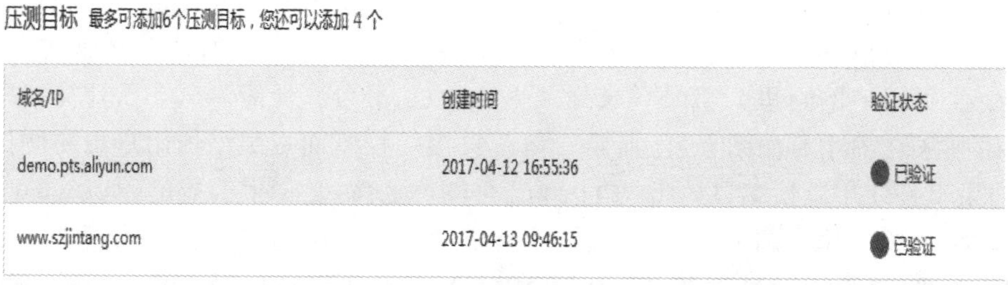

压测目标 最多可添加6个压测目标，您还可以添加 4 个

域名/IP	创建时间	验证状态
demo.pts.aliyun.com	2017-04-12 16:55:36	已验证
www.szjintang.com	2017-04-13 09:46:15	已验证

图 9.2.3　压测目标验证

（5）下面还有一个添加监控服务器，这个主要是安装 PTS Radar，将用户的 VPS 的性能数据与阿里云 PTS 测试结合起来，便于用户分析 VPS 的性能，如图 9.2.4 所示。

图 9.2.4　添加监控服务器

（6）PTS Radar 监控工具运行基于 Java 环境，安装监控工具前必须安装 Java 并已设置 JAVA_HOME 目录，下载 JDK 网址：https：//www.oracle.com/technetwork/java/javase/downloads/index.html，如图 9.2.5 所示。

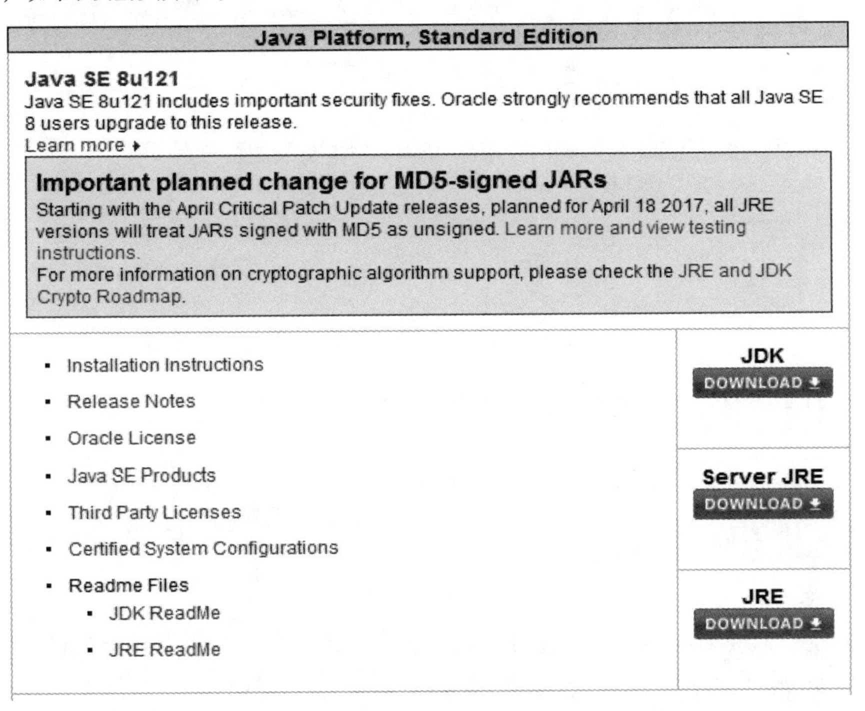

图 9.2.5　下载 JDK

（7）根据用户的 Windows 系统位数选择不同的 Java SE 安装包，如图 9.2.6 所示，下载前记得勾选 Accept License Agreement 选项同意协议。

Java SE Development Kit 8u121

You must accept the Oracle Binary Code License Agreement for Java SE to download this software.

Thank you for accepting the Oracle Binary Code License Agreement for Java SE; you may now download this software.

Product / File Description	File Size	Download
Linux ARM 32 Hard Float ABI	77.86 MB	jdk-8u121-linux-arm32-vfp-hflt.tar.gz
Linux ARM 64 Hard Float ABI	74.83 MB	jdk-8u121-linux-arm64-vfp-hflt.tar.gz
Linux x86	162.41 MB	jdk-8u121-linux-i586.rpm
Linux x86	177.13 MB	jdk-8u121-linux-i586.tar.gz
Linux x64	159.96 MB	jdk-8u121-linux-x64.rpm
Linux x64	174.76 MB	jdk-8u121-linux-x64.tar.gz
Mac OS X	223.21 MB	jdk-8u121-macosx-x64.dmg
Solaris SPARC 64-bit	139.64 MB	jdk-8u121-solaris-sparcv9.tar.Z
Solaris SPARC 64-bit	99.07 MB	jdk-8u121-solaris-sparcv9.tar.gz
Solaris x64	140.42 MB	jdk-8u121-solaris-x64.tar.Z
Solaris x64	96.9 MB	jdk-8u121-solaris-x64.tar.gz
Windows x86	189.36 MB	jdk-8u121-windows-i586.exe
Windows x64	195.51 MB	jdk-8u121-windows-x64.exe

图 9.2.6　选择 Java 版本

（8）打开下载好的 JDK 软件，然后执行该软件开始安装，选择安装目录，点击“下一步”确定，执行安装，如图 9.2.7 所示。

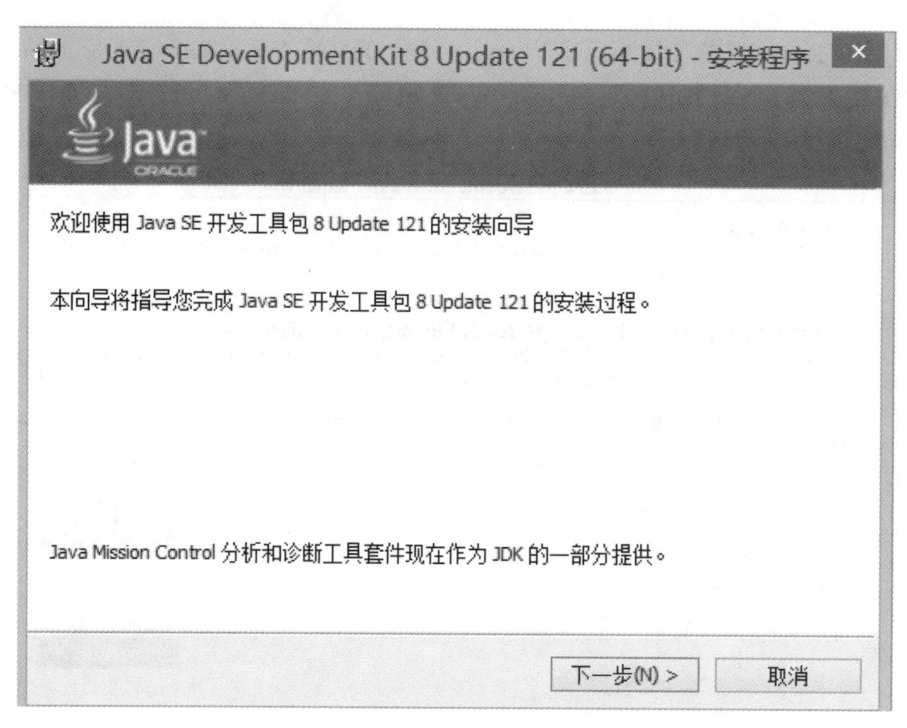

图 9.2.7 程序安装

（9）设置 JAVA 环境变量，计算机单击右键“属性”选项，打开左侧的“高级系统设置”选项，单击“环境变量”，如图 9.2.8 所示。

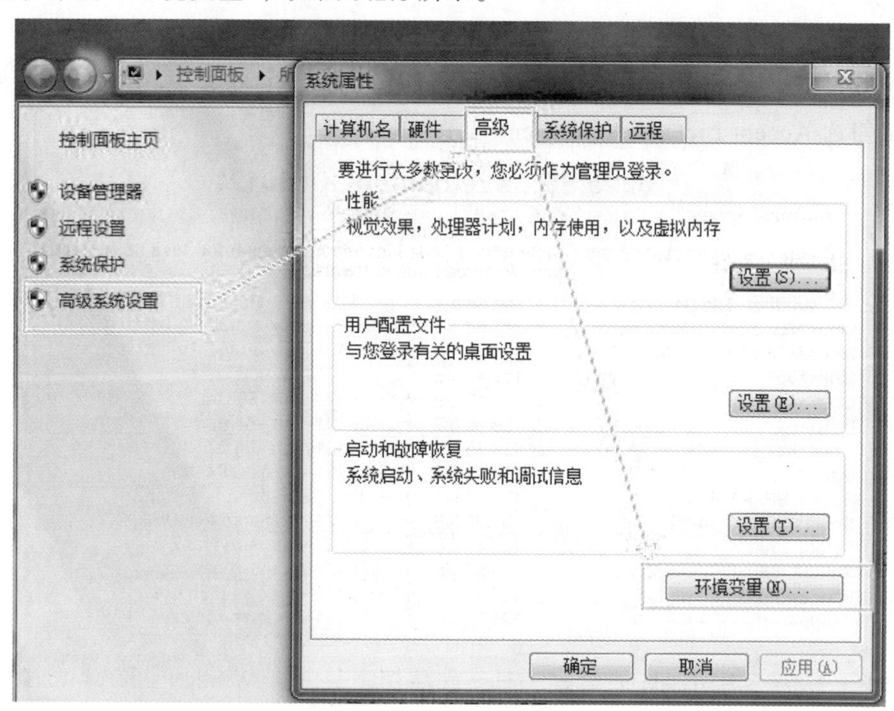

图 9.2.8 环境变量设置

（10）在打开“环境变量”对话框中，在下方找到“系统变量”选项中，单击“新建”

按钮，新建如下环境变量：

JAVA_HOME=C：\ProgramFiles\Java\jdk1.8.0_121

CLASSPATH=.；%JAVA_HOME%\lib

修改 PATH 环境变量，在 PATH 环境变量中添加%JAVA_HOME%\bin，如图 9.2.9 所示。

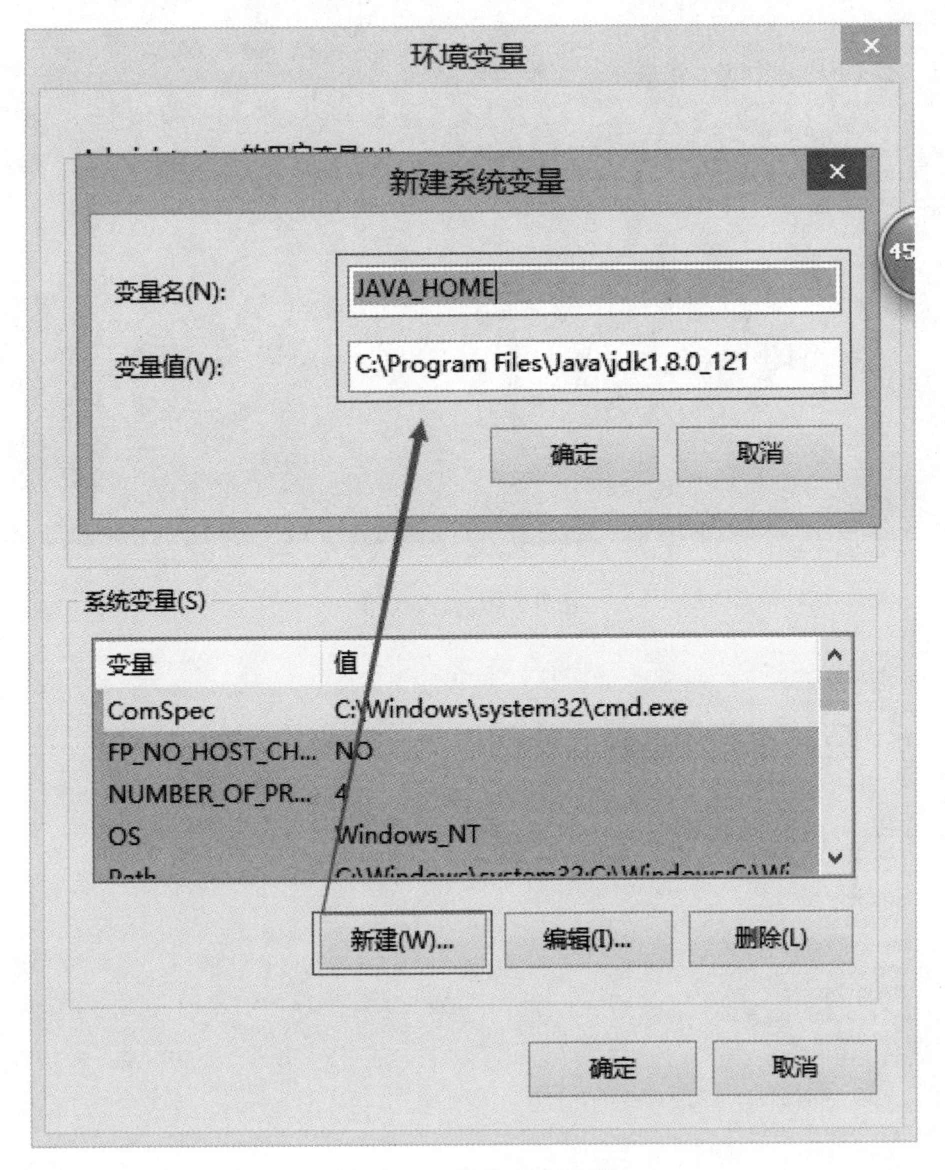

图 9.2.9 修建系统变量

（11）验证安装是否成功。再运行 cmd 命令，在弹出命令框中输入命令：java -version，看到如图 9.2.10 所示界面，就表示已经成功配置好 Java 环境了。

（12）下载 PTS Radar 性能监控工具，此监控工具分为 Windows 和 Linux 版本。解压文件：radar-for-windows.zip。用记事本打开 server.properties 文件，修改 signature 字段用户标识，如图 9.2.11 所示。

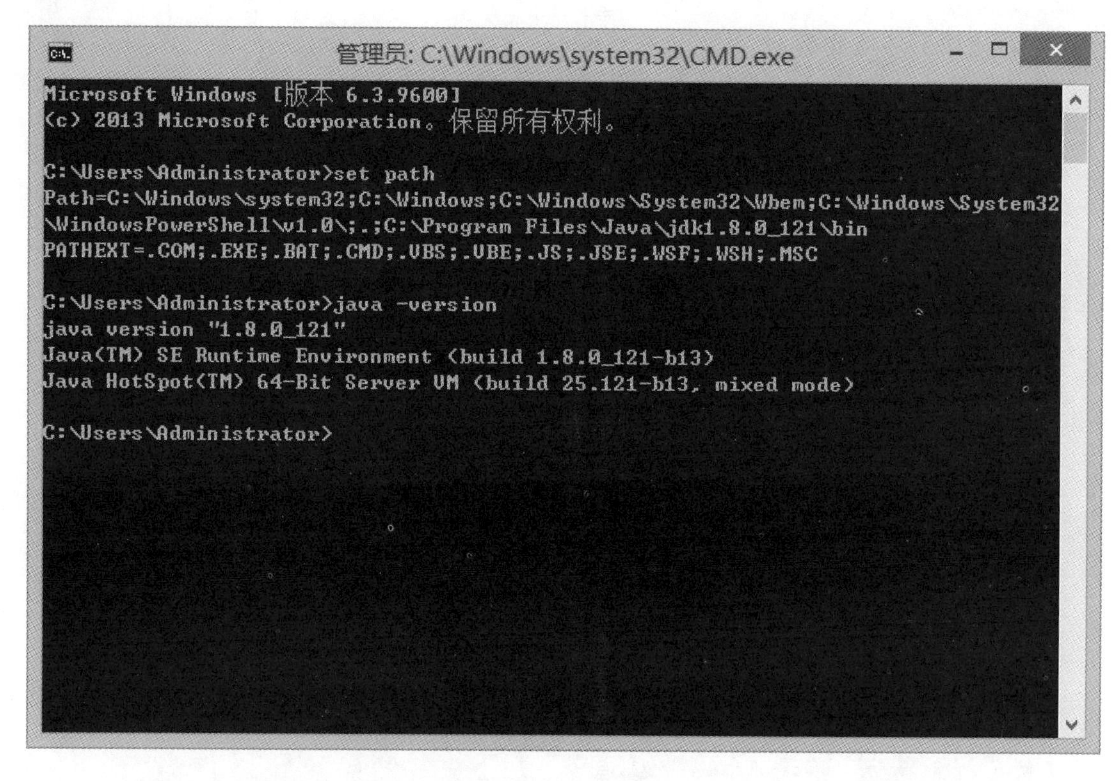

图 9.2.10　验证环境

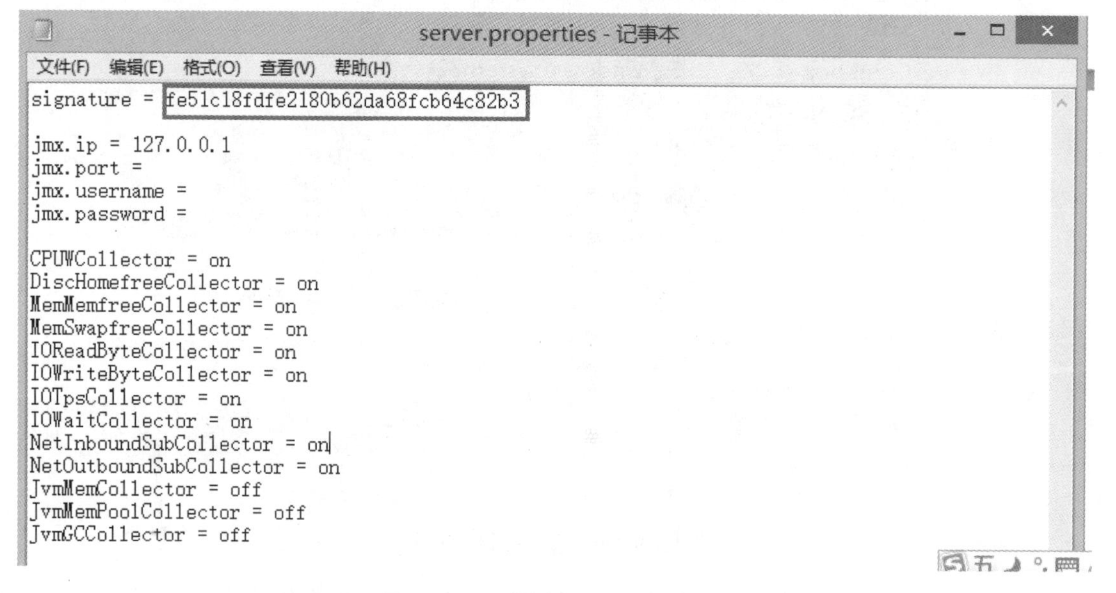

图 9.2.11　修改 signature 字段

（13）打开阿里云性能测试平台，点击“个人帐号”下面的“用户设置”，找到“用户信息”选项中的用户标识信息，这里的标识信息就是我们的 signature 字段用户标识，如图 9.2.12 所示。

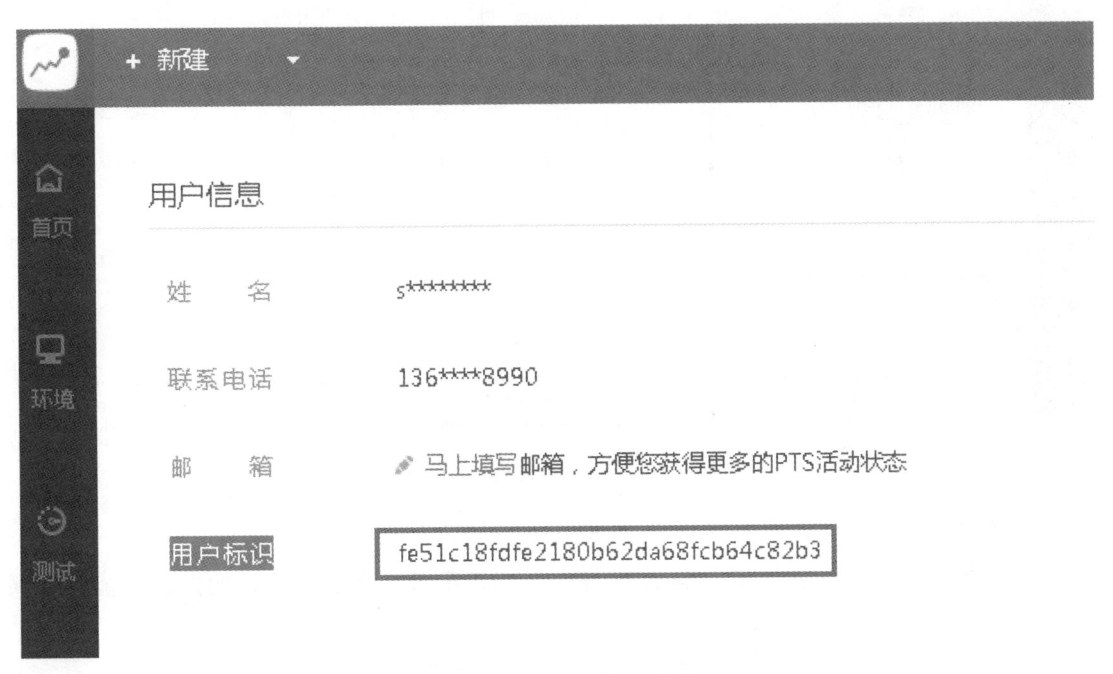

图 9.2.12　用户信息查看

（14）进入监控工具目录，找到 start.bat 文件直接点击执行程序，启动 Radar，如图 9.2.13 所示。

```
C:\Windows\system32\cmd.exe

C:\Program Files\Java\radar-for-windows>java -Xms128m -Xmx128m -jar perf-radar.j
ar
*******************************************************
*         Welcome to PTS-RADAR (version 1.0.0)        *
*******************************************************
Try RegisteredHost 1:a346242b57a0ddaa46ac23f75d5b77c0
Start collectThread Ok!
Start dataCallbackThread Ok!
Start agent success...

Callback:200,Data is empty!
Callback:200,Switch off!
Callback:200,Switch off!
Callback:200,Switch off!
Callback:200,Switch off!
Callback:200,Switch off!
Callback:200,Switch off!
Callback:200,Switch off!
```

图 9.2.13　启动 Radar 服务

（15）打开 PTS 控制面板，点击“环境”按钮，在右侧的单击“刷新监控集”，看到添加的网站和服务器都显示已经成功，如图 9.2.14 所示。

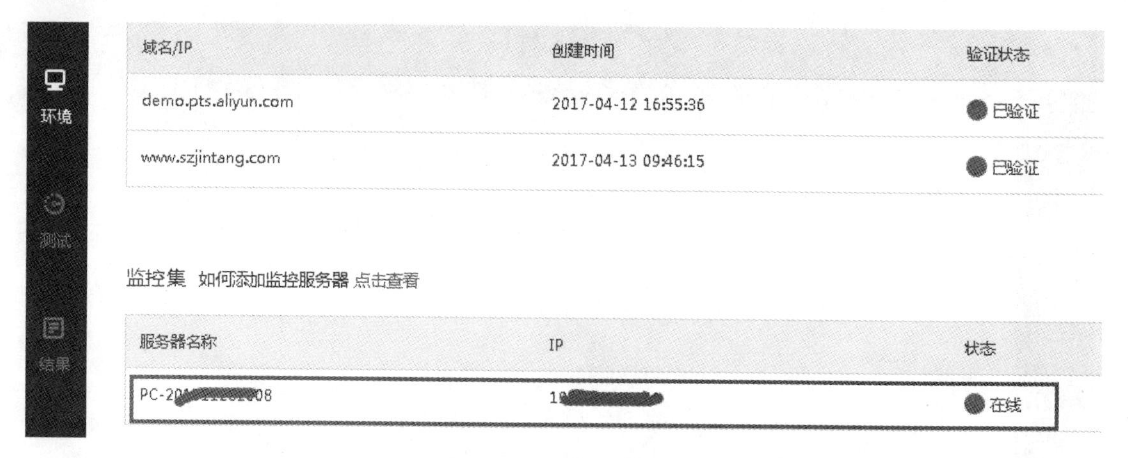

图 9.2.14 查看环境

2. 阿里云 PTS 测试网站性能的方法

（1）进入到阿里云 PTS 性能测试环境中，先来配置一下想要测试的网站性能的各项指标，如图 9.2.15 所示。

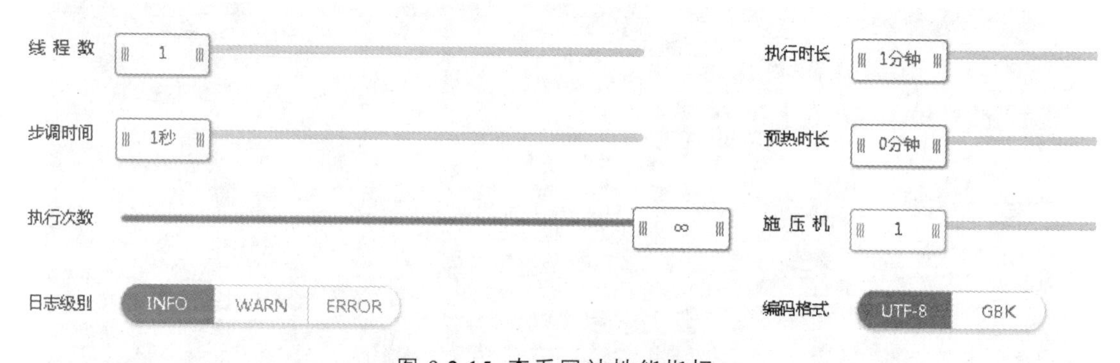

图 9.2.15 查看网站性能指标

（2）以下是阿里云 PTS 性能测试指标名词解释：

Lite：阿里性能测试服务面向全网用户免费开放的性能云测试平台。

- 压测目标：Lite 用户被压测系统入口地址。
- 思考时间：用于模拟与服务器的各种交互之间存在等待时间的行为，在模拟脚本中通常设置于两个请求步骤之间。
- 步调时间：步调时间即脚本迭代运行频率控制时间。
- 测试元素：在测试模板模式脚本中构成脚本的元素，目前包括了 HTTP GET 请求、POST 请求、思考时间。

• 施压机：运行脚本并生成负载压力的代理服务器。

• 线程数：在施压机中每个线程独立运行脚本模拟虚拟用户，每个线程代表一个虚拟用户。

• 预热时长：在设置的预定时间内均匀地增加线程达到设置的预定线程数。

• 事务：事务是性能测试脚本的一个重要特性，要度量服务器的性能需要定义事务；在 Lite 模板模式脚本中，每个事务包含一个 HTTP 请求。

（3）在测试元素库中添加测试方式：GET、POST、思考时间等，如图 9.2.16 所示。

图 9.2.16　测试元素库

（4）点击启动测试，这时阿里云 PTS 会根据用户的设置开始对网站进行压力测试了，用户可以看到网站响应时间、TPS、并发用户数等实时数据情况，如图 9.2.17 所示。

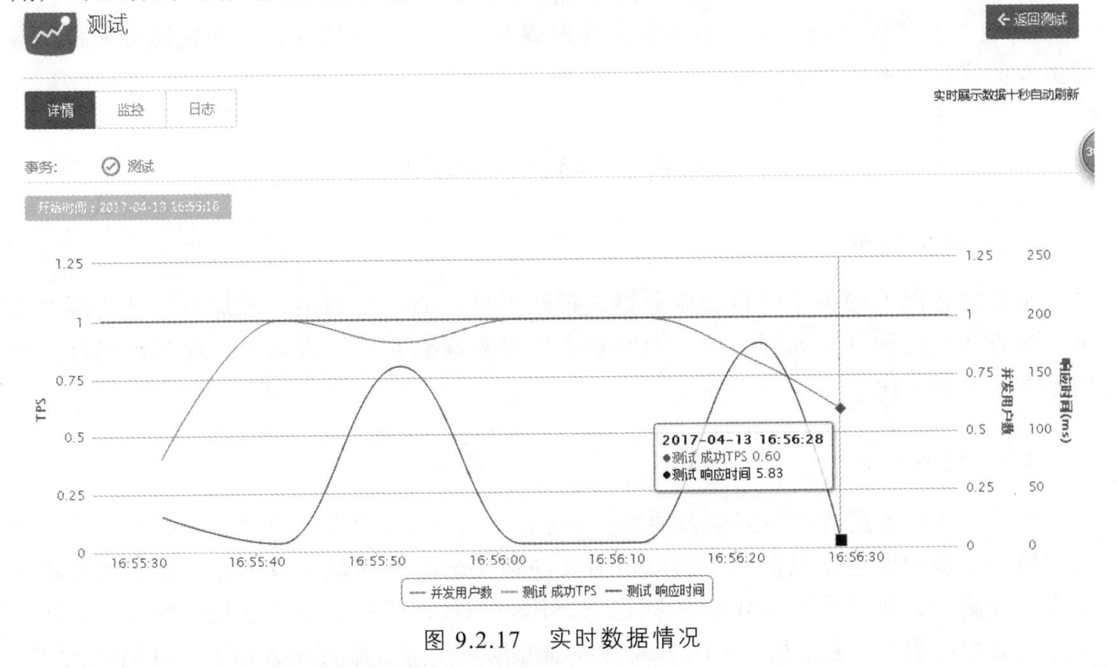

图 9.2.17　实时数据情况

（5）阿里云 PTS 会提供详细的测试报告，主要是每秒系统能够处理的交易或事务的数量、响应时间、并发用户数、错误率、请求状态、CPU 系统平均负载等，如图 9.2.18 所示。

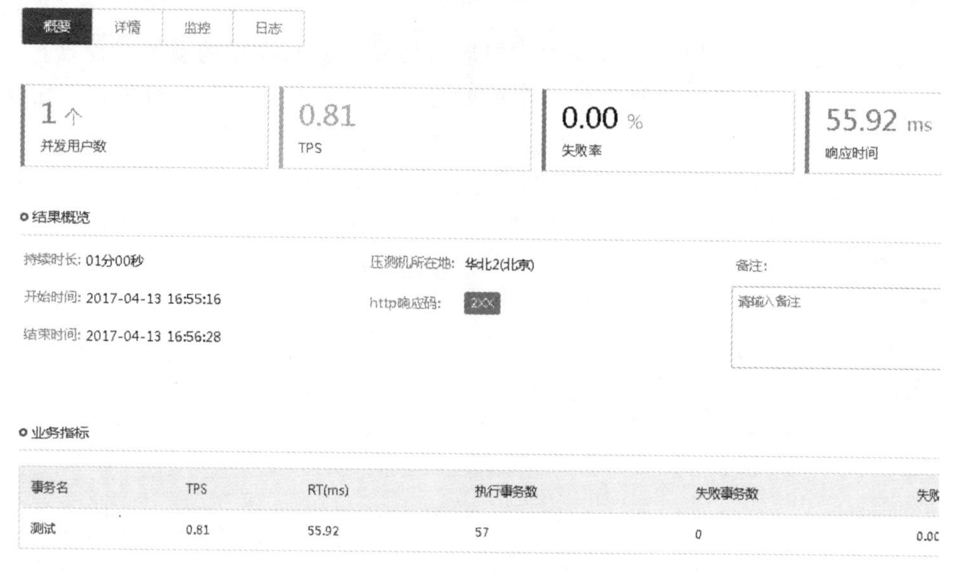

图 9.2.18 测试报告

（6）请求状态反映了 HTTP 压测结果的 HTTP 状态码，状态码含义如下：

- 成功 200：服务器已成功处理了请求并提供了请求的网页。
- 成功 204：服务器成功处理了请求，但没有返回任何内容。
- 重定向 3xx：需要客户端采取进一步操作才能完成请求。
- 客户端错误 4xx：表示请求可能出错，妨碍了服务器的处理。
- 服务器错误 5xx：表示服务器在处理请求时发生内部错误，这些错误可能是服务器本身的错误而不是请求出错。

任务 3 网站安全检测

3.1 任务说明

某公司在网上购买了一台云服务器，搭建了自己的一个网站，想加强自己的网站安全，想查找自己网站的漏洞，防止黑客攻击，修复漏洞和后台查杀，以此来确保自己的网站能够很好运作。

3.2 任务分析

为什么我们要进行网站安全监测？

第一，提到安全。我们一个网站最需要加强安全防范的就是数据库。那么如果缺少了安全性测试，在高手的 SQL 注入攻击下，用户的数据库就会逐步展现在黑客的面前，无论是数据库类型、表结构、字段名或是详细的用户信息，都有无数种手段可以让人“一览无余”。

第二，就是权限。网站一般都规定了什么样的用户可以做什么事。比如版主可以修改所有人的帖子，而一个普通用户只能编辑自己的帖子，同样游客只能看大家的帖子。这就是简单的权限。如果少了安全性保证，那么就容易有人跳出权限做他不该做的事情。

下面就用 360 网站安全监测为例进行说明。

3.3　任务实施

下面介绍验证网站站长身份的方法。

（1）首先打开 360 云安全检测网站 http：//webscan.360.cn，注册一个 360 账号，如图 9.3.1 所示。

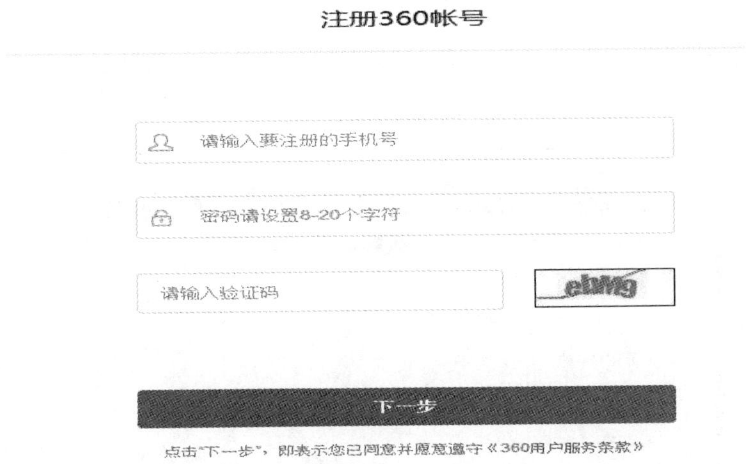

注册360帐号

请输入要注册的手机号

密码请设置8-20个字符

请输入验证码

下一步

点击“下一步”，即表示您已同意并愿意遵守《360用户服务条款》

图 9.3.1　注册 360 账户

（2）登录 360 网站安全平台之后，点击左上角“我的网站”，在弹出的对话框中输入要检测的网站，再按“ 添加网站”按钮，如图 9.3.2 所示。

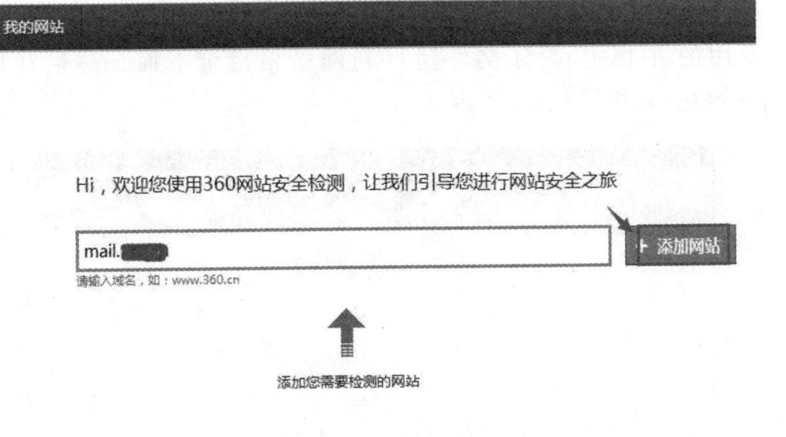

图 9.3.2　添加网站

（3）第一次需要验证，点击“尚未验证”选项，进入网站立即验证对话框，点击“立即验证权限”按钮，如图 9.3.3 所示。

图 9.3.3　验证网站权限

（4）接着有验证网站管理员的多种权限方式，对于普通的站长建议选择文件验证这种方式，如图 9.3.4 所示。

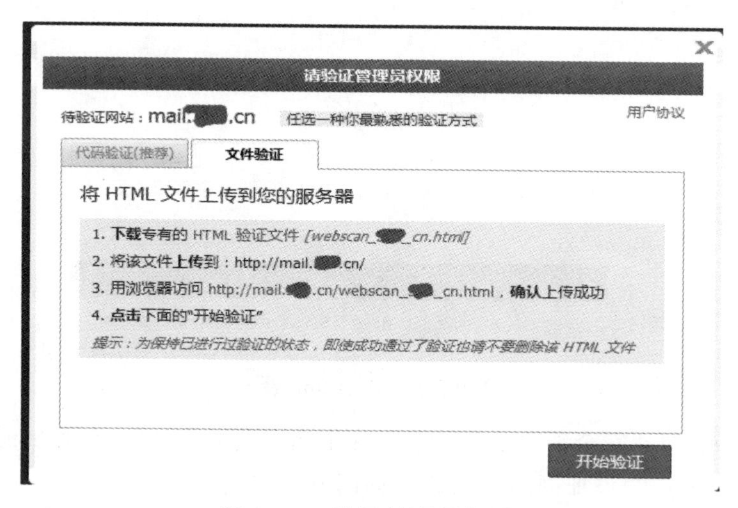

图 9.3.4　验证管理员权限

（5）把专用的 HTML 验证文件拷贝到网站根目录下面，然后访问一下该页面 webscan_360_cn.html，如图 9.3.5 所示。

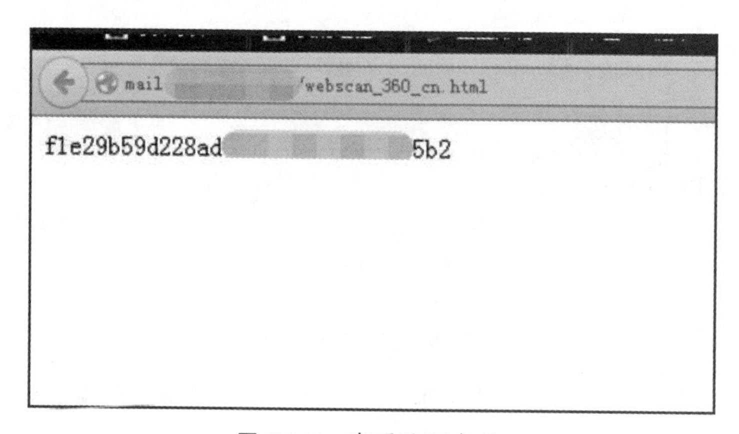

图 9.3.5　查看验证文件

（6）360 安全网页检查网站，验证通过之后，点击“漏洞监测”/“立即监测”，如图 9.3.6 所示。

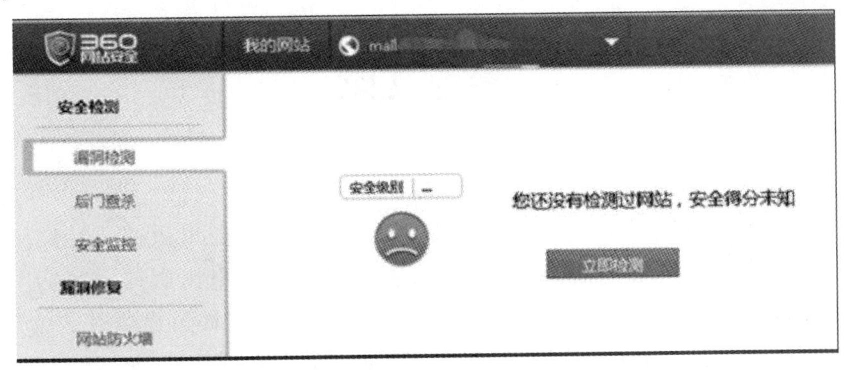

图 9.3.6　漏洞检测 1

（7）随后 360 安全监测就开始扫描网站的安全页面了，由于项目比较多，大概需要半个小时，注意查看上面的进度，如图 9.3.7 所示。

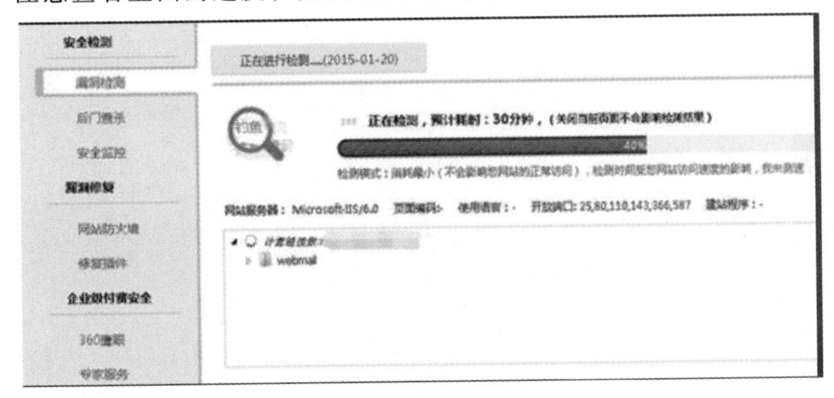

图 9.3.7　漏洞检测 2

（8）监测完成之后，可以查看网站的安全系数，本网站是安全的站点。除此之外，如果有漏洞也会有提示和建议，如图 9.3.8 所示。

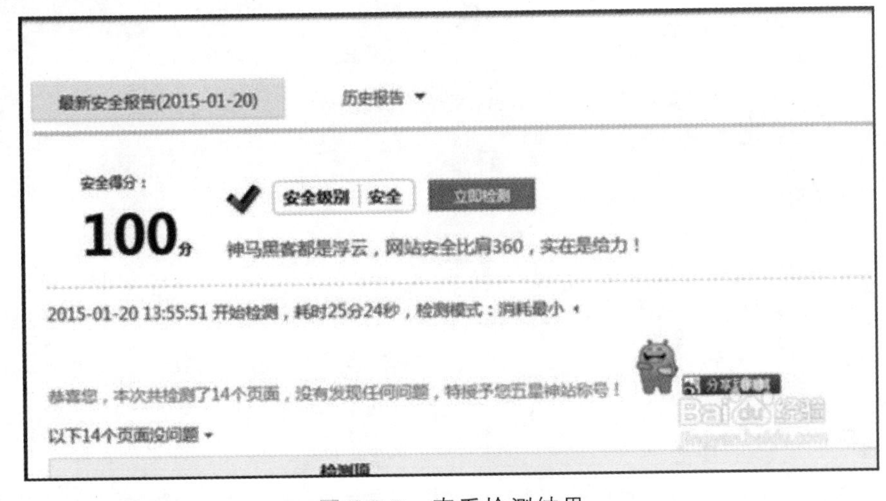

图 9.3.8　查看检测结果

参考文献

[1] 李迎辉．电子商务网站安全与维护[M]．北京：电子工业出版社，2012.
[2] 魏善沛．企业网站开发与管理[M]．北京：中国水利水电出版社，2009.
[3] 黄雷．ASP+SQL Server 项目开发实践[M]．北京：中国铁道出版社，2006.
[4] 姜海岚，于静．JSP 动态网页开发[M]．北京：中国铁道出版社，2009.
[5] 靳华．从零开始学 ASP. NET[M]．北京：中国铁道出版社，2010.
[6] 陈承欢．ASP. NET 网站开发实例教程[M]．北京：高等教育出版社，2011.
[7] 夏笠芹．Windows Server 2003 系统管理与网络服务[M]．大连：大连理工大学出版社，2014.